抵抗する動物たち

グローバル資本主義時代の種を超えた連帯

サラット・コリング

井上太一 訳

青土社

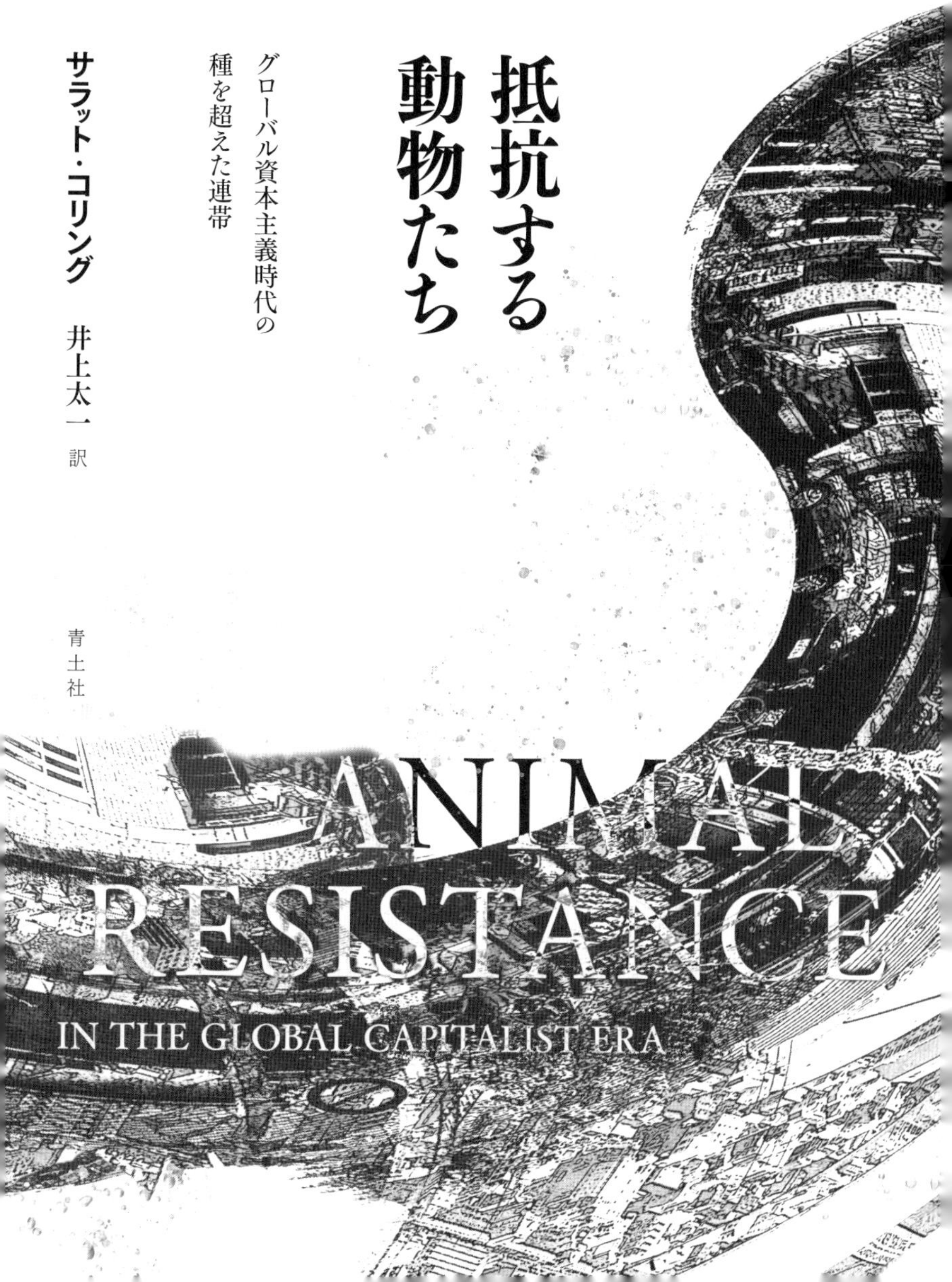

ANIMAL RESISTANCE

IN THE GLOBAL CAPITALIST ERA

目次

抵抗する動物たち——グローバル資本主義時代の種を超えた連帯

凡例

本文中の［　］および注番号は著者のもの、〔　〕および＊は訳者のもの。

緒言

ある牛の親子が農場を抜け出し、池を泳ぎ、森を駆け抜け、高い柵を跳び越えて動物サンクチュアリ*の草原へ降り立ち、馬の群れに紛れた。(1)四頭のヒヒが生物医学施設から逃れるべく、五五ガロンの樽《たる》を転がして縦に置き、上にのぼって囲いの壁を跳び越えた。(2)ファストフードになるべく売却された一羽の鶏が、柵を越えて逃げ、二カ月で三マイル〔約四・八キロメートル〕の旅を経て、最愛の友であるホルストという名の雄鶏と合流した。(3)

一カ月のうちに起きたこの三つの有名事件は、稀な出来事ではない。これらはいずれも典型的なパターンをなぞり示している――動物たちは拘束と闘い、その自由を求める闘争ないし逃走は人々の強い反応を引き起こす。こうした反逆的行為は《動物の抵抗》の形態にほかならない。動物たちの多くは人間社会で服従を強いられるが、その中の一部の者はみずからにお仕着せられた空間的・思想的な秩序を超え出る。とはいえ、社会的・政治的に動物たちは商品や生きた財産と位置づけられているため、この抵抗は一筋縄ではいかない。

動物たちは抵抗を通して意思を伝えている。とすると、意思疎通や知識生産の支配的な様式が人間

＊　サンクチュアリは主として平原や林地からなる開放型の動物保護施設。専門のスタッフが動物たちの世話を行ない、啓蒙を兼ねて見学ツアーなども催す。詳細は第八章を参照。

だけのものとされる社会において、人間以外の動物たちの目撃証人や支援者は、搾取や抑圧に抗するその反逆行為をいかに読み解けばよいのか。かれらと異なる言語を話す私たちは、どうすれば動物たちの闘争を代弁できるのか。**これらの問いは、動物たちの声と経験を簒奪《さんだつ》することなく、かれらを動物解放運動の中心に据える試みにおいて要《かなめ》となる。

　人は林床や沼地や泥道についた動物の足跡を解読する時、かれらの視点から世界を理解しようとしている。動物たちは種固有の言葉や歌、動き、身振り、リズムによって話す。今日では、認知科学や動物行動学、および直接経験（動物サンクチュアリの職員によるそれなど）を頼りに、他の動物たちの多様な選好《せんこう》や背景や利益を理解する高水準の試みが可能となっている。種が異なる動物たちの世界経験がどのようなものかは知りえないにせよ、知識と感覚を活かしてかれらの観点と感情をより深く理解しようとすれば、動物たちの声を受け止める最良の努力はできるだろう。ただし、そのような慎重な努力をもってしても、動物たちの物語の断片以上を知りうると期待することはできない。私たちの動物理解は常に人間の観点・言語・世界観を仲介せざるを得ないからである。(4)

　真摯に動物たちの声を聴こうと思えば、動物人間関係の非対称な力の構造を顧みる（かつそれを解体しようと努める）ことが欠かせない。人間以外の動物たちは、その多様性・多数性・複雑性に反し、西欧の支配的言説では、歴史を持たず、環境に働きかけることもできない、一枚岩の存在と目されることが多かった。動物の主体性（subjectivity）と行為者性（agency）を否定するヨーロッパ式科学と植民地化の長い伝統が背景となって、動物たちの声はいまだ人間に聞かれず、認められず、受け止められないままとなっている。この傷痕をぬぐい去るには、人間の脱中心化が要される。それは独自の歴史と文化と共同体を持つ他の動物についても推し量《はか》る際に、私たち自身を主たる参照点としないよう注意に努めることを意味する。

チャンドラー・タルパデー・モーハンティーの記念碑的エッセイ「西洋のまなざしのもとで――フェミニズム学と植民地言説」は本書の執筆に大きな影響を与えた。モーハンティーは、世界の南側諸国の女性たちが、文化的・地理的・歴史的要因によって様々な経験を生きているにもかかわらず、言説上は一般化された抑圧の概念にもとづき、「第三世界の女性」という歴史性のない一枚岩のカテゴリーのもとに捉えられてきたことを批判する。(5) この西洋的な語りは、非西洋の女性たちを「単一的」で「均質」かつ「沈黙させられた」存在として「凍結」する。結果、第三世界の女性は西洋の「救世主」を必要としているものと描かれる。(6) 救世主主義は自己表象の目的に仕え、受身の声なき者として構築された集団に対比する形で(かつそうした者たちの経験を簒奪する形で)近代人のアイデンティティを形成する。しかしアルンダティ・ロイが言うように、「実のところ『声なき者』などいない。意図的に黙らされる者、積極的に無視される者がいるだけである」。(7)

動物擁護の言説においても、動物たちの声と行為者性をめぐって同様の問題が生じる。動物擁護運動では、「声なき」動物たちのために語る、「声なき者の声」になる、といった表現を目にすることが珍しくない。これらの言葉は通常、大規模な抑圧構造の中で生命と苦痛をほとんど顧みられずにいる者たちのために声を上げなければならないという、倫理的な使命感にもとづいている。が、人間以外の動物たちを(文字通り、もしくは象徴的な意味で)声なき者とみなし続けるなら、私たちはかれらと連帯した対話や行動へ向かう貴重な契機を逃すこととなりかねない。ローレン・コーマンが説くように、

＊＊ 本訳書では男性の代名詞を「彼」、女性の代名詞を「彼女」、男女不定の代名詞を「かれ」と表記して区別する。

西欧社会は動物たちを「声なき」「沈黙の」「言葉を持たない」存在とみなし、その行為者性を否定してきた長い歴史を持つ。[8] 逆に、動物たちの具体化された政治的な声に気づけば、私たちはその主体性を認め、かれらが社会政治領域に参入して影響をおよぼす可能性を受け入れることができる。[9]

動物たちが声を持つと認めることは、いくつかの重要な帰結を伴う。第一に、この認識は動物たちが独自の意識経験を生きる主体であることを確かめる。動物たちは独自の願望や感情や選好を持ち、それらは声を介して伝えられ、かれらの個性を映し出す。第二に、この認識は動物たちの訴えを聞こうとする時に必要となる。他種の動物と実のある意思疎通を行ない、非序列的な関係を築こうとすれば、かれらの声を注意深く聴くことが求められる。第三に、この認識は地球に生きる膨大にして多彩な動物種の種々様々な言語使用に光を当てる。動物たちの独特で複雑なコミュニケーション形態は、人間例外主義（ならびにみずからを知性の普遍的尺度と位置づける人間の自己規定）を揺るがす。最後に、この認識は動物たちの行為者性を否定する支配的な考え方に逆らう。声は自己主張と同一視されるので、動物たちの（象徴的な、または文字通りの）声を認めることは、かれらの行為者性を認めることを意味する。動物擁護に携わる人間を声なき動物たちの守護者と位置づける代わりに、私たちは動物たちの支援者を自認し、かれらの声を増幅・拡張すべく、その訴えの認知・傾聴・理解を人々に促すことをみずからの使命としうる。

動物たちの声を聴くことは、救世主の語りを《連帯》へと置き換えるうえでの第一歩となる。モーハンティーはフェミニズムの連帯を「道徳性にしたがう越境の方法」と定義し、それには「多様な共同体の関係基盤となる互恵性と責任、ならびに共通の利益の認知」が要されると論じる。[10] このフェミニズムの連帯という概念は、人間以外の動物たちとの連帯を考える際にも役立つ。社会正義闘争において協力体制を築くには、特権者の自己反省（自身の立ち位置を意識すること）とともに、多様性と差異の尊重、共通の利益の認知が欠かせない。他の動物たちとの協力体制を築こうとするなら、かれらの声を聴き、かれらとともに連帯して声を上げる努力が要される。この、他の動物たちとともに連帯して声を上げることとは、しばしば他の動物たちのために連帯して声を上げることと重なる。声を届ける力は各々の者の立ち位置によって大きく異なるからである。他の動物たちとともに（あるいはかれらのために）連帯して声を上げることは、当然視された救世主言説を覆す一助となる。動物たちの代弁は正確さに疑問が付きまとい、限定的かつ偶然的にもなるが、人間社会で訴えを無視されている者たちの物語に関し沈黙を続けることは、極度の暴力と偽善に彩られた文化の共犯者にとどまることを意味するだろう。

地球に生きる多様な種の動物たちは、絶えず仲間や周囲の世界と会話を交わしている。注意深くその声を聴き、振る舞いを読み取り、支援者として応じることは、この世界に他の動物たちの居場所をつくるうえで欠かせない。世界は人間の産業文明によって略奪と侵略のかぎりを尽くされ、私たちは今や、人為由来の生物多様性喪失と気候変動、すなわち異常気象・氷の融解・作物の不作・砂漠化・気温上昇・海水位上昇に特徴づけられる、前代未聞の気候危機の地質時代を生きている。人類を元凶とするこの環境破壊は産業革命以降に激化したが、その思想的な根はさらに深く、新石器時代初期における牛の飼い馴らしと「所有」にまでさかのぼる。人類の一握りが、今や全野生哺乳類の八割以上、全植物の半分を絶やした。かたや毎日二〇〇もの動物種がこの星から姿を消し、人類の三〇倍にもなる被畜産動物たちが常時地球を覆っている。[***] 産業化が進んでいない国の人々や人間以外の動物たちなど、現行の危機に関し最も責任の小さな者たちは、地球で起こる第六の大量絶滅により真っ先に影響を被っている。

　動物たちの抵抗は、かれらの声を聴くこと、かれらを社会正義闘争の一員と認めることを私たちに求める。システムを乱すその振る舞いは、この前例なき闘いに緊急性が要されていることを物語る。猿たちが鍵を外して実験室の檻を逃れる時、豚たちが屠殺場へ続く整列路での前進を拒む時、牛たちが子を奪う者に挑みかかる時、鮭《さけ》たちが水から出されてもがきあえぐ時、象たちが家族を殺した者に襲いかかりその土地へ踏み入る時、その振る舞いは声を大にしてかれらの訴えを伝えている。動物サンクチュアリの牛たちが集まって新たな居住者を迎える時、鶏たちが新たに生まれた子らにやさしく語りかける時、その声に曖昧《あいまい》なところはない。動物たちは人間の空間的・思想的秩序によって周縁へ追いやられてきたが、かれらは同時にみずからの闘いの主体であり、解放運動の中心に位置するのである。

＊＊＊　動物擁護論の文献では、動物をモノ化する「家畜」（livestock）という語の使用を原則として避け、人間に畜産利用される動物という意味で「被畜産動物」（farmed animal）という表現を用いることが多い。より詳しくは序論の注50を参照。

注

（1）Sarah V. Schweig, "Cow and Her Baby Break Free and Run Away to Animal Sanctuary," *The Dodo*, April 11, 2018, https://www.thedodo.com.

（2）Hilary Hanson, "Baboons Work Together to Escape from Biomedical Testing Facility," *Huff Post*, April 17, 2018, https://huffpost.ca.

（3）David Crossland, "Inge the Chicken Back to Roost after Dodging Takeaway," *Sunday Times* (UK), April 3, 2018.

（4）Erica Fudge, "A Left-Handed Blow: Writing the History of Animals," in *Representing Animals*, ed. Nigel Rothfels (Bloomington: Indiana University Press, 2002), 6.

（5）Chandra T. Mohanty, "Under Western Eyes: Feminist Scholarship and Colonial Discourses," *Feminist Review* 30 (1998): 61–88. 本論文は Chandra Talpade Mohanty, *Feminism without Borders: Decolonizing Theory, Practicing Solidarity* (Durham, NC: Duke University Press, 2003) にも収録されており、反資本主義と反グローバル化の実践がトランスナショナル・フェミニズムと脱植民地化の中核であることを示す。

（6）Mohanty, *Feminism without Borders*. 西欧の組織による救世主言説と第三世界の女性に関する行為者性の抹消は、認識的・物質的暴力に結び付いてきた。例えば二一世紀初頭にみられた有色女性の救済を謳う言説は、西洋帝国主義の煙幕としてアメリカのイラク・アフガニスタン侵略の際に使われた。

（7）Sans, "Arundhati Roy: The 2004 Sydney Peace Prize Lecture," Real Voice, November 8, 2014, https://realvoice.blogspot.com.

（8）Lauren Corman, "The Ventriloquist's Burden: Animal Advocacy and the Problem of Speaking for Others," in *Animal Subjects 2.0*, ed. Jodey Castricano and Lauren Corman (Waterloo, ON: Wilfred Laurier University Press, 2016), 473–512.

（9）Corman, "The Ventriloquist's Burden," 489.

（10）Mohanty, *Feminism Without Borders*, 7.

謝辞

この旅の種《たね》は、筆者がカナダのオンタリオ州に位置するブロック大学で研究をしている時に播《ま》かれた。この主題を探究し始めたのは、批判的動物研究の社会正義枠組みに則り、動物の権利を擁護するコミュニティに属していた時だった。当時の友人、助言者、同僚による支えと励ましにありがたみを感じる。そのおかげで続けてこられた研究は、一〇年後の今、この本へと結実した。

とりわけ本書の価値を信じ、筆者を支えてくれたリンダ・ケイロフに感謝を伝えたい。本書の出版に向けて専門の立場から尽力してくれたミシガン州立大学出版にも深謝する。全編におよぶ図版の掲載を快諾してくれた個人・団体には心からお礼を申し上げる。そして動物住民たちに関する筆者の質問に時間を割いて答えてくれたサンクチュアリ・スタッフの方々に特別の謝意を表したい。

長い年月のあいだに学問的な教示・指導をかたじけなくしたことにも感謝の念を覚える。ローレン・コーマン、ゲイル・コスカン・ジョンソン、ジョン・ソレンソン、デビッド・ナイバート、シェリル・ビントには、豊富な知識にもとづく助言を賜った。この研究は当初から各位の影響を受けている。キャスリン・ガレスピーからは、草稿に対する貴重な指摘と示唆をいただいた。数年におよぶ筆者の仕事を支えてくれた動物擁護者の全てにお礼申し上げる。とりわけお世話になった方として、レイラ・アブデルラヒーム、アツコ・マツオカ、アントニー・ノチェッラ、ケイシー・タフト、アナレラ・コストン、マルコ・レッジョの名を記しておきたい。

家族と友人は本書執筆の始めから終わりまで筆者を支えてくれた。シャロン・コリング、アラステア・ヘーゼルティン、ジョン・マーゲッツ、モリス・マーゲッツ、ファイアウィード、マイク・ネスター、ジェシカ・フォーブス、セイジ・フォーブス、クリスタル、デイジー・ラム、ドーン・アタルゲイティス、マリアン・ワーナー、フロレット・マクリーン、およびホーンビー・アイランド自然史センターの皆さまに感謝する。草稿への鋭い指摘と手づくりのビーガン料理を恵んでくれたジョンには特別の恩を感じる。毛皮に包まれた家族たち、ゼナ、バクーニン、サッコ、バンゼッティには、伴侶でいてくれてありがとうと伝えたい。そして当初から執筆を促してくれた父、しかし本書の完成を見ずして世を去ってしまった父のハーネック・シドゥにも謝意を表する。

最後に、動物の権利と社会正義を擁護し、同胞たる動物たちのために、かれらと連帯しつつ思いやりある世界を築こうと奮闘している多くの人々に、心からの感謝を申し添える。

序論

二〇一三年公開の映画『ブラックフィッシュ』は、ティリクムと名付けられた抵抗するシャチの物語を世界に伝えた。娯楽用に捕らえられたシャチの例に漏れず、ティリクムは日常的な監禁と虐待を味わっていた。それに応えて彼は数度の報復を企て、ついに不幸な結果を招来した。二〇一〇年、四〇歳になるシーワールドの調教師を水の中に引きずり込み、溺死《できし》させたのである。シーワールドはなおもティリクムの抵抗を無視し続けたが、『ブラックフィッシュ』で示された海洋哺乳類の幽閉の実態と危険な職場環境は、会社の印象を上げはしなかった。損害はもたらされた。ティリクムは幽閉された海洋哺乳類におよぶ組織的暴力に衆目を集め、人々を憤慨させた。否定的なメディア報道によってシーワールドの株価は急落した。(1) ティリクムの闘争は、動物たちが抵抗するという事実を大勢の人々に知らしめた。

ティリクムの抵抗を受けて人々が抗議の声を上げたのは、幽閉に抗《あらが》う海洋哺乳類に人間が味方した最初の例ではない。一九六〇年、英・ロンドンでビリー・スマーツ・サーカスはテムズ川をボートで渡り、宣伝を行なっていた。ボートを使った宣伝の「小道具」には、演技を強いられる動物たちも含まれ、その中にアシカのフリッツィがいた。しかしフリッツィはこの活動を嫌がり、ボートからテムズ川へと飛び込んだ。これを受け、演技動物防衛リーグはフリッツィの援護に乗り出し、フリッツィがテムズ川から北海のかなたへ逃れて自由を獲得する手助けをした人に、当時高額の六〇・〇〇ポンドを贈ると宣言した。サーカス団はこれに応戦して、再捕獲した者には一〇〇・〇〇ポンドを提供すると請け合い、もっともらしい主張として、フリッツィは「カリフォルニア出身の温かい水に暮らす動物」であり、北海の冷たさから守るために再捕獲しなければならないと付け加えた。フリッツィはさらに二日のあいだ、テムズ川を上り下りしながら過ごした（冷たさは北海と変わらなかったとも考えられる）。追手の船が投げた二〇ポンド〔約九キログラム〕のニシンを彼は平らげ、そのトロール網を何度も潜り抜けた。夜になり、彼は数時間の休息をとろうと岸に上がった。が、フリッツィは北海にたどり着けなかった。彼はサーカス団に捕まり、人間たちをもてなす生活へと戻された。

人間は自由に価値を置き、自分の人生を選べること、基本的必要を満たせること、苦しみを負わないでいられることを重んじるにもかかわらず、この星を分かち合う他の動物たちからは自由を奪ってきた。動物たちは常に大規模な狩猟・監禁・殺害に見舞われている。戦争・実験・娯楽の道具として利用されている。数えきれない種が人為由来の火事・旱魃《かんばつ》・その他の環境災害による結果に苦しんでいる。《商品》や《財産》のレッテルを貼られたかれらは、生きていくうえで最も基本的な必要物となる、社交の権利、安全な居場所とプライバシーを確保する権利、健康な食料と水を摂取する権利を否定されている。私たちの仲間である生きものを従えることについては、多数の正当化が試みられてきた。デカルト主義者は人間以外の動物が反射によって動く生物学的機械にすぎず、痛みも苦しみも喜びも経験できないと誤認した。一部の議論は今日でも、人間を有意味な社会的生活と行為者性を持つ唯一の種とみなす。他の議論は、動物を消費することが認められるのは「私たちにそれができるから」だと語ってきた。このような人間本位の正当化は、全く恣意的な理由で人間以外の動物たちを倫理的扱いから除外する働きを持つ。できる、あるいは常にそうしてきた、という事実は、当の行ないを現在においても続けるべきかという道徳的問いには何の関係もない（そして現に人類史を振り返れば、かつては普通と考えられていたが現在では言語道断とみなされる行為が数多く見つかる）。

動物たちの生はかれら自身にとって重要なものである。ティリクムやフリッツィのような者たちの権利を否定することで、人間は多大な苦しみを生み出している。多様性と共生関係を特徴とする野生状態とは対照的に、文明の始まりは序列社会をつくり、人間という動物は食物連鎖の頂点に居座った。人類学者のライラ・アブデル・ラヒームは、農業革命に次ぐ産業文明の台頭によって、人間の意識に決定的な変化が生じた次第を語る。人間は究極の捕食者になった。私たちは二〇万年以上にわたって、他の動物を組織的に殺害することなく暮らしてきたが、平等社会が衰え、採集狩猟社会が農業社会へ転じると、財産の概念が現れた。牛、羊、豚、山羊、ラクダを捕らえ囲い込む営みは、少数の有力者が他の者らの上に君臨することを可能とした。人間は多くの生命の中の一つにすぎないという見方が遠のき、人間は例外的で文明化した存在だという見方が育ちだした。私たちは他の動物と違うだけでなく、他の動物の上に位置し、情感ある生命らを飼い馴らして植民地化・商品化することができる、と。

飼い馴らしの営為、植民地化、そして資本主義は、現代の人間と人間以外の動物の関係を形づくった。動物たちの飼い馴らしは、通説によれば紀元前一万年から八〇〇〇年のあいだに始まり、ヨーロッパによる世界支配の礎《いしずえ》を築くこととなった。植民地化は動物兵器の利用、糧食用の屠殺《りょうしょく》、土地収奪を企図した放牧による陣地拡大の面で、動物労働を支えとした。一六世紀後期に、財産と目され貶められた人間と動物の植民地化は、グローバル資本主義の誕生を促した。(2) 資源の統制と獲得を求める衝動が世界を覆い、国境を越える物資の移動、そしてサービスと労働の移動が増えた。生存戦略に革命を起こした自己意識の変化は、ついには屠殺場・工場式畜産場・実験施設・娯楽施設・サーカスなどにおける制度化された暴力を誕生させた。

この人間支配の文脈において、抑圧者の人間に対する動物たちの社会的・政治的抵抗という現象が生じる。今日のグローバル化した資本主義経済の中で大々的な搾取を被っていても、動物たちの行為者性*は失われていない。幽閉下の動物たちや自由な動物たちは、人間が抑圧するかぎり抵抗を企ててきた。数知れない動物たちが何世紀にもわたり、自由と公正を求めて闘ってきたが、社会学者のデビッド・ナイバートが指摘する通り、首尾のいかんによらずその企てはほとんど歴史の中で記録されてこなかった。(3) 本書は動物たちの抵抗を書き留めることでこの欠落を埋め、人間以外の動物たちをかれら自身の解放闘争の中心に位置づける役割を担う。しかし、動物たちがなぜ、いかに、また何(の始まり)を求めて抵抗するのかを探る前に、この序論では人間が他の動物に抱いてきた見方の変化と、動物たち自身の主体的働きかけがその見方に影響をおよぼしてきた次第を概観する。歴史上の動物たちの立ち回りを調べることは、かれらを抵抗者として、すなわちその支援者がともに団結して行動できる主体として認識することの重要性を浮き彫りにする。(4)

人間の抑圧に対する動物の抵抗を書き留めた最初期の記録の一部は、古代ローマのコロセウムで行なわれたゲームのそれで、くだんの行事では何千もの動物たちが血なまぐさい見世物のために殺された。ウェーナーティオーネースという動物披露と疑似狩猟のショーは、闘獣士《とうじゅうし》が多種の動物たち――象、熊、豹《ひょう》、犬、雄牛、ライオン、ほか多数――と対決するもので、紀元前二世紀に始まり、帝国時代に隆盛を迎えた。帝国の最果《さいは》てから連れて来られた動物たちの披露と殺害は、皇帝の富と力を誇示した。動物の処刑は残忍な娯楽だっただけでなく、人間と人間以外の自然に対するローマの支配を象徴し宣言する行事だった。このゲームは四世紀にわたって行なわれ、後に一八世紀後期のスペインで、儀式化された近代的な闘牛となって蘇《よみがえ》ったあげく、今日までそれが続いている。

ウェーナーティオーネースでは、組織的な拷問と完全支配の作用にさらされた動物たちの、生きようとする意志が鍵となる。ショーで利用される動物たちの抵抗は、コロセウムに着く前から始まっていた。多くの動物たちは狩られ、捕らえられ、アフリカからローマへと運ばれた（これはサーカス・動物園・狩猟牧場・その他の「娯楽」で利用される動物たちと共通する）。自由な動物たちは、捕獲を試みる狩人に逆らったので、狩人らは抵抗を抑え込むために様々な戦略を編み出した。象は穴に追い込まれ、移送できる程度まで飢えによって弱らされた。(5) 熊は最強の狩人らによって四肢を木の板に縛り付けられ、動きを制せられた。詩人オッピアノスいわく、熊たちは「大顎《おおあご》と恐ろしい鉤爪《かぎづめ》を武器に猛々《たけだけ》しく怒り、しばしば狩人をまいて網を逃れ、狩りを不毛に終わらせる」。(6) 動物たちの抵抗は大物狩りモザイクに描かれた移送の場面にも見て取れる。このモザイク画はイタリアのシチリア州ピアッツァ・アルメリーナに位置する別荘ヴィッラ・デル・カサーレを飾るもので、自由に生きていた動物たちが運ばれ、埠頭《ふとう》に着けた船に無理やり押し込まれる様子を描いている（図版1）。船の左では男らがタラップへ追い立てた雄羊を制しようとしている。その後ろでは捕まった駝鳥が逃げようとし、もう一羽は叫んでいる。情感を持った非協力的な動物たちとの旅は、運び屋にとっても気が重かった。クラウディアヌスが記すに、「船乗りは己が運ぶ商品を恐れる」。(7)

＊　動物擁護論の文献では、「野生」という概念に侮蔑的な意味が付与されてきた歴史を鑑み、野生動物のことを「自由な動物」（free-living animal）と称することがある。

図版１　大物狩りモザイクより、動物移送の場面。シチリア州ピアッツァ・アルメリーナ、ヴィッラ・デル・カサーレ、４世紀。

ローマへ連れて来られた動物たちはコロセウムのショーに参加することを嫌がった。到着と同時に多くの動物は円形闘技場の暗い穴蔵《あなぐら》に拘留された。それからかれらは檻に入った状態で舞台に引き上げられるか、地下通路から闘技場へと運ばれた。檻の扉が開いても、囚われの動物たちは動こうとせず、柵に身を寄せたままでいるか、隠れようとすることが多かった。[8] ローマ人が決まって用いるのは、下から焼き鏝《こて》や燃える藁《わら》を当てて動物を檻から出すという方法だった。

博物学者の大プリニウスは、前五五年、新たに選ばれた政務官ポンペイウスが、勝利の女神の神殿を清める目的で一日二度のウェーナーティオーネースを五日のあいだ催したと報告している。[9] この時、ポンペイウスは東方での勝利を祝う行進で、象、豹、ライオン、ゲラダヒヒ、さらにインドサイやリンクスを含む様々な「異国産」の動物を披露した。陰惨なショーの一つでは、ガエトゥリの狩人らが投げ槍を携え、およそ二〇頭の象を殺した。[10] 一頭は脚を数度にわたって刺された後、突進して狩人らを宙に投げ飛ばした。[11] 別の一頭は目に槍を撃ち込まれて殺された。観客は行事の残忍さに慣れているのが普通だったが、この巨大な動物を見たことはなかったと思われ、ショーの光景に驚愕した。象たちはたびたび逃げようとしたが、場内は鉄柵に囲われ、狩人らは苦労しながら象を闘技場の中央へ戻した。逃げられる望みがないと知ると、象たちは突如、群衆の憐れみを懇願したと伝えられる。おびただしい苦痛と絶望の叫びが、その場を逃れようとする試みと相まって人々をおののかせたことから、プルタルコスはくだんのショーを身の毛のよだつものと記している。観客は象たちの反応を神への祈り、あるいはポンペイへの呪いと解したらしく、かれらの苦境に共鳴した。客らは涙を流して立ち上がり、ショーの終了を嘆願した。歴史家のカッシウス・ディオは記す。

> 幾頭かは、ポンペイウスの望みに反し、観客の憐れみを買った。傷つき戦いをやめた後、象たちは鼻を天に向けて練り歩き、あまりに悲痛な嘆き声をあげたので、その振る舞いはただの偶然ではなかったとの証言も聞かれた。(12)

ポンペイの観客が同情と羞恥を表明したにもかかわらず、この出来事の後も、ウェーナーティオーネースには時おり象が使われた。やがてショーは大変な盛り上がりを迎え、狩りの見世物で何千もの動物たちが殺された。象はカエサルにも利用され、訓練を受けた後にひときわ盛大なショーで姿を現した。かれらは天敵とされる犀《さい》との決闘も強いられた。観客は頑として戦いを拒む犀を面白がった。ライオンもゲームの目玉とされた。西暦二八一年には一〇〇頭のライオンが闘技場で檻から出ることを拒み、扉の付近で殺された。(13)

皇帝コンモドゥスは威厳を示すためにライオンの皮を好んでまとい、剣闘士の闘いや獣の闘いを熱愛してみずからもそれに参加したがった（ローマ人はこの振る舞いを皇帝にあるまじきこととみた）。歴史家たちはコンモドゥスが動物相手に収めた勝利を、強い批判とともに書き留めている。危険の大きな戦いでは、直行する二つの柵で舞台を四区画に分け、そこにつくられた特別な台にコンモドゥスが立った。こうすることで、彼は囲い込んだ動物を安全に弓矢で狙い撃つことができる。[14] しかしある時、ショーの最中に檻から虎が逃れ、運び手の男に襲いかかった。この抵抗行為により、虎はコンモドゥスに射殺された（図版2）。[15]

ローマの為政者らが大衆向けの見世物で動物を使い、富と力を示した一方、古代の軍は戦場にいくらかの動物たちを持ち込み、脅しの視覚効果を生み出した。例えば前三世紀のギリシャ人は象を使って敵をおののかせ、カルタゴの将軍ハンニバルも、アルプス越えの危険な旅に象を引き連れた。「装備」である象たちは華美に飾られ、酒に酔わされることもあった。象は戦いを嫌ったため、主として軍の強さを象徴することに役立てられた。矢で射られた象たちは退却することが珍しくなく、それによって近くの者を踏みつぶしていった。母象は子が戦闘で傷を負うと、持ち場を離れて子の救助に駆け付けた。[16]

古代ギリシャ時代には動物たちの行為者性を示す別の事件の初期記録がみられる――動物を裁判にかける習慣である。この時期に行なわれた動物裁判の記録は限られているが、アリストテレスほか、幾人かの著述家によれば、それらはアテネのプリタニオンで開廷された。[17] ヨーロッパ諸国における動物裁判のより詳しい記録が現れるのは、中世（西暦五〇〇～一四〇〇年）からである。古代ギリシャの裁判では「犯罪」の計画性が顧みられていなかったと考えられるが、中世の裁判ではしばしば動物被

図版２　脱走した虎、皇帝コンモドゥスに殺される。スケッチブックの素描、1590 年。

告側の計画性が勘案されており、動物たちの自由意思と道徳的行為者性が認められていた。

　中世の動物裁判は一三世紀、ことによると早くも九世紀にはじまり、一八世紀半ばまで続けられた。この時代にはヨーロッパのほぼ全ての国で動物裁判が開かれ、世俗もしくは教会の法廷が使われた。[18] 犬から燕《つばめ》、牛からゾウムシ、イルカからウナギまで、様々な種が計算と意図をもって法を破ったとの理由から裁判にかけられた。違法行為は報復や脱走など、ある種の抵抗であることが多かった。例えば一三一四年には、農場を逃げ出した雄牛が混雑する道へ走り出《い》で、一人の男性を攻撃して死に至らせた。現代であればこの雄牛はその場で撃ち殺されただろう。が、時は一四世紀である。雄牛は収監され、法廷で裁判にかけられ、最終的に絞首刑を宣告された。パリ高等法院は判決を認め、刑は通常人間を吊るす絞首台で執行された。直前に、これは法廷の管轄外だと咎める上訴も行なわれたが、ラ・シャンドゥルール議会は「判決は公正であるが司法的・法律的に誤りであり、ゆえに判例として役立たない」と判断した。[19] 今日の社会秩序からすると奇怪に思えようが、これはどちらかといえば当時の標準的な訴訟手続きだった。一三八九年、ディジョンのカルトジオ修道会は、ある馬に「殺人」の罪で死刑を言い渡した。[20] 一四〇五年にはジゾールの行政長官により、「『欠陥のある』雄牛を処刑するための絞首台を建てた」大工への支払いを命じる指令が発せられた。一四九九年にはある雄牛が農家の若い助手を殺したかどで死罪となった。[21]

一九〇六年に刊行されたエドマンド・P・エヴァンスの著『動物の刑事告発と死刑』には二〇〇の動物裁判事件が収録されている。中世の動物裁判記録で最初のものは、パリ外れのフォントネー・オー・ローズで一二六六年に行なわれた豚の処刑である。中世に裁かれた動物たちのほとんどは飼い馴らされた種もしくは「害虫・害獣・害鳥」と貶《けな》される種だった。著述家ジェフリー・セント・クレアによれば、動物たちは人間と同じ道徳的責任を負うものとされ、多くは「罪人と同じ恐ろしい拷問や処刑を科された」。[22] 卑劣な刑罰には鞭打ち・生き埋め・切断・追放・投獄・一般的な絞首台による処刑などがあった。一部の動物は魔術の実践で断罪された相方の人間ともども火あぶりにされた。

動物裁判はバカげたものに違いなかったが、当時の矛盾した動物観を浮き彫りにしている。一面では、この裁判は動物たちの情感（ものを感じる能力）と行為者性（選択を行ない、それにしたがって行為する能力）を認めていた。セント・クレアはこの現象について論じ、くだんの裁判は動物意識の概念を認める急進性を映し出していたと指摘する。いわく、動物裁判の重要性はその社会的目的にあったのではなく、「いわゆる中世的精神が被告に認めた属性と権利にあった。それは合理性・計画性・自由意思・道徳的行為者性・計算・動機である。つまり動物たちは意図をもって行動し、欲望や嫉妬や復讐心に駆られうると想定されていた。したがって、近代を讃美する界隈から原始的と見下されがちな中世の人々は、実のところ真に急進的な動物意識の概念に開かれていた」[23]。

他方、動物裁判は独自の言語や道徳律を具える多様な動物種を、人間がつくった社会制度に従わせようとする点で、人間中心的でもあった。判事や陪審が動物の行為者性や抵抗を認めたとしても、裁判は矛盾した態度と慣行を露呈した。人間以外の動物たちは道徳的・自律的行為が可能であるとみなされたが、不均衡な力関係は考慮されなかったうえ、かれらは人間の価値観にもとづく人間の法廷で裁かれ、死刑を言い渡された。こうした方法は他の人間集団に用いても至極不正となることが多いが、まして他の動物が相手ならなおさらである。豚は特にこの迷妄と残虐の犠牲となることが多く、処刑時には時に人間の服を着せられた。飼い馴らされた動物たちはもとより搾取目的で繁殖・飼育される。

図版３　鷲の夫婦、鳥の巣を襲うビクトリア朝時代の盗人から雛を守ろうとする。アニー・R・バトラー「ペットへの贈り物」の挿画（London: Religious Tract Society, 1896）。

文学者のキャスリン・シェヴロフが説くに、動物裁判は「人と獣を分かつ序列的な種と権力の差」を示した――「つまるところ、人間は豚を毎日『殺害』しているのだから」[24]。よしんば豚が死罪を免れても、かれらが人間の消費に向け屠殺されることは変わらないのである。

裁判の多くは世俗の法廷で開かれ、動物には弁護士がついた。人や他の動物に物理的な害をおよぼした動物には死刑が科されることが多かったが、動物の弁護士は時に機転を利かせた。一七一三年、植民地ブラジルのある弁護士は、ピエダーデ・ノ・マラニャーオのフランシスコ会修道院で司祭館の基盤を損なったとして訴えられた白蟻《しろあり》のために巧みな弁護を行なった。結果、判事は白蟻に有利な判決を下し、修道会はかれらの食事用に薪《たきぎ》の山を与えなければならないとしたが、代わりに白蟻は修道会の建物から退去することを命じられた。このように、裁判にかけられた動物に専用の土地を与え、それによって原告を困らせる（あるいは原告に困らされる）ことを防ぐ措置は時おりみられた。バルテルミー・ド・シャスヌーズという別の有名な弁護士は、仏・ブルゴーニュの田舎町オータンにはびこった鼠《ねずみ》の群れを弁護した。鼠たちが一度目のみならず二度目の出廷もしなかったことを受け、シャスヌーズは最終弁論でオータンの猫たちに触れ、「齧歯類《げっしるい》への獰猛《どうもう》な敵意で知られる」この猫らが怖いせいで鼠たちは法廷まで来られないのだと主張した。(25) 鼠たちは無罪となった。

このほかに教会裁判がある。そこでは公的資金・作物・道徳的堕落・「魔術」・獣姦をめぐる問題が処理された。訴えられた動物たちの運命は判事一人によって決定された。野生ないし有害種とみなされた動物たちは裁判で弾劾され、霊的手法で畑や果樹園やブドウ園から追放されることが多かった。検察側の訴えは、超自然的活動・獣姦への関与・殺人・器物損壊・農家や第三者への攻撃などを理由とした。蜂も被告となった動物の一種である。他の飼い馴らされた動物たちに似て、蜜蜂は古代エジプトで最初に記録されたが、それからヨーロッパで数千年にわたって飼い馴らされた種であり、身を挺《てい》して巣を守ることで知られる。西暦八六四年、迷信的動機でつくられた虫評議会は、人を刺し殺した蜂の巣はそれ以上の蜂蜜がつくられる前に窒息させて葬らなければならないと定めた。(26)

人間主義《ヒューマニズム》による人間と他の動物の分断が近代の機械論によって定着する以前、動物裁判は秩序維持の試みとして行なわれる一方で、人間とそのそばに暮らす他の動物たちの危機的な関係変化を告げていた。一六世紀のあいだに、技術と農業の変化は人間と他の動物を物理的に切り離した。とりわけ大きな鋤《すき》の登場がその契機となる。拡張する放牧地の開拓はさらなる野生地を飲み込んでいき、その地は主として、「羊毛」の値打ちゆえに重要な商品と目されだした羊の飼養に割かれることとなった。動物への暴力は当時の社会に蔓延しており、それは広く行なわれる狩猟から猫や他の動物の拷問にまでおよんだ。

苛烈で広汎な動物虐待を前に、一部の者は不正への反対を声にし、動物たちの主体性に光を当てた。例えばミシェル・ド・モンテーニュは『レーモン・スボンの弁護』(一五七六)の中で、動物たちの意思疎通・親切心・互恵性を認めた。モンテーニュは記す。

犬の吠え方ひとつで馬はその犬が怒っていると知り、別の声を聞けば平静だと知る。全く声を持たない獣たちでも、その相互的な親切心をみれば、何かほかの意思疎通手段があると容易に察せられる。かれらの身振りは交渉となり、動きは会話となる。(27)

一七世紀の著述家たちは鳥籠《とりかご》の鳥、卵を盗まれた自由な鳥、あるいは猟師に殺された雛《ひな》への共感を盛んに表現した。(28) かれらに影響を与えたと思われるのは、鳥籠の鳥が逃げようとする様子を描いたジェフリー・チョーサーによる初期の記述で、これは『カンタベリー物語』にみられる。

金の鳥籠がいかに美しかろうと
なおもこの鳥は二千重もの思いにて

むしろ暗く寒い森にあり
虫や他愛なきものどもをついばまんとする。
休まずこの鳥は試みを重ね
金網の外へ抜けるすべを探る。
何よりも自由を、彼は望む。[29]

大海の一滴にすぎないが、一七世紀には最初期の動物保護法のいくつかもつくられた。アイルランドでは一六三五年に議会が「馬の尾の鋤引き・羊の毛むしり禁止法」を通過させ、一六四一年にはマサチューセッツ自由法典に、飼育される動物への「暴虐ないし残虐」を禁じる規則が織り込まれた。動物たちの抵抗は当時から記録されていた。例えば一七世紀初期の熊いじめに関する目撃談は、熊と他の動物が互いと争うことを嫌がり、舞台を降りれば仲良くしていたと記す。雄牛は戦いを拒んで寝そべり、熊は繫ぎとめる杭《くい》の場所まで引っ張っていかれた。[30]

しかしルネサンスから啓蒙時代への移行期に、多くの哲学者は動物たちの行為者性と主体性を公然と否定した。動物たちは今や「所有者」ひとりの責任下に置かれた。一七世紀を特徴づけたのは、伝統への信仰が廃れ、科学実験・論理的思考・新たな技術力が（知識を得るための適切な方法として）重んじられたことだった。加えて世は世俗化・合理化し、労働の分業化と経済成長が起こり、個人主義と人間の自由が謳われ、工業化・都市化が進み、国民国家・諸制度・監視が発達を遂げた。啓蒙時代に入って「社会」と「自然」、「人間」と「動物」は切り分けられた。序列的・二元論的な社会秩序は人間男性、そして裕福な白人階級に権利を与え、女性・有色人種・障害者・貧困者・人間以外の動物などの周縁化された集団には権利を認めなかった。

一六三七年、啓蒙時代の代表者ルネ・デカルトは、動物が知能も感覚能力も具えない生物学的機械だと断言した。半世紀前にミシェル・ド・モンテーニュは動物に関する深遠な思想を語ったが、根を下ろしたのはデカルトの人間中心思想だった。動物実験を行なったデカルトその他をみて、歴史家・哲学者のヴォルテールは実験行為を批判し、犬は感覚能力も愛情表現も人間より優れていると論じたことで知られる。一七六四年に彼は記した。「さて機械論者たちよ、諸君は何と言うのか。答えるがよい――自然はこの動物にあらゆる感覚の源泉を与えながら何も感じないようにしたというのか。神経を与えながら無感覚にした、と？　笑止！」[31]　デカルトの機械論哲学は多数の英語著作によって批判・否定されたが、この哲学は支配的なイデオロギーとなり、人間以外の動物への関わり方を左右する基盤となった。[32]　人間と動物の二分が定着したことで、デカルトは生きた犬を使う実験を楽に正当化できるようになり、人間（ないし「人間」と定義される集団）と他の動物（ないし「動物」と定義される集団）はデカルト主義のもとに分離された。ますます多くの動物たちが生体実験や食用や労働で搾取されだしていた時代である。

近代のグローバル資本主義時代（一八〇〇～二〇〇〇年）に入り、チャールズ・ダーウィンの著『種の起源』（一八五九）は、人間以外の動物に関する科学的理解を大きく前進させた。ダーウィンは動物たちが人間言語を解すること、独自の言語を持つこと、抽象的思考や道徳行為の能力を具えることを明らかにした。一八七一年に彼は「人と高等動物の精神機能に根本的な違いはない」と述べた。[33]　ダーウィンは今日の私たちが疑う余地なく理解していること（人間以外の動物たちは単なる生物学的自動機械ではなく意識的・主体的な個であること）を説いたが、道徳的良心を一定度の人間知性と結び付けた点で、人間優位の考え方を完全に脱したわけではなかった。(34)一九世紀後期に、ダーウィンの同時代人でロシアの無政府主義者・自然愛好家だったピョートル・クロポトキンは、自然環境における動物たちの科学的観察を行なったが、その見解は動物の社会生活に関する今日の研究により近づいている。(35)一例を挙げると、クロポトキンは現在のジェーン・グドールやマーク・ベコフの知見に似て、動物の社会性は協力と帰属で決まる部分が大きく、人間以外の動物たちは互助に参加するとの見方を示している。共同体に属する全成員の幸福のために協力する動物は最も生き残りやすい、と彼は結論した。

畜産農場では、訪問者と農家の双方が昔から動物たちの抵抗を認識していた。一八世紀の詩人ヘンリー・ニードラーは、柵を跳び越える羊や囲いから逃げ出す豚をたびたび観察し、農家を蹴る牛、さらなる食事を求める犬、手をつつく鶏、器具を壊す馬、労働を拒む雄牛、ゆっくり歩くラバ、命令を無視するロバなどの反抗行為にも目を留めた。ピーター・カームという一八世紀の植物学者は、牛の群れには必ず何頭か、逃げる意志が強く、囲いを破ろうとする牛がいると述べている。別の観察者ギルバート・ホワイトも同様に、多くの馬は一見どれほど行儀が良くとも頑丈な柵を破ろうとすると語った。(36)一八世紀後期に、サミュエル・ディーンは飼葉《かいば》不足のせいでニューイングランドの飢えた被畜産動物たちが「柵を越えたり破ったり」していると記した。(37)

一部の人々が動物たちの行為者性を認めていたとはいえ、一九世紀には依然デカルト主義的な動物の扱いが主流だった。動物裁判は消えていったが、動物の処刑は増加した。拘束に逆らう動物たちは新たな利益中心パラダイムの中で仇《あだ》になるものとみなされた。トプシーと名付けられた象もその一例である。東南アジアで生まれたトプシーは一八七〇年代の中頃に、生後間もなくアメリカへと連れ去られ、他の象たちともども、フォアポー・サーカスで芸をすることを強いられた。野生の象は水浴びや川遊びを楽しみ、新鮮な草を食べること、木を引っ掻くこと、長距離で会話することを喜びとするが、サーカスではかれらが看板役の演技者となり、リングを回る、後ろ脚で立つなど、一連の不自然な曲芸をさせられた。残りの時間は足枷《あしかせ》や鎖に留められるか、サーカスに伴う労働を強いられ、テントの柱を立てる、ぬかるみに嵌まった馬車を引くなどの作業を担った。

トプシーは調教師たちから何度も殴られ突き刺され、自己防衛をすることで知られていた。一九〇〇年に、彼女はフォアポー・サーカスの二人の団員を殺した。一九〇二年には、ブルックリンで見物人の一人が象の待機場に迷い込み、象たちをいじめだしたらしい。男はトプシーの顔に砂をかけ、鼻の端をタバコで焼いた。トプシーはそれに応じ、男を地面に投げて踏みつけた。その後、同じ年にニューヨーク州キングストンで彼女が列車から降ろされていた際に、別の男がトプシーの耳の後ろを棒で突いた。トプシーは男を持ち上げ地面に投げた。この事件の後、サーカス団は彼女をコニーアイランドの公園に売った。しかしある時、公園の調教師が酒に酔って、トプシーを地元の警察署へ連れて行った（警官らは監獄の中へ逃げ込んだ）。調教師は逮捕され、公園主はトプシーを売り払おうとしたが、買い手がつかなかった。反抗的な象を引き取ろうとする者がいなかった結果、トプシーは死刑を宣告された。一九〇三年一月四日、トーマス・エジソンのショートフィルム『象の電気処刑』を撮るために陰惨な見世物が催され、トプシーはコニーアイランドで、およそ一五〇〇人の見物客を前に電気処刑された。工業化時代の黎明《れいめい》期に、トプシーの処刑は殺し方の一つとなる電気の実験を兼ねて行なわれた（これに先立ち、一八八〇年代にはニュージャージー州で何百匹もの野良猫や野良犬が電気処刑された）[38]。

メアリーも抵抗を理由に処刑された象である。彼女は一八八〇年代中期に東南アジアのジャングルで生まれたが、囚われの暮らしを送ったのは故郷から遠く離れた地だった。幼い頃からアメリカ南部での生活を強いられたメアリーは、スパークス・ワールド・フェイマス・ショーズ・サーカスで人気の演者となった。彼女は町から町へと運ばれ、うんざりする過酷な業務をこなしていた。芸をさせられる象の例に漏れず、メアリーは恐怖と苦痛と規律を植え込むブルフックという道具〔棘と鉤爪が付いた棍棒〕で日常的に殴られていた。ある日、新入りの調教助手を背に載せてパレードをしていた際に、メアリーは道路脇のスイカを食べようとした。調教助手はそれを見てメアリーを突いたが、その打撃が（後の検証によれば）歯の感染部位に当たったようだった。[39] メアリーは鼻で調教助手を持ち上げ、地面に投げ飛ばして頭を踏みつぶした。群衆はメアリーに対する報復を求め、狂騒が巻き起こった。史家ジェイソン・フライバルが記すに、リンチ集団がやって来る、あるいは警察と政府が介入するなどの噂も渦巻いた。メアリーを殺すべきか、殺すとしたらどう殺すべきかについて、誰もが意見を持っていた。一九一六年九月一三日、サーカス団がテネシー州のアーウィンという小さな町を訪れた時には、処刑が間近に迫っていた。[40] トプシーと同様、メアリーに対しても公正は守られなかった。昼興行の後、鉄道車両に搭載したクレーンを使い、サーカス団はメアリーを首吊りにした。しかし一度目はうまくいかなかった。メアリーは落下して腰を砕き、再び吊るされた。二〇〇〇人を超える見物人がこの暴力的処刑を眺めた。

トプシーとメアリーは、アメリカのサーカスに対する大衆の見方を変えた、並みいる象の抵抗者たちに数えられる。一七九六年に初期アメリカ合衆国へ最初の象が連れて来られて以来、暴力的で厳しい訓練を受け、長時間の重労働を強いられる象たちは、「台本を外れて」サーカス産業に破壊と混沌をもたらすことで知られていた。[41] スーザン・ナンスが説き明かすには、象たちはサーカスのテントを逃げ出す、水や泥を通行人に浴びせる、ブルフックで放縦な暴力におよぶ飼育者を狙うなどして、サーカスを内側から変えてきた。多くの象は一サーカス団から別のサーカス団へと売られたが、その際には買い手が抵抗の前科に気づかないよう、象の名前が変えられた。行為者性を示す振る舞いを受けて、サーカス団は象の報復をショーの見どころの一つとして描き始めた。「狂える象」の語りが生まれ、抵抗の流用、そして資本化が行なわれた。象たちの不服従に対する処罰は強まり、特にその振る舞いが人間に怪我を負わせ、サーカス団員の離職率を高めた時には厳しい仕置きが待っていた。やがて動物福祉への関心が育つと、サーカス業界は特に反抗的な象の「抹消」を始めた。業者は象の処罰に報道陣を招くことをやめた——かつて愉快なものとされていた処罰は、一般大衆から不穏な行ないとみなされだした。

一九世紀後半から二〇世紀初頭に、工業化社会では工場式畜産が生まれようとしていた。動物虐待に反対する人々の感情が高まる中、活動家たちは漸進《ぜんしん》的な動物福祉改革を進めた。動物保護団体がつくられ、二〇世紀には娯楽・実験・衣服・食品産業で商品化される動物たちの擁護組織が数百を数えるに至った。産業化した動物利用は一九二〇年代に始まり、それを受けて一部の動物擁護組織はシステム次元の供給と需要に目を付けた。動物製品を避ける取り組みは世界中で数世紀にわたり存在したが、一九四四年にはその実践が現代の産業的文脈で認知され、脱搾取《ビーガニズム》の名を与えられる。イギリスのビーガン協会は後にそれを「衣食その他あらゆる目的による動物の搾取と虐待を、現実的で可能なかぎり暮らしから締め出そうと努める生き方」と定義した。[42]

動物虐待に対する反発が高まり、人間以外の動物たちの情感が認められだしたことで、一九六〇年代には動物擁護が隆盛を迎える。動物殺しのスポーツは地位の象徴としてイギリスの貴族社会と結び付いていたが、一九六四年にはそれに対抗して直接行動を起こす狩猟妨害協会がつくられ、間もなく秘密集団の動物解放戦線（ＡＬＦ）が後に続いた。同年、イギリスの著述家ルース・ハリソンは工場式畜産の先駆的批判となる『アニマル・マシーン』を刊行した。一九六五年一〇月一〇日、『サンデー・タイムズ』紙はイギリスの劇作家・小説家のブリジッド・ブローフィによる全面記事「動物たちの権利」を掲載する。(43) アメリカの著述家ノーム・フェルプスは、ブローフィの新聞記事を、アメリカにおける動物の権利運動に火をつけた決定打とみる。同記事は一九六〇年代後期、オクスフォード大学哲学科の大学院生グループに再発見された。

オクスフォード・グループの名で知られることとなったこの学生らは、抗議活動を行ない、あるシンポジウムでは動物倫理の問いに挑んで、後の一九七一年にそれを出版した。ハリソンとブローフィはともに寄稿者となり、声高《こわだか》な生体実験の批判者だったリチャード・Ｄ・ライダーも名を連ねた。ライダーは人間以外の動物たちが種差別の犠牲者だと論じた（種差別の概念はその後、ピーター・シンガーによる一九七五年の有名著作『動物の解放』で広く知られる）。オクスフォードで配布された一九七〇年の反生体実験パンフレットで、ライダーは種差別を「人間という種が他の種よりも本質的に優れ、ゆえに他の情感ある動物らが持たない権利ないし特権を有すると考える、広く根付いた信念」と定義した。一九七六年には、ヘンリー・スピラが立ち上げたアニマルライツ・インターナショナルが、アメリカ初となる動物の権利キャンペーンを行なった。これはアメリカ自然史博物館で行なわれていた猫の切断を伴う研究に反対する活動で、開始から一八カ月後に成功し、研究所を閉鎖へと追い込んだ。続いてスピラの組織は兎を使うドレイズ試験の反対キャンペーンを行ない、これを契機に動物実験代替法の研究が始まった。

一九八〇年代初頭には、動物虐待の調査が人々を動かす鍵であると分かった。それを証明したの

図版４　シルバースプリングの２頭の猿、檻の柵越しに腕を伸ばし、互いの手を摑む。メリーランド州シルバースプリングの行動研究所にて（People for the Ethical Treatment of Animals 提供）。

は、一九八一年に実施された潜入調査が、メリーランド州シルバースプリングの実験施設で一七頭の猿に行なわれていた虐待を暴露した事件である。警察は施設の強制捜査に踏み切り、研究者は動物虐待の罪に問われたものの、法律上は無罪となった。が、これをきっかけとする全国報道は人々の注目を引きつけた。二〇一二年にフェルプスが振り返った通り、「ユーチューブもフェイスブックもツイッターもない時代に、それでもなお事件が拡散しうるかぎりにおいて、シルバースプリングの猿事件は野火《のび》のごとく拡散した」[44]。一九八四年、トム・レーガンは『動物の権利擁護論』を刊行し、動物たちが搾取や抑圧を被らずに生きる権利を持つとする哲学的枠組みを築いた。それによれば、人間以外の動物たちが（人間同様）情感ある存在であること、社会的・生物学的・個的な求めを有する「生の主体」であることは、（組織力・思考力・自己解放能力の有無にもまして）道徳に関わる最も基本的な勘案事項とされなければならない。[45] 動物の心の研究である認知行動学という新分野の知見は、動物たちが豊かな社会的・感情的生を送っていることを明らかにした。動物学者のドナルド・グリフィンはこの分野の名称を考案し、コウモリが闇の中を進む方法、猿が用いる騙《だま》しの手法、烏《からす》が枝から道具をつくる技法を発見した。この系譜のもと、マーク・ベコフとジェシカ・ピアスは多数の動物種にみられる「野生の正義」感覚を論じ、動物たちがかつて人間固有のものと思われていた感情移入などの特性を持つことを示してきた。動物たちは喜びや苦しみを感じ、愛する者を悼《いた》み、道具や薬を用い、文化や記憶を持ち、ひいては己独自の生を形づくる。[46]

一九八〇年代後半からこのかた、動物擁護の従事者らは街頭活動やデモ行進を行ない、全国会議を催し、救助した動物たちに居場所を与え、屠殺場行きトラックの行く手を阻み、圧力キャンペーンを立ち上げ、新しい情報技術を用い、雑誌や出版社をつくり、ビーガンの有機農業を始め、多彩な植物性料理を提供するビーガン料理店を築いてきた。新興の学際領域である動物社会論や批判的動物研究は、人間以上の世界を論じる批判的観点の欠如に応え、学術界において動物の権利の関連問題を扱いだすという転回を示した。これらの学に影響を与えたのは、黒人解放組織ＭＯＶＥによる多面的争点の活動、および交差的視点から動物抑圧を捉えるエコフェミニズムの研究（キャロル・アダムズ、ジョセフィン・ドノバン、マーティ・キールらのそれなど）である。例えば批判的動物研究（ＣＡＳ）は理論と実践の溝を埋める。動物・人間・地球のための社会正義を求めるＣＡＳは、「あらゆる抑圧・支配・権威主義を廃する総合的解放へ向け、人間の活動家と学界人、および人間以外の存在」の連帯・同盟構築を呼びかける。そのためには「人間以外の動物たちの解放にとどまらず、他の諸活動をも直接に組織し応援する」ことが必要であり、「地場・有機・フェアトレードのビーガニズムもその一環に含まれる」[47]。しかしながら、動物消費の社会規範を揺るがす試みを前に、政府は弾圧を強めた。「畜産猿轡《さるぐつわ》」法や動物事業テロリズム法（ＡＥＴＡ）＊＊が敷かれる一方、政策システムは《商品たる動物》の枠組みを超えて効果的な変化をもたらすことができない。となれば動物の支援者らは、他の動物たちの苦境と主体性をめぐる認知が進んでもなお、その身体の消費と搾取が世界中で拡大し続けている状況と対峙しなければならない。

　動物たちの行為者性と抵抗は、古代ローマのウェーナーティオーネースから中世ヨーロッパの動物裁判に至る長い歴史記録に見て取れることを確かめた。動物は主として人間の役に立つがゆえに価値を持つという見方は、残念ながら資本主義時代の近現代において支配的であり続けたが、多くの人々は動物たちの内在的価値を認め、かれらの自由を擁護してきた。そして活動家が動物解放を求める一方、動物たち自身は自由のために闘い、システムを内側から変えてきた。二〇世紀後期から二一世紀初頭のあいだに、人間以外の動物たちはかれら自身の政治的解放闘争で中心を占める参加者にして抵抗者と認知され始めた。

　一九九四年八月二〇日、もう一頭の象が、動物たちはおのが社会正義闘争の前線にいるという事実を、世界に改めて知らしめた。ハワイのホノルルで催されたサーカス・インターナショナルの上演中に、タイクと名付けられたアフリカゾウが拘束者たちのもとを逃れた。世話係を踏みつけ、調教師

＊＊　畜産猿轡法は動物産業の内部状況を記録する行為やそうした記録の所持・拡散を禁じる法律。ＡＥＴＡは動物擁護活動をテロリズムに指定する法律。

図版5　スー・コウ「彼女はサーカスを脱して98発の弾丸を浴びせられた」。エッチング、2007年。Copyright © Sue Coe. Courtesy Galerie St. Etienne, New York.

を殺した彼女は、それから街路へと逃げ出した。三〇分にわたる追跡の末に警察はタイクに追いつき、交差点で彼女を取り囲んだ。続いて警官らは彼女に八七発の銃弾を浴びせた。タイクはくずおれ、負傷によって数時間後に力尽きた。一九七〇年代初頭、モザンビークのサバンナで幼い頃に捕獲された彼女は、拘束下で一生を送り、頻繁にサーカスやカーニバルに貸し出され、自立的な野生象の生を思わせる何もかもを奪われた。これは最初の脱走ではない。一九九三年、タイクは公演から抜け出し、一時間にわたって逃走した。数カ月後にはステートフェア〔州の農業祭〕で調教師に怪我を負わせて脱走した。事件の後、滅多打ちにされた彼女は、調教師が近づくと叫びを上げて逃げようとするようになった。タイクは意志が強く言うことを聞かなかったので、調教師の中ですら、この象はサンクチュアりに送ってサーカスから引退させたほうがよいという意見があった。タイクの闘いは無駄ではなかった。その抵抗は世界に報じられ、動物産業に対する批判を巻き起こした。人々は娯楽のための動物搾取を問い、サーカス反対法案が持ち上がり、テネシー州には象のサンクチュアリが設けられた。二〇一五年のドキュメンタリー『象の反逆者タイク』は、タイクの物語を伝える。動物たちの抵抗は、かつてであれば動物娯楽産業の中に組み込まれたが、現在の産業は（闘牛と違法の動物ゲームを除き）動物たちの不同意を可能なかぎり隠し防ぐことに支えられている。

動物たちの脱走を捉えた拡散力のある動画や、動物たちの反逆に光を当てるドキュメンタリーがつくられる遥か以前には、小説家や画家が動物たちの抵抗を描いていた。動物の抵抗という表象はフィクションの中に繰り返し現れる。その系譜は、動物たちの叛乱を人間の抑圧に対する報復や、国家の黙示録を飾る亡霊として描いた作品――アーサー・マッケンの小説『恐怖』（一九一七）など――に始まり、動物たちの抵抗を描いた二〇世紀後期から二一世紀初頭の作品群――『疫病犬』（一九七七）、『WE3』（二〇〇四）、『猿の惑星：創世記』（二〇一一）など――、あるいは大規模な鳥の攻撃を描く数々のプロット――特記すべきものとして、フランク・ベイカー（一九三六）、ダフニ・デュ・モーリエ（一九五二）、アルフレッド・ヒッチコック（一九六三）、フィリップ・マクドナルド（一九三一）がある――に至る。かたや画家たちは解放を求めて叫ぶ動物たちを描いてきた。乗り馴らされていない反抗的な荒馬たちを描いたテオドール・ジェリコーの作「放れ馬競争――ラ・モッサ」（一八一七）はその一例である。[48] これらのフィクション作品やアート作品がほのめかすように――そして畜産農家・猟師・肉屋・動物実験者・罠猟師・調教師が知っているように――他の動物たちによる人間社会への蜂起は現実生活の中で起こっている。過去にフランク・ベイカーが記したように、ダフニ・デュ・

モーリエの『鳥』は「ありうることとして想像に絶えず付きまとう」。[49] 鳥たちが人間に徹底的な大規模攻撃を仕掛ける事態は極めて異様かもしれない。しかし動物たちの抵抗は、搾取に対する現実の日常的応戦なのである。

動物たちの叛乱を描いたジョージ・オーウェルの有名な物語『動物農場――あるおとぎ話』は、ウクライナ語版の序文で、「馬車馬を打つ少年」を見たことがこの作品を書くきっかけだったと述べている。一九四五年に初版が刊行された同作は、被畜産動物の集団が自分たちの労働を所有し統制する人間らに反旗《ひるがえ》を翻す物語である。[50] 動物たちは、荘園農場の暮らしが不幸なのは、労働産物のほぼ全てを人間が盗んでいるからだと気づく。この物語はロシア革命とソビエト共産主義の失敗を描いた諷刺的な寓話と解釈されるのが一般的だった。被畜産動物たちは各々が社会の様々な党派を象徴し、互いに反目し合う。その対立は、独裁者の豚であるナポレオン（ヨシフ・スターリンの代役）と、農場の指揮権・管轄権をめぐってナポレオンに挑む豚、スノーボール（レフ・トロツキーの代役）の争いに見て取れる。人間を打倒した動物たちは、これを階級闘争とみて、自身らの窮状に対する答は「動物主義」の哲学、すなわち全ての動物たちは平等な扱いに浴し、農場の責任と剰余産物を平等に分かち合うべきとする思想にある、との結論に至る。叛乱の報せが広がると、田舎中の動物たちは蜂起を促された。「御しやすかった雄牛らは突如獰猛《どうもう》になり、羊らは生け垣を壊してクローバーをむさぼり、雌牛らはバケツを蹴り倒し、猟馬《りょうば》たちは柵の前で不意に止まって騎手を向こうへ放り投げた」。[51]

一部の評者は本作が解釈に開かれていて、別の読み方ができると論じてきた。美術史家のスティーブン・アイゼンマンはいう。

『動物農場』が人間の革命・戦争・不誠実・背信・等々を描いているとせず、額面通り動物たちの話を描いているとしたらどうか。ソビエト共産主義の失敗を描いた寓話ではなく、自由のために闘い敗北した豚・馬・家鴨《あひる》・猫・犬・その他の物語だとしたらどうか。テオドール・アドルノはフランツ・カフカについて似たことを述べている——カフカの物語は「全てを文字通りに受け取る」のが決まりだと。もしかするとオーウェルの作品は第一に、いくらかの架空の農場動物たちの生死を吟味したものかもしれない。(52)

果たして『動物農場』は、被畜産動物たち自身に関する物語と読める部分もあるのだろうか。おそらくオーウェルは動物の抵抗を認知していたが、動物寓話のほうが読者の嗜好に合うだろうということも承知していた。オーウェルは動物たちが資本主義のもとで人間から不当に支配され搾取されていることを明らかに理解していたと考えられ、それは次のくだりにも示されている。「人間はただひとり、生産せずに消費する生きものである。乳も出さず、卵も産まず、鋤《すき》を引くには力が足りず、兎を捕らえるには足がのろい。しかし人間は動物たちの君主である。彼は動物たちを働かせ、飢えを防ぐ最低限のものだけをかれらに与え、残りは自分のものとする」。(53)

人間と他の動物の関係は一九世紀の新たな印刷メディア（新聞・小説・雑誌・パンフレット）で人気テーマの一つとなり、刊行物はしばしば動物の抵抗にまつわる「実録」を紹介した。特記に値する一例はイタリアの週刊紙『コッリエーレ日曜版』で、同紙は国内外の公共空間を侵犯した動物たちの話を盛んに特集した。一八九九年から一九八九年までの刊行期間に同紙の表紙を飾ったのは、ヴァルテル・モリーノ、リノ・フェラーリ、アキーレ・ベルトラーメなどの画家による多数のリトグラフである

La passeggiata di un pachiderma. - Un elefante del Giardino Zoologico di Basilea mentre compiva una passeggiata nell'interno del giardino, profittando che una delle porte era aperta per dar accesso a un carro, uscì dal recinto e si diede a correre verso la città. L'animale cominciò a irritarsi alla vista della folla che si accalcava nelle strade. Infine, si rifugiò in un giardino, dove venne catturato senza incidenti.

図版7　バーゼル動物学公園から脱走した象、市街に逃げ込み、庭園に避難したところで捕獲される。『コッリエーレ日曜版』1929年2月3日、アキーレ・ベルトラーメによるリトグラフ。

LA DOMENICA DEL CORRIERE

Supplemento settimanale illustrato del nuovo CORRIERE DELLA SERA - Spedizione in abbonamento postale - Gruppo 2°

Anno 60 — N. 31　3 Agosto 1958　L. 40.—

Caccia grossa ad Anversa. Un gigantesco gorilla, fuggito da quello Zoo, ha causato un putiferio, correndo per le strade e quindi arrampicandosi sui tetti, donde si è messo a scaraventare giù camini e tegole. Dopo diversi vani tentativi di catturarlo con le buone, tenendolo a bada con potenti getti d'acqua, non si è trovato altro rimedio che abbatterlo a colpi di moschetto.

図版6　ベルギー・アントワープの動物園から脱走したゴリラ、追っ手に屋根板を投げつける。『コッリエーレ日曜版』1958年8月3日、リノ・フェラーリによる表紙リトグラフ。

が、人間の拘束者から逃れる動物たちや拘束者に仕返しをする動物たちの実話を描いたその表紙絵は、動物の抵抗に関する注目すべき歴史記録の資料となっている。同紙は日刊紙『コッリエーレ・デッラ・セーラ』の付録という位置づけで、一九五〇年代から六〇年代に人気を博し、現在も大衆文化の蒐集家《しゅうしゅうか》アイテムと目されている。『コッリエーレ日曜版』をみると、飼い馴らされた動物や自由な動物がどれほど抑圧的な状況に逆らうかが分かる。同紙はさらに、人間が他の動物を支配・統御しようとする際に生じる混乱も描いている。例えばベルギーのアントワープで動物園を脱走したゴリラは、屋根に登って追手に屋根板を投げつけた末に殺された（一九五八年八月三日、図版6）。他方、スイスのバーゼルで動物園を抜け出した象は、追手から逃れて庭園に避難した後に捕らえられた（一九二九年二月三日、図版7）。[54]

『コッリエーレ日曜版』は動物の抵抗を生き生きと描いたが、それらの話題は動物抑圧（特に故郷から移送された動物たちやサーカス・動物園・畜産場で搾取される動物たちの抑圧）を批判的に見つめ直す材料というより、娯楽として扱われた。例えばあるイラストは一九三三年三月にカルカッタからロンドンへ向かう船で檻を逃れた動物たちを描いているが、その説明文は猿たちの脱走を「とりわけ滑稽」と叙述している。また、一九五〇年五月に動物園の囲いを逃げ出した三頭のアシカを描いたイラスト「ミラノ中心部で極地の狩り」などは、人間が他の動物を手なずけられなかった時の大騒ぎを活写した。

動物の抵抗を社会的・文化的・政治的文脈の中で批判的に捉えた研究は、学術界でごく近年に現れた。批判的・社会政治的文脈に則る初期の資料、抑圧される動物たちに共感してかれらとの連帯を表明したそれは、無政府主義者の定期刊行物に収録されたもので、『第五階級』に載った「蝙蝠《こうもり》たちの蜂起」（一九九三）や『行動か死か――アース・ファースト!からの声』に載った「動物の道化師たち」（一九九五）などがそれに当たる。「蝙蝠たちの蜂起」は動物たちの政治的抵抗を認識してこう述べる。「動物たちは反抗している。牙と鉤爪、翼と肢を武器に、かれらは人間の圧制と破壊に戦いを挑んでいる」[55]。時代が下ると、搾取に抵抗する動物たちに研究者らが関心を向け始めた。[56]娯楽事業・動物実験産業・畜産アグリビジネスにおける動物の抵抗事例は、社会的・歴史的文脈に即して記録されつつある。[57]

動物の行為者性と抵抗を扱ったジェイソン・フライバルの力強い著書は、歴史を有するのみならず歴史を形づくる抵抗者としての動物理解を前進させた。その研究は動物の抵抗に関する詳しい体系的分析としては初のものであり、焦点は生体実験と娯楽産業のために囚われた動物たちに当てられている。[58] 二〇〇八年に行なったトレド動物園の研究をもとに、フライバルは動物たちの視点を含む多数の事例を結んで「下からの歴史」を紡《つむ》ぎ出す。一連の物語は、動物園やサーカス、テーマパーク、実験施設において抵抗を企てる動物たちが、暴力・威圧・劣悪な飼育環境に応じる行為者であることを明らかにする。

フライバルがつづる物語の一つは、グレート・アメリカン・サーカスのジャネットという象の話で、彼女は一九九二年にサーカス団員への報復を行なった。その時、ジャネットの背には数人の子供たちが乗っていた。その子供たちが傷つかないよう（というのも背から振り落とせば簡単に死んでしまうので）、ジャネットは立ち止まって別の人物に子供たちを降ろさせ、その後に自分を傷つけた人間らを攻撃した。続いて彼女は落ちていたブルフックを鼻で摑《つか》み、何年にもわたって自分に多大な苦痛を与えてきたこの抑圧の道具を、トレーラーに何度も叩きつけた。

フライバルが書き記すもう一つの事件は一九八七年、雷雨によってピッツバーグ動物園のニホンザル舎に木の枝が落下した時に起こった。三頭の猿がこれを好機とみて、落ちた枝を橋代わりにし、そこを登って囲いから逃れた。逃げた猿の一頭であるアルフィーは、あの手この手の再捕獲が試みられる中、数週間にわたって当局を出し抜いた。ある時、アルフィーはオハイオ州南東部の町はずれからウェストバージニアへ向かうところを目撃された。最終的には同州ブリッジポートで再捕獲されたが、その時点でアルフィーは動物園から六〇マイル〔約九七キロメートル〕の距離を移動していた。彼は一九九四年七月まで展示されたが、その後、他の猿たちとともにフロリダ州の野生動物公園へ移された。

フライバルは囚われの海洋哺乳類の抵抗も書き留めており、その一つにシリルと名付けられたアシカの例がある。シリルの脱走劇は、オンタリオ州ロンドンのストーリーブック・ガーデンというテーマパークを区切る河で始まった。一九五八年六月二〇日、カリフォルニア州からやって来たシリルは、テーマパークの開園式で大役を担う予定だった。が、彼は夕暮れに脱走してテムズ川に入り、セントクレア湖へ向かって南西八〇マイル余り〔約一三〇キロメートル〕を移動した。シリルの旅が終わったのはオハイオ州トレドだった。動物園の職員らはここで彼をサンダスキー湾まで追跡する。六日後、シリルは拘束を逃れて四〇〇マイル余り〔約六四〇キロメートル〕を移動した末に、追手から麻酔矢を撃ち込まれた。シリルは結局カナダに返され、五万人に歓迎された。自由を求めた決死の努力もむなしく、シリルは残り九年の余生を幽閉下で過ごした。

本書『抵抗する動物たち』は、動物の抵抗を概観し、かれらがなぜ、いかに、また何（の始まり）を求めて抵抗するのかを仔細に検証する。人間以外の動物たちの抵抗について、全ての理由と動機を知ることは不可能かもしれないが、ある程度までは極めて明瞭に分かる。本研究で参照するのは、動物擁護団体の報告、絵画や写真などの視覚資料、『ニューヨーク・タイムズ』紙の新聞アーカイブ、アーカイブ・サイトの雑誌アーカイブ、動物サンクチュアリ職員への個人的・非形式的なインタビュー、オンライン上の報道記事、目撃者の直接証言、動画、意見欄、ブログなどである。二次資料としては、批判的動物研究・認知行動学・歴史学・動物地理学の成果を用いる。各々のエピソードは（可能なかぎり）動物たちの視点を考慮した形で示したい。それは社会の周縁に置かれた者たち——例えば境界領域に位置を占める脱走動物たち——の視界を構成するだろう。

本書はさらに、社会の「中枢」、すなわちそこを占有する者たちに特権を与える場にも、批判的な眼差しを向ける——注目するのは主流メディア・司法機関・政府・種差別・新自由主義・白人性などである。これらの切り口を併せると、動物の抵抗者たちが人間例外主義の支配的パラダイムに挑んでいることがはっきりするだろう。この詳細な検証は、《被畜産動物》の抵抗という現象も視野に入れる。全編を通し、筆者は生ある者らを人間からみた有用性に沿って定義する言葉、例えば「食肉」「家畜」「畜牛」などに引用符を付けた（畜牛 cattle は財産を表す chattel を語源とする）。このような批判的標識を付けるのは、英語の語彙に埋め込まれた人間例外主義の言語体系を揺さぶるためである。本書は一九世紀以降を中心に動物の反逆者たちの物語を結《ゆ》い合わせ、それを社会正義の枠組みで捉える。くだんの枠組みは種・人種・性・階級・障害が力関係の中で互いを形成し合うことに目を向けるものであり、筆者はそれを踏まえ、飼い馴らしと植民地化と資本主義の絡み合いから生まれる境界線（borders）に着眼する。この境界形成は現代の動物人間関係と動物たちの（しばしば強いられた）居住空間を、その根底から、しかも有害な方向に構築してきた。最後に、動物たちの抵抗譚《たん》と併せて考えなければならないのは、抵抗の効果、すなわちその行為が目撃者や周辺にいかなる影響をおよぼし、それがどこまで社会正義のさらなる行動に結び付いてきたのか、である。

注

（1）Marc Bekoff and Jessica Pierce, *Wild Justice: The Moral Lives of Animals* (Chicago: University of Chicago Press, 2009).

（2）David Nibert, *Animal Oppression and Human Violence: Domesecration, Capitalism, and Global Conflict* (New York: Columbia University Press, 2013), 61.

（3）David Nibert, *Animal Rights/Human Rights: Entanglements of Oppression and Liberation* (Lanham, MD: Rowman & Littlefield, 2002).

（4）人類史における動物表象の詳しい分析としては、Linda Kalof, *Looking at Animals in Human History* (London: Reaktion Books, 2007) を参照。

（5）Pliny the Elder, *Naturalis Historia*, book 8: 8.

（6）Oppian, *Cynegetica*, book 4: 195, http://penelope.uchicago.edu/Thayer/E/Roman/Texts/Oppian/Cynegetica/4*.html.

（7）Claudian, *De Consulate Stilichonis*, book 3, as cited in Kalof, *Looking at Animals in Human History*, 29.

（8）Kalof, *Looking at Animals in Human History*, 30.

（9）Pliny the Elder, *Naturalis Historia*, book 8.

（10）Pliny the Elder, *Naturalis Historia*, book 8: 18; Lucius Annaeus Seneca, *De brevitate vitae ad Paulinum*, book 13.

（11）Cassius Dio, *Roman History*, book 39: 38, http://penelope.uchicago.edu/Thayer/E/Roman/Texts/Cassius_Dio/39*.html.

（12）Kalof, *Looking at Animals in Human History*, 28.

（13）Cassius Dio, *Roman History*, book 73: 18, http://penelope.uchicago.edu/Thayer/E/Roman/Texts/Cassius_Dio/73*.html.

（14）Cassius Dio, *Roman History*, book 73: 18, http://penelope.uchicago.edu/Thayer/E/Roman/Texts/Cassius_Dio/73*.html.

（15）Johannes Stradanus, *Tiger Killed by Emperor Commodus in Amphitheater*, drawing, sketchbook page (ca. 1590), https://collection.cooperhewitt.org/objects/181.

（16）Kalof, *Looking at Animals in Human History*, 23.

（17）Jeffrey St. Clair, “Let Us Now Praise Infamous Animals,” in *Fear of the Animal Planet: The Hidden History of Animal Resistance*, ed. Jason Hribal (Petrolia and Oakland, CA: CounterPunch and AK Press, 2010), 3.

（18）Edmund P. Evans, *The Criminal Prosecution and Capital Punishment of Animals* (London: William Heinemann, 1906). エヴァンスが記録した裁判と刑罰は主としてヨーロッパの事例となる。彼によれば、動物に対する起訴が最も集中していたのはフランスの南部と東部、およびスイス、イタリア、ドイツの一部地域だった。エヴァンスはスペイン、ロシア、スコットランド、ユーゴスラビア、イングランド、ベルギー、トルコ、コネチカット州ニューヘイブンの裁判も書き留めているが、これらの記録は散逸している。

（19）Evans, *Criminal Prosecution and Capital Punishment of Animals*, 160–61.

（20）Evans, *Criminal Prosecution and Capital Punishment of Animals*, 162.

（21）Evans, *Criminal Prosecution and Capital Punishment of Animals*, 161.

（22）St. Clair, “Let Us Now Praise Infamous Animals,” 2.

（23）St. Clair, “Let Us Now Praise Infamous Animals,” 7–8.

（24）Kathryn Shevelow, *For the Love of Animals: The Rise of the Animal Protection Movement* (New York: Henry Holt and Co., 2008), 98.

（25）St. Clair, “Let Us Now Praise Infamous Animals,”

（26）Evans, *Criminal Prosecution and Capital Punishment of Animals*, 9.

（27）Michel de Montaigne, “Apologie de Raymond Sebond,” book 2, trans. John Florio (1580).

（28）Kalof, *Looking at Animals in Human History*, 128.

（29）Geoffrey Chaucer, “The Manciple’s Tale of the Crow” (1380), http://www.librarius.com/canttran/manctale/manctale163-174.htm.

（30）Kalof, *Looking at Animals in Human History*, 91.

（31）Voltaire, “Beasts,” in *The Philosophical Dictionary, for the Pocket* (Catskill: T & M Croswel, J.Fellows, and E. Duyckinck, 1796), 29.

（32）Philip Armstrong, *What Animals Mean in the Fiction of Modernity* (Abingdon, UK: Routledge, 2008), 7.

（33）Charles Darwin, *The Descent of Man: And Selection in Relation to Sex* (London: J. Murray, 1871).

（34）これはダーウィンの主張にみられる。いわく、「およそいかなる動物も、突出した社会的本能を持っていれば……知力がヒトと同等もしくはそれに近い水準に達し次第、必ず道徳的な良心の感覚を得るだろう」。Darwin, *The Descent of Man*, 71-72.

（35）Bekoff and Pierce, *Wild Justice*, 57.

（36）Jason Hribal, “Animals Are Part of the Working Class: A Challenge to Labor History,” *Labor History* 44, no. 4 (2003): 491.

（37）Virginia Anderson, *Creatures of Empire: How Domestic Animals Transformed Early America* (New York: Oxford University Press, 2006), 244.

（38）Akira Mizuta Lippit, “The Death of an Animal,” *Film Quarterly* 56 (2002): 12.

（39）Randy Hodge, *The Day They Hung the Elephant* (Johnson City, TN: Overmountain Press, 1992).

（40）Jason Hribal, *Fear of the Animal Planet: The Hidden History of Animal Resistance* (Petrolia and Oakland, CA: CounterPunch and AK Press, 2010), 42.

（41）Susan Nance, *Entertaining Elephants: Animal Agency and the Business of the American Circus* (Baltimore, MD: Johns Hopkins University Press, 2013).42.

（42）動物性の産物を避ける実践はこれ以前から長く存在した。紀元前五三〇年には、ギリシャの哲学者ピタゴラスとその門人らが、動物たちは魂を持つと信じ、菜食主義を支持していた。ギリシャ・ローマの他の哲学者らもこれに倣った。インドの皇帝アショカ・マウリヤも菜食主義を支持し、野生動物と飼育下動物の福祉を奨励する勅令を発した。あらゆる存在への非暴力を意味するアヒムサーという古代の実践は、ジャイナ教・ヒンズー教・仏教で行なわれている。日本では西暦六七五年に仏教による影響のもと、天武天皇が飼い馴らされた動物を食べてはならないとする禁令を設けた。

(43) このエッセイはイギリスで何千人もの人々に読まれた。そこでブローフィは述べる。「ホモ・サピエンスと他の動物たちは絶え間ない搾取の関係で繋がっている。私たちはかれらの労働を用い、かれらを食べ、身にまとう。そして迷信のためにも搾取する。かつてはかれらを神に捧げる犠牲とし、はらわたを引き裂いて未来を占ったが、今日の私たちはかれらを科学のための犠牲とし、はらわたを実験に用いて現在をもうわずかばかり明瞭に見透かそうと期待——あるいは単なるまぐれ当たり——を懸ける」。

(44) Farm Animal Rights Movement, "History of the Animal Rights Movement—Norm Phelps," YouTube video, 17:12, April 10, 2013, https://www.youtube.com.

(45) Tom Regan, *Empty Cages: Facing the Challenge of Animal Rights* (Lanham, MD: Rowman & Littlefield, 2004).

(46) Jonathan Balcombe, *Pleasurable Kingdom: Animals and the Nature of Feeling Good* (New York: Macmillan, 2007); Marc Bekoff, "Cognitive Ethology and the Explanation of Nonhuman Animal Behavior," in *Comparative Approaches to Cognitive Science*, ed. Jean-Arcady Meyer and H. L. Roitblat (Cambridge, MA: MIT Press, 1995), 119–50; Marc Bekoff, *The Emotional Lives of Animals: A Leading Scientist Explores Animal Joy, Sorrow, and Empathy—and Why They Matter* (Novato, CA: New World Library, 2007); Marc Bekoff, *The Animal Manifesto: Six Reasons for Expanding Our Compassion Footprint* (Novato, CA: New World Library, 2010); and Bekoff and Pierce, *Wild Justice* を参照。

(47) Anthony J. Nocella, John Sorenson, Kim Socha, and Atsuko Matsuoka, *Defining Critical Animal Studies: An Intersectional Social Justice Approach for Liberation* (New York: Peter Lang, 2012).

(48) Stephen F. Eisenman, *The Cry of Nature: Art and the Making of Animal Rights* (London: Reaktion Books, 2013), 154.

(49) Ken Mogg, "The Day of the Claw: A Synoptic Account of Alfred Hitchcock's The Birds," *Senses of Cinema, Towards an Ecology of Cinema* 51 (2009).

(50) 従来《畜産動物》と呼ばれてきた動物たちの物語を扱う際は《被畜産動物》という呼称を用いる。また、その動物たちが幸運にも野生界へ逃げおおせた、あるいは動物サンクチュアリに匿われた場合は《畜産利用されていた動物》とも表記する（ただしサンクチュアリに匿われた動物たちはその時点で個性を反映する名前を与えられる）。この用語法はくだんの動物たちが畜産利用されなければならないような内在的性質を持つという想定をしりぞけ、畜産は牛、豚、羊、山羊、鶏、七面鳥、魚、その他に強いられたものであるとの現実を反映する。

(51) George Orwell, *Animal Farm: A Fairy Story* (London: Penguin Books, 1987), 25.

(52) Eisenman, *Cry of Nature*, 235.

（53）Orwell, *Animal Farm*, 4.

（54）同紙で特集された記事の挿画についてもう少し例を示すと、雄牛やライオンが逃げ出して住宅地・教会・学校に立ち入った事件、捕獲されて間もない動物たちが汽車や移送車から逃げ出した事件（ロンドンの鉄道駅で数頭のカンガルーが逃げた事件——一九〇三年三月二二日——など）、イタリアでケージを詰めたトラックが衝突事故を起こした際に一〇〇羽の鶏が脱走して森に潜伏した事件（一九三五年三月一〇日）、ゴリラが拘束者のもとを逃れてハリウッドの映画セットに躍り込んだ事件（一九四八年七月一一日）などがある。

（55）A. K. Raab, "Revolt of the Bats," *Fifth Estate* 343 (1993).

（56）例えば、Steve Best, "Animal Agency: Resistance, Rebellion, and the Struggle for Autonomy," January 25, 2011, https://drstevebest.wordpress.com/2011/01/25/animal-agency-resistance-rebellion-and-the-struggle-for-autonomy; Sarat Colling, "Animals Without Borders: Farmed Animal Resistance in New York" (MA thesis, Brock University, 2013); Sarat Colling, "Animal Agency, Resistance, and Escape," in *Critical Animal Studies: Towards Trans-Species Social Justice*, ed. Atsuko Matsuoka and John Sorenson (London: Rowman & Littlefield, 2018), 21–44; Corman, "The Ventriloquist's Burden," 473–512; Kathryn Gillespie, "Joining the Resistance: Farmed Animals Making History," paper presented at the 11th Annual North American Conference for Critical Animal Studies, "From Greece to Wall Street, Global Economic Revolutions and Critical Animal Studies," Buffalo, NY, March 2012; Kathryn Gillespie, "Nonhuman Animal Resistance and the Improprieties of Live Property," in *Animals, Biopolitics, Law: Lively Legalities*, ed. Irus Braverman (New York: Routledge, 2016); Hribal, "Animals Are Part of the Working Class"; Jason Hribal, "Animals, Agency, and Class: Writing the History of Animals from Below," *Human Ecology Review* 14, no. 1 (2007): 101–13; Hribal, *Fear of the Animal Planet*; pattrice jones, "Stomping with the Elephants: Feminist Principles for Radical Solidarity," in *Igniting a Revolution: Voices in Defense of the Earth*, ed. Steve Best and Anthony J. Nocella II (Oakland, CA: AK Press, 2006), 319–34; pattrice jones, "Free as a Bird: Natural Anarchism in Action," in *Contemporary Anarchist Studies: An Introductory Anthology of Anarchy in the Academy*, ed. Randall Amster, Abraham DeLeon, Luis A. Fernandez, Anthony J. Nocella II, and Deric Shannon (New York: Routledge, 2009), 236–46; Kalof, *Looking at Animals in Human History*; Nibert, *Animal Rights/Human Rights*; Chris Philo, "Animals, Geography, and the City: Notes on Inclusions and Exclusions," *Environment and Planning D: Society and Space* 13 (1995): 655–81; Chris Philo and Chris Wilbert, "Animal Spaces, Beastly Places: An Introduction," in *Animal Spaces, Beastly Places: New Geographies of Human-Animal Relations*, ed. Chris Philo and Chris Wilbert (New York: Routledge, 2000), 1–34; Chris Wilbert, "Anti-This—Against-That: Resistances along a Human–Non-human Axis," in *Entanglements of Power: Geographies of Domination/Resistance*, ed. Joanne P. Sharp, Paul Routledge, Chris Philo, and Ronan Paddison (New York: Routledge, 2000), 238–55; Dinesh J. Wadiwel, "Fish and Pain: The Politics of Doubt," *Animal Sentience* 3, no. 31 (2016).

（57）例えば、Colling, "Animal Agency, Resistance, and Escape"; Gillespie, "Nonhuman Animal Resistance and the Improprieties of Live Property," 116–32; Hribal, "Animals Are Part of the Working Class"; Hribal, *Fear of the Animal Planet*; Nance, *Entertaining*

Elephants.

（58）Hribal, “Animals Are Part of the Working Class”; Hribal, “Animals, Agency, and Class”; Hribal, *Fear of the Animal Planet.*

第一部　なぜ動物たちは抵抗するのか

第一章　動物の抵抗を想像する

寒い一一月のある日、脇道を歩いていると、突然、一頭の牛が目の前を駆け抜け、森に姿を消したと想像してほしい。牛の耳には識別標が付いていた。数時間後、地方ニュースは先ほど近郊の屠殺場から牛が脱走したと報じる。地元の警察署は牛を「所有者」のもとに返せるよう、行方の手掛かりを求めている。あなたは自分が見たことを伝えるだろうか。「伝えない」というなら、あなたはおそらく独りではない。マサチューセッツ州の小さな町、シャーボーンの住人らは、牛が地元の屠殺場から逃げたと知った時、その牛を捕らえようとするよりも、大勢で彼女を助ける「秘密ネットワーク」をつくり、その居場所を隠しつつ、追手をかわすこの逃亡者のために干し草をまいた。[1]

屠殺場を脱した牛の代表格となる一頭、エミリーの悲話は、大々的に報じられた。一九九五年一一月一四日、エミリーは屠殺場で死を目前にしていた。二歳にしてもはや乳を出せなくなった彼女は、肉用として殺されることになった。運命の日、仲間の牛たちが一頭また一頭と消えていくのを見て、エミリーは即座にみずからの生を変える決心をした。彼女はホプキントン屠殺場の畜殺室から五フィート〔約一・五メートル〕のゲートを跳び越え、林へと逃げ込んだ。エミリーという名は屠殺場主の娘が付けたもので、地元メディアはこの牛の足跡を報じだした。その注目がきっかけで、ネットワークをなした共感者たちは森林に食料を置いて行った。エミリーは雪の降りしきる凍《い》てつく冬を鹿の群れと過ごし、ともに餌を探す姿を人々に目撃されてもいた。彼女は「ニューイングランドで最も

有名な雌牛」となった。(2)

エミリーは四〇日の長きにわたり人間の追手をかわした。障害児学習・多宗教平和センターのシャーボーン平和修道院を創設したメグ・ランダとルイス・ランダは、エミリーを助けたいと願った。屠殺場主はエミリーの自由と引き換えに一つの条件として、ランダ夫妻に一ドルの支払いを求めた(この要望も、エミリーが資本主義社会で「財産」の地位にある事実を浮き彫りにしている)。エミリーの信頼を得るには長い時間がかかった。ランダ夫妻は凍てつく天気でもしばしば野外で過ごし、徐々に彼女を知っていった。最終的に夫妻はクリスマス・イブの日、エミリーをトラックに誘い込んで平和修道院まで運ぶことに成功した。彼女はそこで二頭の山羊や馬などの動物たちと余生を送った。結婚式の付き添い役も務め、平和活動家のハワード・ジンやデイブ・デリンジャーをはじめとする人々の訪問も受けた。二〇〇三年三月、エミリーはわずか八歳で牛白血病により息を引き取った(牛は長ければ二五歳まで生きる)。世話係らは国際的に知られる芸術家ラド・ゴウジャビゼに依頼して等身大のエミリー像をつくってもらった。それはマヤ・アンジェロウ、ガンディー、ジョン・レノンなどの平和活動家の像と並んで、彼女の墓に佇《たたず》んでいる。

エミリーがゲートを跳び越えたことは、彼女自身の生涯を変えただけでなく、人間と他の動物らに大きな影響をもたらした。その抵抗行為によって、エミリーは物理的な境界線と概念的なそれの双方を横断した。第一に彼女が横断したのは、屠殺場のゲートという物理的障壁である。それは壁の外に待ち受けるあらゆる謎から彼女を隔てる障害物だったが、エミリーは他の牛たちが屠殺場の扉へ送り込まれていくのを見て、持てるかぎりの力を奮《ふる》い立たせ、未知に賭けた。続いて彼女はもう一つの物理的境界線を越え、町から林へと移動した。そこで彼女は種の境を横断し、鹿の集団に加わった。こ

図版８　平和主義者メモリアルに佇むエミリーの像（Meg and Lewis Randa 提供）。

れらの物理的横断を通し、エミリーは概念的・心理的な境界線をも越えた――現代の産業社会で牛がどこに帰属するかをめぐる、人々の想定である。彼女はもはやアメリカで毎年屠殺場に送られる一〇〇億の動物たちの一頭ではなく、名前と顔が知られる個となった。

動物たちの越境

エミリーをはじめ、数えきれない動物たちが、農場や市場、屠殺場、檻、移送車、ならびに情感ある生命らを閉じ込める無数の空間の境界線に抵抗してきた。動物たちが境界線を《横断》ないし《無視》するという見方は、かれらがみずからの生にお仕着せられた境界線を踏み越える、その境界破り（transgression）の物質的・概念的な意義を認めるものである。人間が定めた境界線――動物たちを道具・服飾素材・娯楽用品として囲い込む字義的ないし比喩的な壁――を横断することで、かれらは支配的枠組みに挑み、周囲の世界に影響を与える。

まず《物質的》境界線を考えると、現実の境界線を越える動物たちの行為は、ある身体が帰属すると考えられる一方、他の身体が立入りを禁じられる場があることに光を当てる。境界線は生きた財産と目される者たち、あるいは水際で安全に立入りを防いでおかねば公的秩序の「脅威」になるとみなされた者たちを、格納・統御するために設けられる。それは情感ある存在の身体を製品へと変えることを求めるシステムの維持装置であり、くだんの製品の消費者らが元の動物たちに思いを巡らし不快感を覚える事態を防ぐために構築される。すなわち、これらの境界線は動物たちが被《こうむ》る抑圧を人々の視界から覆い隠す。

サラ・アーメッドが述べるように、壁は境界線として捉えることができる――「壁に仕切られた国家、壁に仕切られた地域」というように。(3) 壁は異なる身体らに異なる経験を与える。ある者たちは容易に通り抜ける一方、他の者たちは障害としてそれに行き当たり、その場で足止めをされる。抵抗者たちにとって境界線は時に増殖し、行く手を頻《しき》りに遮《さえぎ》り塞ぐものとなる。メキシコ系アメリカ人の権利擁護にまつわる諺《ことわざ》は、人々の生に境界線が押し付けられるさまを簡潔に言い表している――「私たちが境界線を横断したのではなく、境界線が私たちを横断したのだ」と。時に人間の越境と動物たちのそれは交わる。例えばメキシコとアメリカの国境沿いに暮らす牧場主らは、ビザを持たない越境者たちが地所のフェンスに穴を開けるせいで、牛がそこを抜け道にしてメキシコへと姿をくらましていると訴えてきた。アリゾナ州アリヴァアカで国境沿い五マイル〔約八キロメートル〕に延びるハリージャス牧場の農家は、「フェンスを切られても我々は牛を失うまで気づかない」という。(4) ここで、二つの境界破り――メキシコとアメリカを区切る地所のそれと、多くの動物たちを囲うフェンスのそれ――の重なりを通して浮き彫りになるのは、恣意的に定められた多様な境界線（とりわけ《植民地》の境界線、すなわち壁に仕切られた国家）が、その囲い込み対象となる集団に暴力的な形でお仕着せられている実態である。

境界線は多くの野生種の生を横切るが、その動物たちは生活環を全うしようとするか、何世代にもわたって暮らしてきた場に生きようとする。ある動物たちにとっては環境の中を移動することが欠かせないが、人間はその移動を妨げる。道路は動物たちの生息地に通され、多くの種はそれを横切ろうとして殺される。鮭《さけ》などの淡水魚は水力発電のダムを通り抜ける、あるいはくぐり抜けることを試みて苦悶の死を遂げる。建造物、立ち並ぶ送電線、パイプラインも悲惨な結果をもたらす。これらの境界線は動物たちの生を修復不可能なまでに損なうが、人間はその害にほとんど気づかない。無論、そうした障害物を無視できるなら、動物たちがそれにかかずらうことはまずない。パトリス・ジョーンズが記す通り、「鳥やその他の無法者たちは、人間が設けた当局や分割線を常習的に無視しつつ、互いに協力し合って自身らの目的を追い求める」。それは「行動となった自然の無政府主義」の一種といってよい。[5] このような分割線（boundaries）の横断は社会に影響する日常的な抵抗行為であるが、しばしば見落とされる。

動物たちの物質的な境界破りは、かれらがいかに振る舞うべきか、どこに位置づけられるべきかをめぐる観念に揺さぶりをかける。したがって、動物の抵抗者たちは《概念的》な境界線をも越え、社会的・心理的障壁を打ち破る。それは例えば、動物とは何か、かれらはどこに属するのか、さらには、誰が支援されるべき者なのか、などを決める社会のしきたりや規範の考え方である。これらの境界線は物理的なそれに劣らず有害となりえ、現実生活に関わる結果をもたらす。
動物たちに対する当然化された日常的暴力は、大部分がデカルト的な人間／動物の二元論に根差す。晩年に動物の問いを探究した大陸哲学者ジャック・デリダは、千差万別の種が「原生林、動物園、猟場や漁場、牧場や屠殺場、飼い馴らし空間の内なるごとく、この『動物』という広大な陣地の中に、この包括的な単数形の中に、この定冠詞の厳密な囲い（『動物たち』ではなく『動物』）の中に」閉じ込められていることを論じた。[6] 近代の機構はこの「動物」に対比する形で文明・文化・進歩・知性・行為者性・理性などのカテゴリーを定義した。この星に住まう多種多様な人間以外の動物種を共通分母のもとにカテゴリー化することは認識次元の暴力行為であり、かれらの大規模な拘束・屠殺・消費を支える。[7]
白人性も境界線の働きを持つ。すなわち、「白人性の壁」に行き当たるという事態が存在する。[8] 人間／動物の恣意的二分は、白人の西欧が構築した「人間」に近い身体を優遇し、「人間以下」とされる身体を蔑視する見方を伴ってきた。[9] マネーシャ・デッカが論じるに、「人種の思考」と「種の思考」はともに「人間」「人間以下」「人間以外の存在」の序列を基盤とする。種と人種の序列の頂点には、アフ・コーとシル・コーがいうところの「支配者なる存在」が座を占める。共著『アフロイズム——二人の姉妹によるポップカルチャー、フェミニズム、ブラック・ビーガニズムのエッセイ』において、アフ・コーとシル・コーは「人間」と「動物」が人種化されたカテゴリーであること、人種的に構築され道徳的地位を定められた対立項であることを示した。[10] シル・コーいわく、「人種の序列は肌色の系譜だけでなく種の系譜をもなぞっている」。あらゆる者が人間‐動物の序列に沿って位置づけられ、序列の頂点には白人男性の人間が、底辺には「必然的にその対立項となる影の多い『動物』」が置か

図版9　金網フェンスをよじ登る猫（Nils Jacobi 撮影）。

れる。[11] 人間性なるものは、その最大の受益者によって構築されたことから、「ヨーロッパの白人という領野をホモ・サピエンスとしての理想に据える概念的手法にほかならない」。[12] 人間目線で概念化されたこの自明視されるモデルは、「人間らしさ」と結び付いた者に構造的な優位、資源の入手機会、および他の特権を与えてきた。と同時に、このモデルは「動物」として人種化された者たちの植民地化・集団殺害・奴隷制からなる長い暴力の歴史を正当化するための支えでもあった。してみれば、人間であるとはただホモ・サピエンスの種に属しているということではない。そして動物であるとは、ホモ・サピエンスという種に属さないか否かだけに関わることではない。

動物たちの境界破りはいずれも「他者」という従属的地位（飼い馴らし・資本主義・植民地主義の事業で中核をなすもの）に挑み、「支配者なる存在」に公然と逆らう。動物の抵抗は序列的な人間／動物の分断に根差す暴力に立ち向かう。この分断は地球に暮らす一切の人間以外の種を《人間》に対置される《動物》へと落とし込む均質的カテゴリー化である。その暴力に抵抗する動物たちは、序列の底辺に置かれた者たちが声を持たない受身の征服された存在であるとの見方を覆す。

動物たちの攪乱

エミリーと同じく、多くの被畜産動物たちは、抵抗によって畜産業の境界線を乱す。二〇一六年、ドイツのエッゲンフェルデンで、一〇頭の雄牛を屠殺場に移送していたトラックが転倒した。八頭の犠牲者らは中に囚われていたが、二頭は脱出をしおおせた。その一頭は食料品店に避難する。この稀な瞬間に雄牛が立っていたのは、彼が育てられ殺されてそれになるはずだった当の商品が並ぶ区画であり、彼の生きた経験を消費者が忘れ去ることで成り立つ空間だった。直後、警察は通路の雄牛に発砲し、牛は包装された仲間の肉のかたわらで息絶えた。動物の権利弁護士のアンナ・ピパスは悲劇の写真をソーシャルメディアに投稿した。その反響について彼女は記す。「写真は瞬《また》く間に広まり、これまでに一四〇〇人を超える人々が反応を示した」。牛の惨状に関わる消費者の責任に光を当て、ピパスはさらに続ける。「この物語で悪党を務めるのが屠殺場とは思わない。悪党は屠殺場を稼働させる私たち一人一人である」[13]。報道によれば、警察はもう一頭の脱走者も撃ち殺したという。

翌年、ニューヨーク市民は三時間近くの逃走におよんだ雄牛を目のあたりにした。クイーンズ区の屠殺場からフェンスを跳び越えた一頭だった。警察が血眼で後を追う一方、居合わせた人々はフェイスブックやツイッターに写真を投稿し、放送局は様子を生配信し、無人機は空を巡回した。警察車両に追い込まれた雄牛は、間一髪のところで住宅地に駆け込んだ。一時、彼は追跡に疲弊したとみえ、

図版10　モリーBと名付けられた牛、モンタナ州グレートフォールズの屠殺場を脱し、道路を駆け抜ける（Robin Loznak 撮影）。

家の前庭で小休止をとった。何としても生きたかった。屠殺場から自由になったのだから。しかしあいにく、三時間の追跡の果てに、彼は八発の麻酔弾を撃たれ、ニューヨーク市の動物保護緊急シェルターに移送する途中に命を落とした。数発の麻酔弾を撃たれても彼は走り続けた。ファーム・サンクチュアリ（動物擁護を目的につくられた被畜産動物たちの初の避難所）で広報を務めるメレディス・ターナー・スミスは、事件に遺憾《いかん》の意を表して述べた。「彼は必死で生きようとし、それに全身全霊をかけた」[14]。ソーシャルメディアでは多くの投稿者が道で牛と出くわした際の衝撃を言葉にした。あるツイッター・ユーザーは言う。「クイーンズ区のジャマイカで通勤中、目の前を牛が歩いて行った。信じられない」。雄牛の窮地に同情する人々もいた。例えばニューヨーク目撃者ニュースには「雄牛を責められない――私だって逃げるよ！」「応援している、友として」などのツイートがみられた。[15] 他の人々はニューヨーク市に今なお屠殺場があることに驚いていた。ある人物は「市内にまだ屠殺場があるなんてびっくり」と言っている。ティム・クレスウェルが指摘するように、境界破りは「分割線がそもそも存在していたという認識」を生む。[16] 牛の越境は屠殺場とその周囲の分断を明るみに出し、さらには市内に屠殺場があるという事実を覆い隠す概念的分割線の存在をも浮き彫りにした。

自由になろうとした被畜産動物たちに対する過剰で暴力的な対応措置を顧みると、動物たちが防壁を越えて平生《へいぜい》かれらを排除している領域へ足を踏み入れた際に、人々が不安を催す実態が窺い知れる。その越境行為は、製品のために動物を育て殺す現実と消費者との断絶に注目を集める。現代の産業社会では、私たちは食料生産から断絶されている。この遠隔化は動物アグリビジネスの多大な努力によってなされる。動物アグリビジネスは北米（および世界中）で最大の動物産業であるにもかかわらず、その装置は概念的・物質的に社会の大部分から隔てられている。が、それは動物たちの身体に由来する「ベーコン」「ハンバーガー」「ナゲット」「牛乳」「玉子」「レザー」「ゼラチン」「ウール」などの動物製品を大量消費する文化において中核の位置をなす。

逃げ出した被畜産動物たちに共感することは、幽閉されている残り無数の動物たちに共感するよりもたやすい。脱走劇を通し、前者は《個》として、つまり背景と生涯と生きる意志を持つ唯一無二の存在として目に映るからである。ウッドストック・ファーム・サンクチュアリのジェニー・ブラウンは、アメリカ一国で毎年何十億もの動物たちが殺される中、逃げ出した一頭一匹に同情が集まる典型的な反応に向き合っている。マイクJrと名付けられた脱走者の子牛は、後にこのサンクチュアリの一員となったが、そのメディアによる取り上げ方について筆者がブラウンに尋ねたところ、彼女はこう説明した。

一匹の動物、一匹の哺乳類が逃げてニュースになった時には、興味深い現象が生じます。動物が走るのを目にする、動物保護管理局に戻されるのを見る、あるいはどこにその動物が拘留されるのであれ、人々は同情するんです。その動物は突如、個になるからです。毎年人間の消費用に殺される一〇〇億の被畜産動物たちについて考えると、数に圧倒されて、かれらを個として捉えるのが難しくなります。そこで一匹の動物が逃げ出し、ニュースキャスターや他の誰かから何らかのニックネームを与えられると、その動物は人々の目に、何かというより誰か、単なる統計を超えた個と映るのです。(17)

サムという雄鶏の物語も、逃げた動物たちが人々の認識上で統計から個へと変わることを証明している。一九七六年一月、サムは燃料補給のために停まった屠殺場行きトラックから逃げ出し、ガソリンスタンド周辺に居を定めた。その数週間後、ある記者がサムと食料品店の棚に行き着く鶏たちの身体を関連づけ、「逃げた鶏」と題する記事でこう論じた。「雄鶏のサムは昨日、二〇一号線南四番通りのサービスステーションでクッキーを食べている代わりに、スーパーマーケットの棚に並ぶシチュー具材のパッケージに入れられていたかもしれなかった。サムに餌を与えるステーションの付添人ルーサー・サットンは、当初この鶏が警戒していたと語る。現在、サムはサットンが午前七時半に灯りをつけると朝食に顔を出す」。毎晩、サムは午後六時にステーションが閉まると近くの建物に去ってねぐらにつく。そして毎朝、食事を期待して新しい友に挨拶する。サムが《誰か》とみられるまでに長くはかからなかった。

　幽閉からの脱走は動物たちに自由のチャンスを与えるが、自由な余生を送るかサンクチュアリの居場所を与えられる幸運な少数者がいる陰で、他の大勢は屠殺場に戻されるか、追跡の最中に殺される。二〇〇六年に国際的注目を集めた雌牛は、モンタナ州の屠殺場からその五フィート〔約一・五メートル〕のゲートを越えて逃亡し、グレートフォールズ湖を走り抜け、ミズーリ川を泳ぎ渡った。警察が追う一方、人々は彼女の自由のために集《つど》った。かつては耳標《じひょう》の番号469だけで識別されていた彼女は、「浮沈のモリーB」という名で知られた（図版10）。居を定める試みに一度失敗した後、モリーBはモンタナ州のニュー・ドーン・ファーム・サンクチュアリで安息の場を与えられた。しかし、彼女の話が大きく取り沙汰される一方、その日の出来事で光が当たらなかったのは、ミッキーズ食肉処理場から彼女のほかに数頭の動物たちが逃げていたことだった。食肉処理場のそばに暮らしていたある人物は、事件についてフェイスブックの投稿に記した。「私は工場の立つ平地の上の崖に暮らしていた。仕事へ行こうと玄関を出た時、家の角から一つの頭がこちらをそっと見つめていた。どうしたのかと思って行ってみると三頭の羊がいた。悲しいことに、羊たちはモリーBの物語のように幸せな幕引きを迎えなかった」。モリーBの事件は、屠殺場スタッフがその命を救おうと思うほどの注目を浴びた（スタッフらは一〇対一の票で彼女を屠殺しないことを支持した）が、他の脱走者たちは同じ幸運に恵まれなかったのである。

　サムやモリーBや他の脱走動物たちは、内在的価値のある生を持った個とみられることが多いが、他の数えきれない動物たちは日々幽閉下の生を生きて屠殺場へ送られる。世間はそれに抗議することもない。この断絶が物語るのは、特殊性が感情移入を可能にするという事実である。遠隔化戦略は企

図版11　サムとルーサー・サットン。『シアトル・タイムズ』1976年1月29日（Vic Condiotty/*Seattle Times* 撮影）。

業を守り、主体ならぬ統計と化した者たちの継続的搾取を支える。動物事業は、動物たちを育てて殺す過程と、店に並ぶ動物製品の繋がりを曖昧にすることで稼働する。しかしどうすればそのような断絶が生じるのか。どうすれば固有の物語と価値ある生を宿す個が、無関心を育てる抽象化された集団となるのか。

屠殺場のシステムは制度的な遠隔化戦略がどう機能するかを表す一例となる。ティモシー・パチラットが論じるように、屠殺場の遠隔化戦略は屠殺場自体を「明瞭な視界から隠された」ものとしおおせる。ここでは壁やフェンスや分割線などの物理的境界線と、労働・人種・性・種によるカテゴリー序列、それに言語の障壁が遠隔化を引き起こす。(18) パチラットいわく、物理的遠隔化が最も明瞭に表れるのは、畜殺室とその後に続く全てを分かつ施設内の隔離である。この空間分割は「視界を細分化し、経験を破砕し、暴力の働きを中立化する」。[19]外から見ると、産業的な屠殺場は「景観に継ぎ目なく溶け込んでいる」。[20]しかしその無機質な事務所に入ると、人を欺く中立性の装いが明らかになる。金属製の壁は解体ラインと畜殺室を隠し、特権と生産の領域を分かつ人種・階級・市民権の序列を画定し維持する目的に資する。[21]これらの序列が表れているのは言語の分断で、屠殺場労働者の多くは英語を話さず、(被雇用者が容易に解雇・脅迫される環境にあって)声を上げた際の結果を恐れる。

遠隔化戦略はメディア上でも機能している。農場・市場・屠殺場・実験施設・水族館・公演テント等に幽閉された動物たちの個性は、かれらが抵抗して世の注目を集めた時に至極明瞭となる。この事態が起こると、企業は即座に損害防止対策に打って出る。主流メディアは「独特」ないし「特別」な脱走者といった常套句を繰り返し、「努力の見返りに」自由を与えられた動物に讃辞を贈る。主流メディアが(動物産業のそそのかしで)前面に出すのは、一部の動物たちは逃げおおせたがゆえに他の大勢よりも価値がある、ないし賢いという見方であり、これは消費者に搾取システムへの疑問を抱かせない働きをする。が、そのような抑え込みの企てがあろうと、生きることを懸けて逃げ出した動物たちの物語は、否応なく人々に熟考を促す。

動物サンクチュアリはそこに暮らす住民らの個性に光を投げかけることで、人間以外の動物を消費するという当然化された習慣に対し、人々に疑問を抱かせる点で大きな役割を担っている。サンクチュアリは虐待と放置の場から排除された動物や脱走した動物に家を与える。そこにはしばしば、安全地帯と共同体を必要とする多数の種が暮らす。動物たちがサンクチュアリで暮らすことになるいきさつは一様ではない。とりわけ市街地でよくあるのは、逃げた動物を警察や動物管理局が捕まえ、

〔「所有者」が自分のものだと言ってこない場合〕サンクチュアリに運んで引き渡すというパターンである。

より珍しいシナリオとしては、チャーリーという名の若牛が、農場から逃げている最中にその場で救助された例がある。物語は二〇一〇年一月、彼がオンタリオ州南部の田舎道でシダー・ロウ・ファーム・サンクチュアリの創設者シオバン・プールと出会ったことに始まる。筆者は同サンクチュアリの訪問時にチャーリーの脱走（と救助）の状況についてプールに尋ねた。プールによると、華氏二五度〔摂氏約マイナス四度〕の日に食料品店へ出かけた際、凍った舗道を走っていくチャーリーを見かけたのだという。初めは大型犬と思ったが、間もなくその彼が八、九〇ポンド〔約三六〜四一キログラム〕の子牛と分かって彼女は驚いた。プールが車から出ると、チャーリーは視線を向けたが、それから「再び道を行き始めた」。[22]

プールは子牛の耳標に気づいた。チャーリーはおそらく、近くの酪農場で「子牛肉」用に育てられている。道にいれば誰かが悪夢の世界へと彼を引き戻すだろう。サンクチュアリに連れて行かなければ、と思ったが、プールは一人で、チャーリーは拾っていくには重すぎる。深い雪の中で彼女は何とかチャーリーを捕らえたものの、新しい問題が浮上した。どうやって彼を車に乗せるか。と、その時、幸運にも遠くから救助の様子を見ていた一人の若い女性が駆け寄って手助けをしてくれた。二人は一緒に子牛を雪から持ち上げバンの後ろに乗せた。帰宅中、チャーリーは前座席に乗り出そうとした。この時には「車の後ろに子牛がいることを夫のピートにどう伝えればいいかと、それしか考えられませんでした」とプールは振り返る。[23] その後、健康診断でチャーリーは多数の病気を抱えていると分かったが、生き延びることができた。やがて彼はサンクチュアリでチックピーという名の牛や他の動物住民らに紹介された。チャーリーは自由を経験できる稀にして幸運な一頭となったが、この世界で

図版12　チャーリー、シダー・ロウ・ファーム・サンクチュアリにて（Jo-Anne McArthur/ We Animals 撮影）

畜産利用される子牛たちの大半は同じ幸運に恵まれない。

　酪農業は食肉産業に比べて救いがあると誤解されているが、暴力に依拠する点ではどちらも変わらない。人々が普段認識していないのは、あらゆる酪農場において、雌牛たちが一三カ月ごとに人工授精を施され、継続的な泌乳を維持させられる事実である。繰り返しの授精によって余剰の子牛たちが生じ、かれらは生後間もなく母から引き離される。雄は檻に一頭ずつ隔離され、やがて殺されて「子牛肉」になる。母牛らは初めのうちこそ反撃するが、多くは何度も子らを奪われるうちに感情が麻痺してしまう。彼女らは歩行困難や乳房炎と呼ばれる炎症に悩まされやすく、身体的苦痛を抱えて生きることにもなる。乳腺が使い尽くされると雌牛たちは本来の寿命の数分の一で屠殺送りとなる。「ハンバーガー」の大部分はこうした牛たちの肉からつくられる。

　エミリー、サム、チャーリー、あるいはトラックから逃げ出し、大勢に追われながら街道を疾駆した牛たちがどんな生を生きてきたかは、ただ想像することしかできない。日の光を、野を、車を、木々を、ことによると生まれて初めて目にした動物たちは、何を思ったか。サンクチュアリで働く人々の話は、「動物の視点や存在様式」[24]から世界を理解する一助となる。サンクチュアリのスタッフは施設内の住民らと緊密な関係を持ち、かれらの傾聴と世話に多大な時間を投じる。その話は動物たちの来し方に刻まれた溝を可能なかぎり埋めることに役立つ。一例として、ブラウンは著書『幸運な一頭たち』で、動物たちの視点を理解しようと試みている。深い仲になったアルビーという名の脱走した山羊について、彼女はこう記す。「私たちは逃げおおせた動物たちにとっての脱走の瞬間を想像しようと努めている。屠殺場へ着いて間もなく、積み降ろしの最中に駆け去ったのか。屠殺が迫って囲いの外へ誘導されていたところだったのか。誰かが生きたまま家へ持ち帰って、祝いや宗教上の集まりのために屠殺しようとしたのか。普通、確かなことは分からないが、いずれにせよ私たちは第一に、かれらの安全確保を考える」[25]。動物たちの抵抗を検証し、かれらがなぜ抵抗するのかを理解する試みは、動物事業の遠隔化戦略とは対極に位置する。

政治的動物

動物の抵抗は政治的である。抑圧的な強制力に対する反抗は、かれらを社会的・政治的に商品もしくは生きた財産として位置づける状況の中で生じる。この社会的・政治的な意味において、動物の抵抗は幽閉や他の抑圧条件に対する闘争ないし自由獲得の努力であり、人間が築いた分割線の侵犯もしくはそれに対する報復をなす。意図的な戦略や内省を含むか否かにかかわらず、この抵抗は解放を求める願望ないし衝動に突き動かされた行動に相違ない。抵抗は秘密裡になされることも公然となされることもあり、個人の抑圧者に向かうことも大きな抑圧システムや事業へ向かうこともある。動物たちの叛乱は累積《るいせき》的な効果を持ち、「明瞭な視界から隠された」暴力を白日のもとに曝《さら》す。

オクスフォード大学出版による「抵抗」の語義にしたがうなら、人間以外の動物たちが抵抗能力を持つと主張するのは妥当である。くだんの定義ではこの問題に関連する以下のような語釈が示されている――第一に、「何かを受け入れること、または何かに従うことの拒否」。これは「ある人物またはあるものに反発する力や暴力の行使」（例文「彼女は連れ去られることに抵抗しなかった」）および「権威に抗《あらが》う秘密組織」の意を含みうる。第二に、「あるものの影響、特に悪い影響を受けない能力」。そして第三に、「ある有形のものが別のものにおよぼす影響の妨害または阻止」。[26] これまで、ロビン・ウィリアムズの諷刺小説『二〇〇七』で描かれたような、野生や飼育下の動物たちによる世界規模の同時的叛乱は起こっていないが、単体であろうと集団であろうと、人間以外の動物たちは権威に逆らい、秘密の組織行動や力の行使によって「ある人物またはあるものに反発」してきた。

動物搾取に肩入れする者らは、動物たちの生を真剣に受け止めるという考えをしりぞけ、その行為者性を否定するために、「擬人化」という非難を好んで用いる。[27] クリス・ウィルバートは記事「動物の道化師たち」と「蝙蝠たちの蜂起」にみられる擬人化、および動物の抵抗という表現について論じている。前者は報道記事から動物の抵抗譚を集めて一ページに収めた事例研究であり、『行動か死か――アース・ファースト！からの声』（一九九五年第五号）に収録された。後者は『第五階級』（一九九三年第三四三号）に載った事件録であり、「テキサス州で裁判を妨害した数百の蝙蝠たち、屠殺場をはじめ支配の空間とみられる場を逃れた牛たち」を讃《たた》える。[28] ウィルバートは、動物の抵抗者たちを「善の象徴」として、また工業化に立ち向かう環境活動家の同志として讃えるといった、エコ無政府主義のテキストにみられる傾向は、恣意的な抜き出しによる擬人化に**なりうる**と指摘する。が、ウィルバートは侮蔑的な擬人化批判と違い、これらの表現や主張自体が「動物行動をめぐる最新の議論様式を乗り越える」ものだと認める。[29]

図版 13 「蝙蝠たちの蜂起」に寄せたメアリー・ウィルドウッドの表紙絵。『第五階級』1993 年、Fifthestate.org. 同記事は動物たちの抵抗を政治的なものと捉えた初期の文章となる。

図版 14 「不従順」に寄せた表紙絵。『第五階級』2003 年秋、Fifthestate.org.

例えば「蝙蝠たちの蜂起」は、自由な動物たちを企業の貪欲に対する抵抗の象徴として讃える。そこに載せられている様々な行動は意図的ともそうでないとも考えられる。ある事例は一九九一年、ハクトウワシが営巣によってオレゴン州中部の巨額をかけた高速道路拡大事業を妨害したというものである。「時に自由な動物たちは貪欲と利潤に抵抗する戦略的配置を占める。……自動車狂の邪魔をする鷲《わし》は栄《は》えある姿を見せる」。[30] 資本主義体制に対する動物たちの妨害を讃える観点からみると、二〇一四年にニシクロカジキが石油会社BPのパイプラインを攻撃し、原油輸送を五日にわたり停止させた（結果、約一億ドルの損害が生じ、九〇万バレルの石油が市場に届き損ねた）事件では、カジキが破壊的な多国籍のガス・石油企業に対する闘いに加勢したということになる。これは誤ったアイデンティティを見て取ることかもしれないが、当の行動が敵意から起こされたものでなかったかどうかをよく考えてみるのは理に適っている。事実、海洋動物と陸生動物、周囲の生態系、および人間の共同体は、二〇一〇年のメキシコ湾原油流出事故による影響で今なお苦しんでいるのだから。ウィルバート自身も、世界は相互に関係し合う行為者たちから成り立っており、人間以外の者たちは日常的な抵抗を企てていると結論する。[31]

これらの研究は動物たちの豊かで多様な社会的・認知的経験を故意に否認する西欧社会の規範を乗り越える。人間は他の動物を限定的にしか知りえない（そしてどれだけ知りうるかは動物により異なる）。しかし、完全な理解や代弁が叶わないのは他の人間についても同じであり、私たちはそれでもなお、かれらの生を理解しようと最善の努力を尽くすことはできる。異なる動物種の場合、それをするには知識にもとづきかれらの観点を認識する努力、すなわち「慎重な擬人化」が求められる。ベコフとピアスによれば、「慎重な擬人化」は他の動物たちの生について論じる際に注意を求める。いわく、「擬人化は必要なので許容されるが、それは注意して、意識して、共感して、さらに当の動物の視点から、常に『この者であるとはどういうことか』を問いつつ行なわれなければならない」。[32]

本章の冒頭では、無法者の牛が森へ逃げ込むのを見たとしたら、どう反応するかを考えた。ここでもう一つの重要な問いを考えてみよう。抵抗者であるとはどのようなことか。なぜエミリーが自由を求めて疾走したかを想像するのは比較的たやすい。周囲にいた牛たちの不安、屠殺場の臭気、けたたましい未知の騒音、この全てが考えられる要因である。何であれ、おそらくはこれら全ての要因が組み合わさって、彼女は脱出口を見つけ、それに向かった。この未知への跳躍――そしてその瞬間、何があろうとそれは目前に控える運命よりは良いと思われたに違いない――が、エミリーの命を救った。それは「人間的」な行動でも「牛的」な反応でもなく、後にエミリーと名付けられる独自の個の振る舞いだった。しかしエミリーの跳躍は彼女自身の生を変えただけではない。

エミリーの脱走は、人間社会において動物たちは何であるのかをめぐる語りに変化をもたらした。彼女をきっかけに、動物たちの生命の価値や権利に関する活発な議論が行なわれ、脱走劇を報じる多くの紙面を賑わせた。彼女の話が国内外で注目されると、多数の人々が強く心を揺さぶられた。雑誌『ピープル』はエミリーが「くまなく探索されながらも決して捕まらなかった」ことから、彼女を「牛の紅はこべ」と称した。(33)* 芸術的着想を得た人々もいる。ベン・トゥースリーはエミリーに捧げる童謡を作曲した（一九九七年のアルバム『虹を探して』に収録）。イングランドに狂牛病の恐怖が広がった時、「エミリー」の名で書かれたある新聞のゲストコラムは、国内の牛を皆殺しにする代わりに「全ての牛を大きな荷船に乗せてフォークランド諸島に送り……野に放って余生を平和に過ごしてもらったらどうか」と提案した。(34)

人々の想像力を刺激する一方、エミリーの脱走は具体的な生活の変化をもたらす意識変革をも促した。彼女に触発された人々は、自身の闘いや夢について考え、自身が跳び越えたいと願っていた囲いに向き合った。ある女性はその跳躍を果たした。エミリーと出会った後、彼女はついに暴力的なパートナーとの関係を終わらせる決心をしたのである。「女性は『彼女ができるなら私もできる』と言い、関係を終わらせた後、この『脱走』はエミリーのおかげだと語った」。(35) ランダ夫妻によれば、エミリーは人々に、酪農業の暴力について考えること、動物製品の消費を減らすこと、菜食者や脱搾取派《ビーガン》になることを迫った。実際、勝利への脱走劇——被抑圧者が抑圧者に打ち勝ち、より良い生を求めて

＊　「紅はこべ」は同名の小説に登場する謎の組織の通称。

日のもと（あるいはこの場合、茂みの中）に逃げ出すという物語——を愛さない者はいない。ましてその物語に友なる動物が含まれるならなおさらである。ある人々はエミリーの裏に、逃げ出せなかった幽閉下の牛たちがいることを思った。元肉食者を自認する某人物は、エミリーの物語を論じた末に「豆腐が欲しい」と締めくくった。(36)

さらに、エミリーの脱走は地区内で「食肉」生産を担う物理的な地点に衆目を集めた。住人の中には、近くに屠殺場があることを知らない者もいた。あるジャーナリストが指摘するように、エミリーが五フィートのゲートを跳び越えた時、人々はその跳躍もさることながら、屠殺場の存在を知ったことでも驚いた。最後に、エミリーは人々を他者救済へと向かわせた。シャーレット・ラムズランドは息子のチャーリーとともに動物を食べることをやめ、動物サンクチュアリをつくった。その変化について彼女は説明する。「エミリーが私たちを変えました。……彼女はとても強力です」(37)エミリーの脱走は別の脱走者の保護にもつながった。ベルという山羊は屠殺場へ向かうトラックから飛び降りた。エミリーを知っていたある女性は、この五歳のアメリカン・アルパイン種の山羊を見つけ、ランダ一家のもとへ送り届けた。エミリーとベルが出会ったのは、とうもろこし・ほうれん草・ナッツ・かぼちゃパイが並ぶごちそうの席だった。

エミリーの遺産は生き続けている。今日もなお、平和主義者記念碑のガンディー像を拝《おが》みに来た訪問客らは、墓地に佇むエミリー像とその物語を目にする。ルイス・ランダが語るに、人々はこれを見て「必ず菜食のほうへ前進します——残酷さがなく、エクスティンクション・レベリオンの運動に準じた食事へと」(38)。

多くの障害が立ちはだかるにもかかわらず、動物たちはしばしば苦痛の元凶たる人間らに従うことを拒んできた。その蜂起は、人間だけが動機・願望・目標・戦略を持った動物ではないことを明らかにする。動物事業は遠隔化戦略を用い、他の動物たちが商品化された生命以上の存在であることを人々に見せまいとしてきた。しかし、動物たちがなぜ抵抗するのかを想像し、かれらのレンズを通して世界を捉えようとする時、私たちはこの遠隔化戦略の対極に立つ。サンクチュアリで働くスタッフの観点はこのプロセスを助け、抵抗する動物たちの格闘と生活について、より豊かな理解を提供する。動物たちの抵抗を認めるなら、かれらが抵抗するしかなかった状況について考え、人間が仲間の存在らに行使する支配権を問い、搾取に立ち向かう変革を企てなくてはならない。エミリーの物語が示すように、動物たちの抵抗という重要にして強力な啓発的事件は波及効果を持ち、往々にしてさらなる境界破りを触発する。それは個人的変革（ビーガンになる、活動に加わるなど）のこともあれば、文化的変革（抗議アートや反体制的音楽をつくるなど）のこともあり、制度的変革（法制度や社会変革に影響を与えるなど）のこともある。人間社会に設けられた様々な境界線を踏み越えることで、動物たちはみずからの環境を変え、歴史を通じて社会と政治と文化を形づくる。

＊＊　環境破壊の危機に対抗する市民運動の一種。

注

(1) Meg Randa and Lewis Randa, *The Story of Emily the Cow: Bovine Bodhisattva: A Journey from Slaughterhouse to Sanctuary as Told through Newspaper and Magazine Articles* (Bloomington, IN: AuthorHouse, 2007).

(2) Steven Baer, "Introduction: Emily the Emissionary of Compassion, She Was a Cow Before Her Time," in *The Story of Emily the Cow: Bovine Bodhisattva*, ed. Meg Randa and Lewis Randa (Bloomington, IN: AuthorHouse, 2007), 5.

(3) Sara Ahmed, *Living a Feminist Life* (Durham, NC: Duke University Press, 2017), 145.

(4) "Border Stories: A Mosaic Documentary, US–Mexico," http://borderstories.org.

(5) jones, "Free as a Bird," 236.

(6) Jacques Derrida, *The Animal That Therefore I Am* (New York: Fordham University Press, 2008), 34.

(7) Derrida, *The Animal That Therefore I Am*, 34.

(8) Ahmed, *Living a Feminist Life*, 146.

(9) Derrida, *The Animal That Therefore I Am*; Amy B. Harper, "Social Justice Beliefs and Addiction to Uncompassionate Consumption," in *Sistah Vegan: Black Female Vegans Speak on Food, Identity, Health and Society*, ed. Amy Breeze Harper (Brooklyn, NY: Lantern Books, 2010), 20–41; Claire J. Kim, *Dangerous Crossings: Race, Species, and Nature in a Multicultural Age* (Cambridge: Cambridge University Press, 2015); Aph Ko and Syl Ko, *Aphro-ism: Essays on Pop Culture, Feminism, and Black Veganism from Two Sisters* (Brooklyn, NY: Lantern Books, 2017); Charles Patterson, *Eternal Treblinka: Our Treatment of Animals and the Holocaust* (Brooklyn, NY: Lantern Books, 2002); Marjorie Spiegel, *The Dreaded Comparison: Human and Animal Slavery* (New York: Mirror Books, 1996); Maneesha Deckha, "The Subhuman as a Cultural Agent of Violence," *Journal for Critical Animal Studies* 8, no. 3 (2010): 28–51.

(10) Aph Ko and Syl Ko, eds., *Aphro-ism: Essays on Pop Culture, Feminism, and Black Veganism from Two Sisters* (Brooklyn, NY: Lantern Books, 2017).

(11) Syl Ko, "We've Reclaimed Blackness, Now It's Time to Reclaim 'The Animal,'" in *Aphro-ism: Essays on Pop Culture, Feminism, and Black Veganism from Two Sisters*, ed. Aph Ko and Syl Ko (Brooklyn, NY: Lantern Books, 2017), 66.

(12) Syl Ko, "By 'Human,' Everybody Just Means 'White,'" in *Aphro-ism: Essays on Pop Culture, Feminism, and Black Veganism from Two Sisters*, ed. Aph Ko and Syl Ko (Brooklyn, NY: Lantern Books, 2017), 20–27.

(13) Anna Pippus, "The Internet Is Freaking Out about a Dead Cow in a Supermarket," *Huff Post*, December 6, 2017, https://huffpost.com.

(14) Sarah V. Schweig, "Terrified Bull at NYC Slaughterhouse Decides to Run for His Life," *The Dodo*, February 21, 2017, https://www.thedodo.com.

(15) Rebecca Fishbein, "Cops Are Chasing a Runaway Cow on the Moove in Queens, *Gothamist*, February 21, 2017, https://gothamist.com.
(16) Tim Cresswell, *In Place/Out of Place: Geography, Ideology, and Transgression* (Minneapolis: University of Minnesota Press, 1996), 22.
(17) ジェニー・ブラウン（ウッドストック・ファーム・サンクチュアリ創設者）との対談より。二〇一三年三月。
(18) Joan Dunayer, *Animal Equality: Language and Liberation* (Derwood, MD: Ryce, 2001); Timothy Pachirat, *Every Twelve Seconds: Industrialized Slaughter and the Politics of Sight* (New Haven, CT: Yale University Press, 2011).
(19) Pachirat, *Every Twelve Seconds*, 159.
(20) Pachirat, *Every Twelve Seconds*, 23.
(21) Pachirat, *Every Twelve Seconds*, 27.
(22) シオバン・プール（シダー・ロウ・ファーム・サンクチュアリ創設者）との対談より。二〇一二年九月。
(23) シオバン・プール（シダー・ロウ・ファーム・サンクチュアリ創設者）との対談より。二〇一二年九月。
(24) Jennifer Wolch, "Zoopolis," in *Animal Geographies: Place, Politics, and Identity in the Nature-Culture Borderlands*, ed. Jennifer Wolch and Jody Emel (New York: Verso, 1998), 124.
(25) Jenny Brown, *The Lucky Ones: My Passionate Fight for Farm Animals* (New York: Avery, 2012), 61.
(26) "Resistance," Lexico, https://www.lexico.com/en.
(27) Bekoff, *The Emotional Lives of Animals*, 2007; Bekoff, *The Animal Manifesto*; Wilbert, "Anti-This—Against-That."
(28) As cited in Wilbert, "Anti-This—Against-That," 247.
(29) Wilbert, "Anti-This—Against-That," 245–47.
(30) Raab, "Revolt of the Bats."
(31) Wilbert, "Anti-This—Against-That," 252.
(32) Bekoff and Pierce, *Wild Justice*, 42.
(33) "Profile in Cowrage," *People* magazine, January 15, 1996, https://people.com/archive/profile-incowrage-vol-45-no-2.
(34) Emily the Cow, "'Mad Cow' Response Makes the Cow Mad," in *The Story of Emily the Cow: Bovine Bodhisattva*, ed. Meg Randa and Lewis Randa (Bloomington, IN: AuthorHouse, 2007), 111–12.
(35) Baer, "Introduction," 8.
(36) Carolyn Fretz, "Emily the Cow Gives 'Hoofers' Hunger Pangs," in *The Story of Emily the Cow: Bovine Bodhisattva*, ed. Meg Randa and Lewis Randa (Bloomington, IN: AuthorHouse, 2007), 53.
(37) Baer, "Introduction," 8.
(38) ルイス・ランダ（平和修道院創設者）との対談より。二〇一九年一〇月。

第二章　動物抑圧の社会条件

一九〇二年、ニューヨーク市のブロンクス動物園で豹《ひょう》が檻を抜け出した。同園では動物たちの脱走が茶飯事《さはんじ》となっていた。メキシコ動物学会から同園への贈り物として、生後七カ月の豹が届けられたのは七月の猛暑日だった。スタッフらはこの新参者を一晩中、来た時に入っていた薄い木板の箱に入れたままにしておいた。が、翌朝までに豹は箱を齧《かじ》って抜け穴をつくり、外へ逃げ出した。

『タイムズ』紙によると、豹は牢を抜けた後に「恐怖を広げた」。放たれた豹のニュースは瞬く間に広まり、町は緊張を高めた。傍観者たちは灰褐色の大型ネコ科動物が木から木へと飛び移り、動物園の係員らと三手に分かれた警官隊が鎖と網と縄を手にその後を追うさまを恐る恐る見物した。豹は何度か見つかった後、ピクニックの食べ残しのあるところへやって来て、食事にありつき、再び移動を始めた。ブロンクス植物園の北端に茂る栗《くり》の林を抜けた豹は、ブロンクス川に飛び込んで自由のために泳ぎ、ものの数秒で対岸へと渡った。『タイムズ』紙が記すに、「それから豹は身震いし、勝ち誇るかのように後ろを振り向いたかと思うと、再びゆっくり森の中へと進んでいった」。この脱出路を選んで森に消えた点で、豹は前年に熊が通った同じ道を辿ったことになる。捜索は翌日も続けられる予定だったが、ある広報担当者いわく、それは「干し草の山から針を探す」作業に等しかった。

一世紀後、この脱走に着想を得たイド・ミカエリは、一連の絵画とタペストリーからなる作品「ブロンクス動物園から放たれた黒豹」を作成した。ミカエリはこの事件が現代にぴったり当てはまる政治的寓話になっているとみた。「これはいわば脱獄ですよ。……野生動物が自然の生息地から連れ去られて檻に入れられたわけですが、彼は悪戦苦闘して解き放たれたんです」(1)。作品には現代の動物たちの苦境に関わるいくつかの重要テーマが織り込まれている。それは飼い馴らし・植民地化・資本主義の絡み合いに根差す問題であり、今日の人間動物関係ならびに動物たちの抵抗を生む条件は、このもとで形づくられてきた。

ミカエリの作品では、公園と街路を結ぶ脇道に豹が位置し、馬に乗った警官や犬を使う警官らに取り囲まれている。前景にはピクニックを妨害された家族が描かれ、厚切りの肉と、小さな犬を脇に抱える人物がみられる。この光景は一部の動物たちを消費しつつ他の動物たちを伴侶として愛玩するという人々の恣意的な習慣を思い起こさせる。警察に使役される犬と馬もまた、所有可能な生命の一形態である。犬は財産として、飼い馴らされた伴侶にも保護や法執行に使える労働者にもなり、馬は背に人を乗せて運ぶ労働者になる。豹を檻に入れ、その生を娯楽に供する行ない——あるいは「食品」になる動物たち、「ペット」と称される動物たち、「輸送機関」とされる動物たちへの同様の行ない——は、動物身体の馴致、統制、監禁、果ては完全所有へと至る長い過程に起源を持つ。が、ミカエリの絵はもう一つの重要な点にも光を当てる。あまたの障害物があろうと、動物の抵抗が続いているという事実である。警察は狩猟団のラッパを思わせる拡声器を持っているが、本作は狩猟を美化するよりも、荒ぶる豹が反抗し、既成秩序に向かって鉤爪をかざす様子を捉えている。これは下から語られた歴史といってよい。

豹の歴史は、儲けのために野生動物らをその故郷で捕らえ輸入するというヨーロッパ植民地主義の行ないと結び付いている。もしもデジタル化が進んだ今日の高度資本主義社会で豹が逃げ出したら、

図版 15　イド・ミカエリ「ブロンクス動物園から放たれた黒豹」。タペストリー（Ido Michaeli 提供）。

メディアの注目は新聞記事だけに収まらなかっただろう。そうなれば、オリーと名づけられたアカオオヤマネコがスミソニアン国立動物園から抜け出した時のような事態になったと思われる。オリーは囲いに開いた五インチ〔約一三センチメートル〕四方の穴を潜り抜け、ほんのわずかな自由を味わった後に、再捕獲されて動物園に戻された。その脱走後、ひっきりなしのメディア報道に次いでグロテスクな消費行動の熱狂が生じた。動物園のギフトショップ店員はいう。「オリーがいなくなる前は、誰もアカオオヤマネコのぬいぐるみを買いませんでした。……今ではアカオオヤマネコのおもちゃが全部売り切れています」(2)。

動物の飼い馴らし

人間が他の動物たちを飼い馴らし始めた頃、狼は最初の伴侶動物になった。いち早く人間の仲間となったかれらは、人間の火で暖をとり、人間の住処に寝泊まりし、人間の食べ残しを平らげた。二五〇万年以上をかけて人間と他の動物たちが関係を深める中、アジアでは一万五〇〇〇年から二万五〇〇〇年前に人間と狼が出会ったことから飼い馴らしが始まったらしい〔これを裏付けるのは発掘された墓地にみられる狼の遺体であり、ある墓地では老女の頭部脇に幼い狼が丸まっていた(3)〕。人の子はたびたび狼の子を迎え入れ、そこからホモ・サピエンスとイヌ科動物の長く複雑な関係が始まった(4)。これは狼を犬へと変える人間主導の長い進化史が始まった時点でもある。狩猟に使う犬の飼い馴らしから、後に競走用や牧畜用のそれが行なわれ、人間社会はやがて他の動物集団をも統べるべく、中東では羊を、近東では猫を、さらにその他、ヒトコブラクダやリャマ、鶏、牛、豚、馬、蜂、蚕《かいこ》、鵞鳥《がちょう》を飼い馴らした。後期旧石器時代の人々は、屠殺した動物の子らと遊戯・給餌・養育を通し交流したとも考えられる(5)。

犬の飼い馴らしでは初めのうち、犬と人間の協働があったと思われるが、飼い馴らしは主として動物の抵抗を馴致・統制・鎮圧することを伴った。食用・衣服用・娯楽用・その他の目的で飼い馴らされる動物たちは拘束に逆らい、人間は支配した動物たちを統べるために力を尽くした。それは暴力的な過程に違いなかった。飼い馴らしが暴力であるという主張は衝撃的もしくは極端に思えるかもしれないが、動物の飼い馴らしは大半が強制によるものだった。社会学者のデビッド・ナイバートは農業社会の夜明け以降、人間以外の動物たちが飼い馴らしによって貶められてきた事実を鑑《かんが》み、この過程を指す代替語として《飼い貶《おと》し》を提唱する。(6)

古代(紀元前五〇〇〇~紀元五〇〇年)以来、人類は牛を極めて重要な動物とみなしてきた。これは洞窟絵画や陶磁器の柄《がら》に牛がよく描かれていることから分かる。メソポタミア芸術では人間と他の動物の対決、普通は雄牛とのそれが盛んに描かれた。(7) リンダ・ケイロフの解説によると、前三五〇〇年につくられたシュメール人の小さな円筒印章の石彫には自然と文明の衝突や人間社会に絡め取られた雄牛の姿がみられ、「人と獣と半人半獣の存在との絶え間ない戦い」が描出されている。(8) 動物の抵抗を窺わせるものとしては、生物を模した美術家たちの彫刻もあり、これは大抵、大きな作品の一部で、熊、野生のロバ、ライオン、ハイエナ、ジャッカルなどを象《かたど》った。この動物たちは、自由に動ける動物たちの傍《かたわ》らで、引き具に拘束されている。同じく、当時に関する特に有名な発見のいくつかでは、埋葬地や墓地の発掘時に楽器や装飾された彫刻が掘り起こされてきたが、これらも動物表象を含み、野生と従順、飼い馴らされた者と文明化した者の闘争をほのめかしている。(9)

鋤《すき》が登場すると、動物たちはそれを使った労働に駆り立てられ、このみずからの生活にお仕着せられた役割に逆らった結果、抵抗することが増えた。前四五〇〇年頃、雄牛らは木製の鋤(今日知られる鋼製の鋤の原型）に軛《くびき》で繋がれた。西暦四〜七〇年のローマ帝国に生きた有名な著述家ユニウス・モデラートゥス・コルメッラは、雄牛の心を挫《くじ》いて鋤を引かせるために何が必要かを書き記した。雄牛らは水平の棒に「なるべく縄が遊びを残さないよう」括りつけて囲いに拘束する。特に「野生的で獰猛」な牛はその状態で長時間放置する。(10) こうした手法が必要とされたのは、雄牛たちが強い意志と反抗的な気質を持つからにほかならなかった。鋤は動物たちの生に重大な影響をもたらしたばかりでなく、新たな社会的分業の始まりをも告げた。(11)

近代に入り、植民地資本主義が拡大すると、動物産業の担い手らは動物たちの身体を統制する新たな方法を模索することに明け暮れた。ネットやフェンスのような昔ながらの拘束装置に新しい動物統制装置が加わった。拘束具は支配を確立するために用いられた──牛追い鞭《むち》、鞭と突き棒、刺し棒、三角形の軛、木の重《おも》り、頭絡《とうらく》、鎖、拍車。動物を「挫く」ための教本や、動物の精神力ないし攻撃性を殺《そ》ぐための手法群は一九世紀中葉にますます広まった。ある教本は馬の「馴致と統制」へ向けた歪《いびつ》で痛ましい手法を文章と挿画で紹介し、馬たちの抵抗を正面から取り上げて、「癖が悪い」かつ「触られると抵抗する気性」の馬を「完全に服従」させるにはどうすればよいかを解説した。(12)

こうした馴致の手法に加え、飼い馴らしは他の拘束・統制手法をも生んだ。動物たちは儲けのために選抜育種で改変された。育種は望ましい形質を受け継がせるための遺伝子操作であり、その射程は体の大きさ、毛皮のタイプ、「ウール」の色や触り心地、さらには耳や尾の形状にまでおよぶ。飼い馴らしによって人間の産業用に動物製品をつくる営みは、ミシェル・フーコーいうところの《生権力》の一種だった。この概念は本来、身体におよぶ国家の権力と集団統制を指す。動物たちの育種では、人間の消費に向けて生産性を増すばかりでなく、脱走の助けとなりうる自然性質を取り除くこ

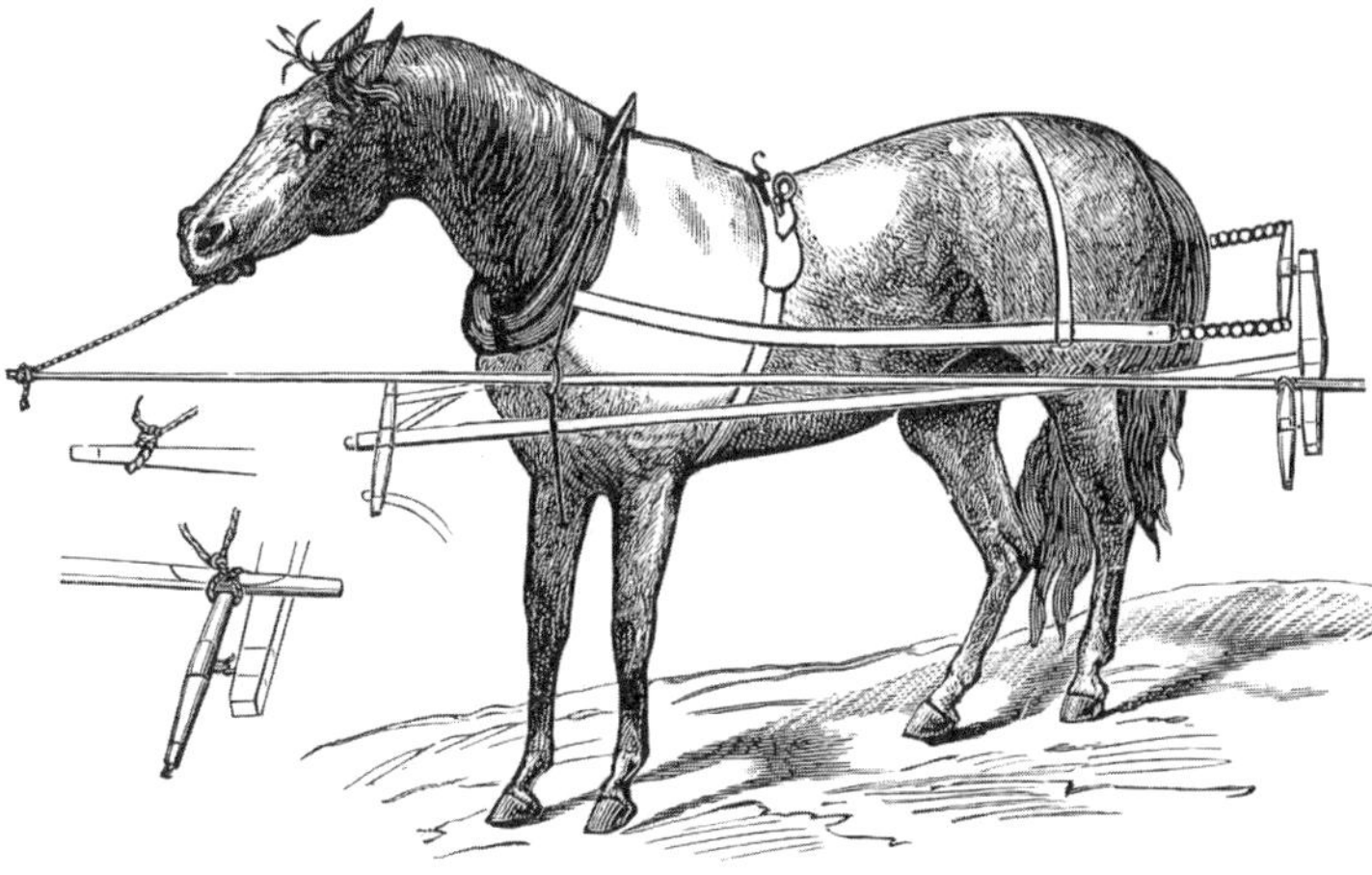

FIG. 253.—Arrangement for Breaking a Balker in Double Harness.

図版16　デニス・マグナー『標準版・馬教本——馴らされていない暴れ馬の馴致・統制・教育』（Chicago: Werner Company, 1895）の挿画。

とがめざされてきた。さらに鳥たちは羽を切られて地面での生活を余儀なくされ、哺乳類はおとなしく従順になるよう去勢を施され、身体を変えられた動物たちは重すぎて動けなくなった。とりわけよく抵抗する動物たちは通常、真っ先に殺された。現状への満足と服従を表す特徴が好まれ、抵抗遺伝子は人の手による除去の対象となった。数世紀のあいだに、目立って攻撃的な性質は消えていき、動物たちの子孫は荒々しい祖先よりも総じて従順になった。

　拘束は飼い馴らしの中核をなした。動物たちは大きな倉庫の中に繋がれて閉じ込められ、小さな水槽に入れられ、闘牛場に囲われ、網で捕らえられ、毛皮農場や実験施設や動物園で檻に囚われ、サーカスで足枷をはめられ鞭打たれた。翼は切り詰められるか切り落とされ、嘴《くちばし》は焼き切られ、脚の腱は断たれ、目は潰され、鉤爪は除き去られ、走る・跳ねる・跳ぶ・引っ掻くなどの行為は拘束具によって封じられた。動物たちの動きを奪うこれら全ての暴力的慣行は今日も健在であり、かれらを「挫く」手法も例外ではない。境界線はある動物たちを囲い、他の動物たちを入れないものとして設けられた。初めは生垣《いけがき》や木の柵が用いられたが、幽閉した動物たちを閉じ込めておくには力不足ということで、やがて有刺鉄線が（一九世紀に発明されて以降）それらに取って代わった。

有刺鉄線は牧場主らにとって購入しやすい代物だった。これによって広い土地を囲うことが可能となったので、閉じ込められる動物の数は増え、体系立った拘束が行なわれだした。一九世紀末には有刺鉄線が草原と河川を覆い、「畜牛」の移動路を遮《さえぎ》った。結果は悲惨で、牛たちは新たな放牧地まで何マイルもの道を歩いていかなければならなくなった。悲劇の上乗せは、そのフェンスによって南部テキサス州の牧場から来た北部の牛たちが行く手を阻まれたことである。これは大きな不幸を生んだ。一九世紀後期に幾度も起こったことであるが、牛たちは冬越しのために南へ行こうとしたあげく、フェンスに数千頭が押し付けられる形となり、抜け出せないまま凍え死んだのだった。[13]

二〇世紀後期から二一世紀初頭にかけては、統制技術にさらなる進歩があった。ノーフォークのバージニア動物園からサニーという名のレッサーパンダが逃げ出した時、スタッフの人員らは無人機と熱検知カメラを併用して居場所を特定しようとした（もっとも、その試みは功を奏さず、今日までサニーは行方知れずとなっている）。麻酔銃は逃走中の動物を止めるために使われるもので、標的となった動物の前例としては、バッファロー動物園から逃げた三頭の大きなスカンジナビアトナカイなどが挙げられる。三頭はブリザードの日に高く積もった雪を登って囲いを越えていた。[14] テーザー銃〔遠距離用スタンガン〕も使われることがあり、あるエミューはフェンスを越えて往来に走り出た後、警察にこれで撃たれて死亡した。動物たちの脱走に対処する他の善後策も考案された。動物保管所は法律のもと、野良動物を一定期間収容し、「所有者」に「財産」を取り戻す機会を与える。日常業務とされる身体改変では、焼き印・首輪装着・耳標装着・鼻輪装着・断尾などによる統制がめざされる。動物園では脱走が茶飯事なので、園によってはスタッフに動物脱走時の対処法に関する定期訓練の履修を義務づけている。エディンバラ動物園には捕獲と拘束の手法を訓練した「生体回収」班がいる。[15] 同様に、イギリス・アイルランド動物園水族館協会は年に二度、「危険動物の脱走」シナリオに対処する訓練を行なう。スタッフは銃器の免許を取得し、定期的な射撃訓練に参加することを求められる。

飼い馴らしは抵抗を抑制するが、人類はいまだ動物たちの抵抗を除去するには至っていない。現在は「首謀者」を狙うことで同じ集団に属する他の動物らに抵抗を思いとどまらせる。一例を挙げると、ブルー560の名で知られるバイソンは多くの試みを重ねて脱走に成功し、柵を倒して他の一〇〇頭が逃げる道をつくったことで、再捕獲の後に殺された。農家はブルー560がとうに屠殺されているべきだったと漏らした。[16] 一部の農家は、抵抗する動物たちが他の幽閉された仲間に抵抗の方法を教えることを懸念する。ジェフリー・ムセイエフ・マッソンによると、ニュージーランドの牧羊農家は、掛け金《がね》を外して農場を逃れた子羊がその技（「明らかに珍しくない技」）を他の羊らに教えるのではないかと危ぶむ。そこで農家は「羊たちが知識を伝授しないよう」逃げた子羊を撃ち殺す。[17] 酪農業では、繰り返し子を奪われる中で頻りに反抗する牛や山羊を殺すが、これも抵抗を除き去る手法として一般化している。

飼い馴らしは人類の進歩を可能にした、という支配的な言説とは裏腹に、動物たちの捕獲・拘束・繁殖は平和な社会の創出に資さなかった。むしろ飼い馴らしが生んだのは強権的なエリート主義社会であり、それは歴史上、数々の大規模な戦争や暴力を助長してきた。飼い馴らした動物たちを搾取・

拘束・群飼・殺害する営為が原因で、早い時期に部族間の対立や紛争が生じ、後に階級分化、広汎な暴力、そして一六世紀に始まるグローバル資本主義と植民地主義の台頭が起こった。ヨーロッパの植民地化を支えたのは、軍備増強のための強制的な動物労働、糧食《りょうしょく》生産のための動物屠殺、ならびに土地収奪の口実となる動物放牧の土地需要だった。(18)

動物の植民地化

文明化の認識論を原動力とする植民地化は、人間の略奪者（入植者）が遠方の土地拠点を消費・統制しつつ、「資源」（人間と人間以外）を支配する物質的・社会的・経済的・環境的システムである。植民地主義は占領地の襲撃と征服を伴い、土地資源の支配権を確立する。入植集団は現地民から労働と資源を簒奪《さんだつ》するか、追放や集団殺害によって人口構成を完全に置き換える。また、奴隷化した他の集団を持ち込み搾取することもある。定住植民地主義では、この殲滅《せんめつ》が物質的な富を求めて行なわれた。エブ・タックとK・ウェイン・ヤンの説明によれば、植民地化は「先住民世界の諸断片、動物、植物、人間の収奪を意味し、この全てを吸い上げて、第一世界の称号をまとった入植者らのもとへ運び込む――かつ、その富と特権を築き、貪欲を満たす――過程である」。(19)

植民地化は富の抽出と帝国主義国家による経済支配を伴う点で、グローバル資本主義と結び付いている。入植者らの見方では、あらゆる「野生存在」は消費・統制・搾取の対象としうる。こうした思想を背景に、ヨーロッパの白人男性が文明化の認識論を装いつつ構築した近代の人種理論では、アフリカ人・アメリカ先住民・中国人・メキシコ人・南アジア人など、非白色人種の人々が動物的で自然に近い存在として描かれてきた。文化は荒らされ、土地はつくり変えられ、共同体は根こぎにされ、

図版 17　第一次世界大戦中、虐殺の場を逃れる馬。週刊誌 *Illustrierte Geschichte des Weltkrieges*（1914）の挿画。

人々は奴隷化された（そして今もそれが続いている）――その行ないを正当化してきたのが、かれらを「人間以下」と描くイデオロギーである。

被畜産動物たちが入植者によって最初にアメリカ大陸へ持ち込まれた時、多数の動物たちは森へ逃げおおせて二度と見つからなかった。一七世紀中葉には、裁判所の扉に行方不明の豚や牛を探す貼り紙がよく見られるようになった。マサチューセッツ州東部の一部地域やバージニア州タイドウォーターの渓谷地帯では、森の中で「牛や豚を探し当てるほうが……鹿を見つけるよりも」たやすいほどになった。[20]イングランドの入植者らが放し飼いを最も楽な給餌方法と考えた結果、被畜産動物たちは自由に歩き回ることを許された。牛は青草や下草を食べ、豚はナッツや種子や根菜をあさり、土壌を破壊した結果、プランテーションからさらに離れたところへ餌を探しに広がった。脱走した動物たちの多くは森にとどまり、半野生化もしくは完全に野生化した。バージニア・アンダーソンが記すに、動物たちは「人間の完全な統制下になく」、「所有者らが考えも望みもしなかったような」振る舞いにおよんだ。(21) 新たな反芻《はんすう》動物たちが土地に持ち込まれると、摂餌《せつじ》と散策のためにさらなる土地が必要となり、先住民社会への侵出が起こった。入植者らはそのすぐ後に付いて、当初の定住地だった町や農園を超え、外の土地を奪ってさらに地理的勢力圏を広げた。

植民地化が人間と環境におよぼした影響については多くを語れるが、本節ではそれが人間以外の動物たちをどのように頼りかつ搾取したか、それがより馴染みのある植民地化の歴史とどのように絡み合っていたかを考える。動物たちが植民地化された者であるという主張は、かれらが情感ある存在であり、己自身の生の主体であるとの認識にもとづく。かれらは人間に利用されるために存在しているのではない。動物たちは植民地化された主体であり、しかも植民地主義の企てを効率化するために殺害もしくは利用されてきた。世界のどこをみても、経済的利益を求める植民地主義の冒険は動物たちに支えられ、かれらは労働も強いられれば輸送にも使われ、糧食とするために殺されもした。動物搾取が育てたものは、軍事力（輸送手段および部隊の糧食としての利用による）、資本主義（動物もしくはその身体から抽出したものの利用と販売による）、そして占領地への襲撃だった（放牧地と飼料栽培地を拡大し、水源を占有するため）。

マッコウクジラをはじめ、一部の動物たちは植民地化された主体そのものではない代わりに、アメリカの植民地と植民地軍の資本を維持・蓄積する目的で殺された。マッコウクジラの狩りは一八世紀初頭に始まり、一八世紀後期から一九世紀には、その身体から鯨油《げいゆ》と竜涎香《りゅうぜんこう》が得られたことから、捕鯨が大儲けに繋がる事業となった。狩りの最中、捕鯨船は何艘《そう》かの小舟を出し、その一艘一艘に担当の船員と、舳先《へさき》に立つ銛《もり》打ちが乗った。マッコウクジラたちはこの奇襲に抵抗し、時に尾を小舟に叩きつけた。のみならず猟師への報復も行なった。多くの鯨は他の鯨に危害を加えている者に意図して狙いを定めた。マッコウクジラたちの計算高い応戦は数多く記録されており、有名な例としては一八二〇年に巨大な鯨がナンタケットの捕鯨船エセックス号に反撃した事件が挙げられるが、これも船乗りらが他の三頭の鯨を追って攻撃していた際に起こった。同じく、一八三六年にはマッコウクジラが捕鯨船リディア号とツー・ジェネラル号を、一八五〇年にはポカホンタス号を沈めた。さらに一八三五年にはピュシー・ホール号、一八五一年にはアン・アレキサンダー号への激突もあったが、これらの船は沈まなかった。捕鯨船の脅威を理解すると、マッコウクジラたちはその妨害を試みた。

牛、豚、羊の放牧は、入植者が先住民社会に属する土地を占有する足がかりとなり、ヨーロッパ人による植民地化の中心戦略をなした。一五世紀後期に始まる南北アメリカ大陸への組織的侵略、続いて一七世紀の北米侵略を可能にしたのは被畜産動物の持ち込みだった。牧場経営は一九世紀の世界を席巻《せっけん》したヨーロッパの植民地化で中核的な役割を担った――アイルランド、アフリカ、オーストラリア、ニュージーランド、タスマニアなど、いずれも事情は同じである。これらの地では先住民を襲った剥奪と集団殺害が、自由な動物と幽閉下の動物たちに対するそれと交わった。[22] すなわち、エリートによって消費用に（現地での消費と輸出による収益拡大のために）育てられ殺される被畜産動物たちの数は、しばしば土地を追われる人々の数に比例する。牧場経営が広がるにつれ、先住民集団にはさらなる暴力が加えられた。[23] 同様にアメリカでも、入植者らは放牧地と（牛を育てるための）水を求め、西部へ向かいつつ先住民と自由な動物たちを追放・殺戮した。入植者はヨーロッパから持ち込んだ大型の草食動物たちで平原を満たしたが、数万頭は旱魃《かんばつ》が訪れれば渇死《かっし》に、厳しい冬が訪れれば餓死や凍死に見舞われた。自由な動物たちは皮や体毛のために狩られ罠にかけられ、畜産施設の脅威や「害獣」とみなされれば毒や銃やその他の手段で殺された（そして今も殺されている）。

アメリカ大陸の植民地化が始まって以来、あまたの自由な動物たちが甚大な被害を受けてきたが、バイソンはその一種に数えられる。一九世紀に鉄道が大平原に達すると、何千もの男たちがバイソンの縄張りに流れ込んできた。初めは「バッファロー・ビル」ことウィリアム・F・コーディのようなバイソン猟師が、搾取労働に従事する建設作業員の食用としてバイソンを殺したが、後にはバイソンがヨーロッパ系アメリカ人の定住・作物栽培・牧場経営予定地（特に風雨が当たらない盆地）で冬越しするとの理由から、その殲滅が国家後援の事業として行なわれた。剝《は》ぎたてのバイソンの皮を運ぶには雄牛が利用された。雄牛たちは入植者の貨車を引いて品々を運んだが、その品目には他の抑圧された動物たちの皮と毛と肉も含まれていた。拘束された牛たちを用いる文化、ならびに毛皮目的で殺した自由な動物たちの身体を商品化する営為と並んで、馬やラバや何十万頭もの雄牛たちを使役する労働搾取もまた、アメリカ西部開拓の支えとなった。

開拓を進める幌馬車《ほろばしゃ》隊の一つに加わり旅をしていたある猟師は、バイソンの抵抗について振り返った。一八三一年九月、彼は一〇台の貨車（一台を四頭の雄牛が牽く）からなるチャールズ・ベントの隊に加わり、ミズーリ州インディペンデンスからニューメキシコ州サンタフェへの帰路に就いていた。この話は「狩人の逃亡――第一話　バッファローとの冒険」と題し、『チェンバーズ・エディターズ・ジャーナル』に載った（この誌名は同誌がエディンバラで出版されていた一八三二年から、ロンドンへ移る一八五〇年代後期までのものとなる）。記事はやや脚色があるように思えるが、当時定評の雑誌に掲載されたものでもあり、バイソンが入植者の暴力にどう抵抗したかを窺わせる内容となっている。猟師は休憩のために止まり、狩りに出かけたという。馬に乗って歩いていると、二頭のバイソンが闘っていた。銃を放って一頭を殺すと、もう一頭は逃げて行った。バイソンが走り去ったのを見て、猟師は木に馬を留め、殺したバイソンのほうを向いた。ところが生き残ったバイソンは、無情に仲間を殺したこの乱入者が、そう簡単に立ち去ることを許さなかった。バイソンはあからさまな復讐心に燃えて猟師のほうへ戻ってきた。猟師は述懐する。「ナイフを研ぎ始めた途端に後ろから轟《とどろき》が聞こえたので、私は跳び起きてそちらを振り向いた。一目で状況は分かった。大きな黒い物体が山の尾根を越え、斜面を駆け下りてこちらへ向かってくる。バッファロー・ブル、今しがた私のもとを去ったあの牛だった」。

話では、バイソンはまず馬に向かい（結果、馬は逃げ）、続いて猟師のほうへ向かってきた。銃撃でバイソンを止められなかった彼は、間一髪のところで大きな水路を跳び越え逃げおおせた。ここで展開はさらに劇的になり、猟師は何とか馬を繋いでいた木に昇って、投げ縄で捕らえたバイソンを仕留める。この逸話はバイソンが入植者の暴力的侵入に挑んで明らかに抵抗していた時代を映し出す。一九世紀後半までに、かつて大きな野生の群れで平原を闊歩していた何百万頭ものバイソンたちはおおよそ殺し尽くされた。一八五〇年から一八八〇年までに殺されたバイソンは七五〇〇万頭を数える。猟

図版18　バイソン、別のバイソンを殺した猟師を見て報復する。『チェンバーズ・エディターズ・ジャーナル』所収「狩人の逃亡――第一話　バッファローとの冒険」より。

師らは死体のほとんどを腐るに任せ、それに惹き寄せられた狼や他の自由な動物たちはスポーツや皮目当てで撃ち殺された。

今日、バイソンのほとんどは狩猟牧場や動物園や野生動物公園で幽閉下の暮らしを送っている。多くの障害物がある中でも、かれらは祖先の反抗的気質をとどめている。二〇一七年七月、ニューハンプシャー州ギルフォードで、群飼されていたバイソン二五頭のうち十数頭が、茂みに覆われた囲い地の一角から柵を破って外へ逃げ出した。群れが逃げたのはボルデュック私営猟獣保護区と称する農場で、二八年にわたりバイソンの飼養と屠殺を行なってきた。囲い地は三四〇エーカーの草原と林地を覆うが、バイソンらは恒常的な脅威のもとで暮らしている。「肉」となるために育てられるかれらは、家族が屠殺のために奪い去られるのを目にし、いずれみずからも殺される時を迎える。逃走中、バイソンらは道路へ出て通行止めを生じさせた。ニュース報道はそれが開拓時代の西部から飛び出したような光景だと報じた。雄牛、雌牛、若牛、子牛の集団は、ラコニアとギルフォードの近郊と森林地帯でおよそ七時間のあいだ追跡されて疲れ果てた。最終的にかれらは警官隊に包囲される。バイソンらの分《ぶ》は悪く、近隣住民全体が捕獲を応援していた。しかし農場まで一五〇フィート〔約四六メートル〕のところへ来て、群れは再び脱走を始めた。その夜、かれらはみずから農場へ戻った。インタビューで農場主は、バイソンらが「行くところなどないと悟った」と言い、続けて、群れが戻らなければ射殺に踏み切るつもりだったと付け加えた。(24)

農場主の言葉は、脱走動物たちが向き合わなければならない現実を言い表している。行くところなどない。バイソンらは二度にわたって逃げたが、その何としても逃れたかった場所へ戻ることを余儀なくされた。この事例は、植民地化が《進行形》の過程であることを示している。生誕の地で幽閉されたバイソンたちは、人間の入植者らによって儲けのために組織的搾取を受ける資源とみなされる。かれらの抵抗は日々被る統制に逆らう行為だった。そのかれらが囲いに戻ったのは、定住植民地主義のもとで動物たちが剝奪を被っている実態を映し出す。自然が失われれば身を隠せる逃げ場は減っていく。多くの種は厳重な統制下に置かれ、その「抵抗と応戦の道」は閉ざされている。[25] 主として人間が利用するためにつくられた空間には障壁が立ち並び、動物たちの自由な移動を妨げる。安全保障と監視は、地域を回って社会秩序を維持する警察と近隣住民の手で全うされる。よしんば動物たちが逃げおおせたとしても、その結末は人間の法と決定に左右される部分が大きい。当然ながら、かれらを商品や財産の地位へと追いやる社会では、動物の逃亡者たちを射殺することが一般的な対処法となっている。

一九一三年頃、「ひときわ大きく左右に広がった角」を持つといわれる白い若牛が、抑圧者たちに絶えず逆らっていた。オールド・ホワイティの名で知られだした彼は、メキシコのチワワから五〇〇頭の牛たちともども、シエラ・ブランカ北部に広がる一五万エーカーの牧場へと連れて来られた。やって来た時、ホワイティは「ずっと頭を上げて、遠くディアブロ山脈のほうを望んでいた」。彼がそちらへ向かって逃げ出すまでに長くはかからなかった。ある牧場主は「あの山々がホワイティの生まれの地だった」と漏らした。[26] オールド・ホワイティは山脈で数カ月を過ごした。牛たちは翌年の秋に屠殺される予定だったので、冬が過ぎた時、ホワイティは駆り集めで捕らえられた。が、彼は再びディアブロへ逃げおおせ、もう一年の自由を味わった。しかし自由は長く続かなかった。土地がやせた山岳地帯では木々も枝葉もまばらなので隠れていることはできない。翌年、彼は再び捕まった。今度は捕獲者が万全を期した。ある夜、屠殺へ向けて全ての牛たちは注意深く搬送用の囲いに閉じ込められていたが、そこにはオールド・ホワイティの姿もあった。ところがあくる日の朝、彼はなおも隙を見てディアブロ山脈へと逃げ出した。それから数カ月のあいだ、彼は生きて健《すこ》やかそうにしている様子を繰り返し目撃されている。が、人間文明から離れて生きようと奮闘したこの牛に思いやりは向けられなかった。牧場主は彼を追い、撃ち殺してその肉を食べた。(27)

オールド・ホワイティの物語から分かるように、帝国主義者の人間から特に尊ばれていた動物たち——その不屈で獰猛で機略に富む性格ゆえに、自由への衝動を高く評価されていた動物たち——ですら、憐れみに浴することはほとんどなかった。脱走した牛たちは「野生の掟、圧制に対する『我に自由を、しからずんば死を』の掟」にしたがっているものと考えられた。J・フランク・ドウビーいわく、「かれらを無法者というのは、人を避ける鹿や野猫を無法者というのに等しい」。(28)この動物たちは飼い馴らしの言説を覆し、孤高で野生的な習性ゆえに尊ばれたものとみえる。かれらは「獰猛」「屈強」「不屈」かつ「機略縦横」であるとして知られていた。逃亡動物たちを美化するドウビーの筆致にはディープ・エコロジーの観点が見て取れる。それは「野生」状態の動物たちに価値を置き、飼い馴らされた従順な動物たちを貶めるものだった。カレン・デイビスによれば、「『自然・野生・自由』なもののイメージを呼び起こす動物たちは、この文化が崇《あが》める『男性的』な冒険と征服の精神に合致する。『不自然・従順・拘束下』のものをイメージさせる動物たちは、西洋文化が見下す生き方を象徴する」。(29)逆らう牛たちの抵抗を防ぐために、牧場主らは侵襲的・暴力的な措置を講じる。角を切り落とす、瞼《まぶた》を縫い合わせる、頭を前脚に括りつける、などの手口が用いられた。(30)

逃げた動物の捕獲に儲けの動機が加わると、ロデオ文化が誕生した。西部の牧場では、近くの森林や山岳地帯に逃れた牛をうまく再捕獲できる働き手はなかなか見つからず、(31)再捕獲に長《た》けた者は讃

図版19　イラ・ターナー・マカフィー「テキサス州のロングホーン――消えゆく品種」。テキサス州クリフトンの郵便局に掛かった油絵。Creative Commons 4.0.（Larry D. Moore 撮影）。

えられた。そこで、ロデオ文化はカウボーイの技法を模することから始まった。カウボーイは牛を「見つけ、脅し、御する」者、その屠殺に先立つ脱走を防ぐ者だった。[32] 人々はこの牛を捕える者たちの見世物を楽しみ、ロデオはやがてカウボーイ文化を美化し大衆化する資本主義事業となった。

統治組織による法の支配を執行するうえでは、警察カウボーイの文化が発達し、いわゆる善良な（アメリカ）市民の保護を図る一方、貶められた動物たちや人間たちを日常的暴力の行使によって市民の座から追いやった。一九三五年のある報告書は、脱走した動物たちが「カウボーイ警察」によって再捕獲されたと述べる。[33] マンハッタンの五番街で店に子牛が逃げ込んだ事件をはじめ、動物たちの脱走劇は「野生的で波乱に満ちた西部」の面影を伝えた。[34] また別の事件として、一八九二年八月には、脱走した五頭の若牛がニューヨークの通りで「偉大なる野生の西部ショー」を演じたと報じられた。[35] アメリカ帝国主義・「明白なる使命」・白人性の権化《ごんげ》たる男性的カウボーイ像を踏襲する警察も、カウボーイたち自身も（あるいはカウボーイかぶれも）、この「野生的」な牛追い（つまり美化された、あるいは危険なそれ）に参加した。この「警察とカウボーイ」の文化が表面化した例として、一八八三年には一頭の若牛を追う警察が馬車に乗って「小銃での射撃を始めた」事件[36]もあり、一八八五年には十数人の警官が「地区内でピストルを持つ男という男たち」から助力を得て若牛を撃った事件[37]もあった。こうした記述を読むと、警察が追っていたのは悪名高い逃亡者のボニーとクライドのようで、実際の標的が屠殺場を逃れた怯《おび》える牛だったとは思えないかもしれない。

カウボーイの原型が話題にのぼる傾向は、二〇世紀の脱走動物報道にも受け継がれた。[38]一九二七年にレーマン・ブラザーズ屠殺場から一九頭の若牛が脱走した時、その追跡は「ブルックリンの『ロデオ』」と称された。反抗的な一頭はこの大集団を屠殺場の出口へ、さらにフェンスが張られた囲いから道路へと導いた。三頭は警察に撃たれた。二時間後、残り一六頭は捕まって屠殺場へ戻された。[39]一カ月後、「往年の駆り集め」と称される別の集団脱走が生じた。逃げたのは数頭の子牛たち、場所はウェストサイド・マンハッタンの家畜置場《ストックヤード》である。屠殺場の東側へ子牛らを運んでいた馬車が止まった時、「不意に説明のつかない何かが原因で馬車の後尾扉が倒れ、五頭全てが道へ飛び降りた」。[40]が、子牛たちは包囲され、屠殺場へ送り返された。何百人もの傍観者らはこの追跡を「楽しげ」な面持ちで眺めていた。一年後には黒い若牛が警察の投げ縄に捕らえられ、事件は「ロデオ・チェイス」と称された。雄牛は西部平原から来た一頭で、東部の屠殺場にて殺される予定だった。これらの事例は過去のものにすぎないと思われるかもしれないが、カウボーイ警察の伝統は二一世紀まで続いている。二〇一七年一月にはジョージア州ヘンリー郡で二頭の牛が逃げ出して高速道路へ現れ、同州中北部の保安官は「カウボーイ」に狩りの協力を要請した。カウボーイはパトカーのボンネットから投げ縄で牛たちを捕らえた。道路へ出た牛（や他の動物）たちが動物製品の消費と生産を隔てる遠隔化を乱した時には、かれらの行為者性を抑え込むことで資本主義体制の保護が図られるが、それは今なお脈打つ植民地化の論理と絡み合っている。

動物資本

動物たちを強制労働の従事者や宗主国の権力増強へ向けた資源とする植民地化の過程は、資本主義の誕生を促す中核的な役割を担った。人間以外の動物たちの飼い馴らしも鍵であり、育種と遺伝子操作はかれらの身体を過剰生産へと駆り立て、そこから生まれる生産物は資本家階級の膨大な剰余蓄積を可能とした。被畜産動物の所有は第一支配階級（主として男性）に地位と権力を与え、後に財産とみなされた搾取可能な人間と動物の所有へと発展した。

高度に組織化された人間による他の動物の統制は、牛の飼い馴らしと所有から始まった。新石器時代初期の平等主義に対する反革命の時期（約一万二〇〇〇年前）に、牛の所有は人間社会の少数派が他の者の上に立ち、エリート階級が社会の優先事項と利益を自身らの都合に沿って形づくるための足がかりとなった。[41]「畜牛」は他の動物たちともども、人間にとっての有用性にしたがい、人間という階級の食用となるように意味付けされた。[42] 認識論的な階級は社会経済的な階級へと反映され、行為者、すなわち知る者、所有する者、支配する者を、知られる者、所有される者、搾取される者から切り分けた。本源的蓄積（停滞する封建社会が資本主義体制へと移行する中で進んだ土地の私有化）は、体制維持のために搾取・奴隷化・殺害される者たち全てに破滅的影響をもたらした。人々の意識を感化・操作する諸機構を後ろ盾に、資本主義は一六世紀以降、人間と動物の抑圧を推し進めた。二〇世紀中葉までに巨大金融機関が台頭したことで、資本主義はグローバルな規模へと達し、軍事化を遂げた諸国は階級序列と私的所有権の維持・強化へ向かった。

資本主義体制において、動物たちは「文化的・肉体的」の両面で「資本の形態」とされてきた。(43) 動物たちの資本化は、その商品化、財産の地位、および専有に支えられる。動物たちの身体は、子孫の産出（「食肉」と「玉子」など）、わが子に与える栄養（「乳」など）、外被（「毛皮」や「羊毛」など）、生存願望（「娯楽」など）、および卑劣な諸目的にもとづく動物実験のために搾取されてきた。それによって資本家たちが巨万の剰余を得られるのは、動物たちが一刻とて労働の場を離れず、労働に対し一銭の対価も与えられず、しかも（人の手による人工授精で）新たな商品を再生産し続けるからである。この過程は遠隔化戦略によって曖昧にされ、資本主義本来の悪循環に漬かり込んだ人間たちによって維持される。動物たちの商品化は、その身を売買される品目として扱われるか、労働を商品とされることに由来する。かれらの身体は生体の形でも死体の形でも商品化される（前者は「乳」「玉子」「羽毛」「羊毛」および繁殖用、後者は屠殺場で生産される「食肉」「皮革」「毛皮」）。生産の規模にかかわらず、かれらの身には暴力がおよぶ。動物たちは商品の地位をあてがわれ、財産ゆえに所有可能とみなされているからである。(44)

財産と商品の地位を割り当てられるのは、飼い馴らされた動物たちだけに限らない。二〇一六年一二月、私営の野生動物公園であるイエローストーン・ベア・ワールドから狼が脱走した。この保全施設を騙《かた》るアイダホ州レクスバーグの遊園地では、金を払ったパトロンたちが園内を車で回り、鹿や熊や狼を眺めることができる。狼が逃げた瞬間は写真に撮られたが、それを見ると、彼女は雪の積もった田園を移動し、おそらくは彼方の森へ向かっている。が、その自由は一時間しか続かなかった。自由を味わった束の間、ベア・ワールドのオーナーであるファーガソン氏に撃ち殺された彼女には、どんな考えがよぎっただろう。脱走の警報が発された後、ファーガソンは雪に残る狼の足跡を追った。境界破りは彼女に割り当てられた財産の地位に背くので、この狼は人間が与えた空間の外にいることを許されなかった。射殺の後、保全担当官は、人間が他の動物を所有するのは権利の範疇であるという考えをありありとにじませて公言した。「私有財産と野生動物には違いがあります。あれ［狼］はファーガソン氏の私有財産でした。この狼は狩猟シーズンに我々が狩る狼とは違います。我々が狩る狼はアイダホ州民のものです」。自由な狼たちも一種の財産であり、国家ならびに国家機関から狩猟免許を与えられた市民に「所有」される。この野生の生命らは、ベア・ワールドに囚われた狼たちと同じように、「娯楽」の一形態として商品化される。猟師らが狩猟免許を買うのも、ベア・ワールドの訪問客らが入場料を支払うのも、狼との出会いが商品化されていることの表れである（その起源は一七世紀中葉、狼が賞金首となったことから始まった狩猟プログラムにある）[45]。

「ペット」に分類される動物たちにもごくわずかな法的保護しか与えられない。二〇一九年三月、シャドウと名付けられたシマウマがフロリダ州キャラハンのコットンウッド牧場から逃げ出した末に殺された。シャドウは拘束を逃れ、数台の車両に追われながら二マイル〔約三キロメートル〕の道を走った。彼は「ペット」とみなされていたが、地元の保安官と警官がいる前で「所有者」に撃ち殺された。理由は何だったか。シャドウに傷が付いたから、である。ただし、居合わせた数人はこの主張に同意せず、シャドウが殺されたのは他人に傷を負わせないためだと説明した（他人が負傷すれば所有者の責任となる）[46]。いずれにせよ、シャドウにあてがわれた財産という地位の不正は明瞭に表れている。所有者の男は非難されたが、それはシマウマを飼うためのしかるべき許可を取得していなかったからであって、シマウマを撃ったからではない。この事例が示すように、脱走した動物たちは、所有者が動物による人身被害や器物損壊の責任を負わなくて済むよう、殺されることが多い。

動物たちにあてがわれる財産の地位は、その脱走を妨げる意図的な障壁として機能する。ハービーと名付けられた生後四カ月の子牛が、トラックからトラックへの移し替え作業中に脱走した際は、警察が鎮静剤を打って、屠殺へ向けた飼養を行なう「所有者」のもとへ彼を返そうとした。しかしハービーとその自由を願う人々にとって幸いだったことに、運送を行なっていた人物は所有権の証明書類を示せなかった。[47] 結果、ハービーは警察によって地元の動物保護管理局に送り届けられ、そこから畜産利用されていた動物たちのサンクチュアリに引き取られた。ハービーを運んでいた人物が所有権を証明できていたら、警察はくだんの「所有者」がハービーの所有権を誰かに譲らないかぎり、法律にしたがって彼をその人物のもとへ返さなければならなかった。

第一次農業革命から第一次産業革命までの時代、そして農業経済体制から工業体制への移行が起こる一八世紀中葉には、動物たちの労働が頼りとされた。動物たちはほとんど休憩もなしの長時間重労働に携わり、資本主義時代たる近代の都市・商業・産業構造を変えた。[48] その強制労働は資本主義の誕生と不可分かつそれを可能にしたものであり、農場・炭鉱・紡績《ぼうせき》工場・プランテーションの操業では動物たちが中心的な役割を担った。かれらは収穫機から耕起砕土機に至る機械類を動かし、砂糖農園ではサトウキビの粉砕と運送を行なった。戦争でも、動物たちは火砲や物資の配備、人間を背に乗せての移動などで大いに利用された。

第二次世界大戦の後、新自由資本主義国家で消費率が伸びるにつれ、動物たちはいよいよ所有可能な存在へと貶められていった。牧畜や牧場経営のために飼い馴らした人間以外の動物たちを組織的に利用する営みは、工場式畜産への道を整え、グローバルな食品産業・製造業・衣服産業の成長をもた

図版20　工業的採卵場で檻を脱した鶏、バーにとまって餌を食べる（Jo-Anne McArthur/Animal Equality 撮影）。

らした。新たな工業輸送網は、動物たちを都市部（およびかれらの姿がよくみられた他の諸地帯）から広く追放・抹消し、代わりにその遥かに大規模な搾取を可能とした。技術の進歩が生んだ人工的な集約畜産場、集中動物飼養施設（CAFO）は、より小さな土地により多くの動物たちを閉じ込めた。悪臭漂《ただよ》う窓のない不衛生な畜舎で、何千何万もの動物たち（例えば二五万羽の卵用鶏）が小さな檻に押し込められ、CAFOの飼料によって急成長を促される。被畜産動物たちが自然に具《そな》えるところの、家族を育てる、土を掘る、巣をつくる、歩く、走る、飛ぶなどの性向は妨げられる。かれらは苦痛をおよぼす日常業務の処置を被るのに加え、空間から運動、健康な食事、医療、社会生活、新鮮な空気、日光に至る基本的な必要要素を、屠殺の日まで奪われる。

　資本主義と国家主義が発展する中、動物たちの生はイデオロギーの次元でも搾取された。(49)

図版21　羊の皮。黄色い耳標はなおも羊が財産の地位にあることを示している（Jo-Anne McArthur/We Animals撮影）。

見世物としての動物屠殺は、記録上、紀元前一八六年から西暦二八一年にさかのぼる。この時代には娯楽の一環で、人間以外の動物たち（と人間たち）が公の場で殺戮された。ローマでは闘技場のショーが始まる以前から、公衆の面前で動物たちを殺す長い伝統があった。[50] 中世ヨーロッパの動物裁判では公開処刑も行なわれ、特に抵抗を企てた飼育下の動物たちがその犠牲となった。この陰惨な伝統を受け継ぐがごとく、二〇世紀初頭の屠殺場（特に豚を殺す施設）は儲けを生む観光地となり、動物たちと人間労働者たちはともに見世物の一環とされたうえ、豚たちの恐怖の叫びまでが営利目的で利用された。[51] ドミニク・パシガは一八六五年に公開されたシカゴのユニオン・ストックヤードが一九五〇年代まで観光名所であり続けた次第を書き記すが、当時は学校の生徒らが豚の屠殺見学にここへ連れて来られた。家畜置場と食肉処理場のツアーは初め、道の子供たちを誘って行なわれていた。

しかし間もなく、業界は待合室と案内人と畜殺室上階の見学場を揃え、組織化されたツアーを提供し始めた。パシガはこの実演披露が一種の近代感覚に訴えたと論じる。「実のところ、近代の表象は魅力と戦慄の両方を伴っていた。それは見世物だった」[52]。

二〇世紀初頭には人々の圧力を受けて、動物産業が大衆の視界から消える。今日、大規模な工場式畜産場は人々の監視から身を隠そうとする。しかし、活動家の動画や内部告発者の報告を前に防備を図る業界は、二〇世紀初頭のシカゴにおける案内付きの屠殺工場ツアーを思わせる新たなアプローチを用いだした。動物繁殖施設の農業ツアーがそれで、めざすは「死んだ動物たちではなく生きた動物たちから擬態的資本を搾り取り、歳入だけでなく人々の行動に影響する評判をも生み出す」ことである[53]。畜殺室を隠し、幾重《いくえ》もの媒介を設けた新たな「農業ツアー」産業は、アグリビジネスの広報作戦として役立てられる。

政治経済学者のジャン・ドゥトキエヴィチは、インディアナ州のフェア・オークス農場が現代的な農業ツアーの様式を示していると論じる。同施設ではツアー客らが豚の繁殖場を歩ける。ドゥトキエヴィチがいうように、これらの施設は透明性を体現するという主張とは正反対に、注意深くつくられた語りを通して産業本来の暴力を包み隠す。檻に閉じ込められ金属のスノコ床に横たわる豚たちは、外にも出られず、巣づくりや巣穴掘りもできず、正常な社会関係も持てない、ということへの言及はない。シカゴで行なわれた初期のツアーでは屠殺が山場だったが、それと違ってこのツアー体験では誕生が目玉となる。訪問客は工場式畜産場を歩き回れるだけでなく、動物たちとの自撮りを勧められる。ツアー客は繁殖工程の様々な段階にある豚たちの前を通り過ぎ、最後は「小さな早足大会」と称して、新生児の子豚と自撮りをすべく皆で競走をする[54]。動物農業ツアーの背景幕をなすのが「畜産猿轡法」と動物事業テロリズム法（ＡＥＴＡ）であり、これらの法律は記録・調査・抗議を通して動物産業の暴露を行なう者を犯罪者に仕立て上げようと試みる。[55] このように、私的所有権は資本主義体制に歯向かおうとする者（人間と人間以外の者）を罰する法的枠組みを形づくり、資本化階級を保護するものとして機能する。

動物事業と現代の暗黒郷

それでは、この飼い馴らしと植民地化と資本主義の歴史から、何が言えるのか。地球を覆うこれらの過程は現在もなお、社会関係を形成し続けている。動物たちが人間の抑圧者らに大規模な抵抗を企てる理由は、これらの世界的過程が生んだ危機にある。抵抗が起こる背景には、かれらが直接に被る扱い——高度に強化された現代のグローバル資本主義は、人間以外の動物たちの身体と生を手なずけ、御し、貶めることの上に成り立つ——と、生息地破壊の進行がある。資本と権力の蓄積、そして資源支配への野望は、植民地主義の論理を駆動する。すなわち、それは植民地化、人間と動物の奴隷化、両集団の資源化を支えとする。動物たちは現在も植民地化されており、それは人間の開発に向けた生息地破壊、自由な動物たち（しばしば牧場経営の妨げと見られる存在）の根絶と全頭処分、ならびに、かれらを完全に商品化する諸産業での広汎な動物利用といった形態をとる。

二〇一七年、ワシントンの州間高速道路で屠殺場行きトラックから飛び降りた豚は、一時間のあいだ道路脇にとどまっていた。その間、通りがかりの人々は車を停めて震える彼女を路肩へ寄せ、高速道の巡査は彼女の写真をツイートした。豚が立ち往生しているあいだ、誰もその命を救おうとしなかった。トラックの運転手は、事態を理解して引き返し、再び彼女を拾って屠殺場へ運んだ。あるニュース記者はこの頭を離れない光景について語った。「他の大勢の運命と同じく、豚は越えがたい障害物と、この私たちが暮らす現代の暗黒郷の有無を言わさぬ歯車に負けたのです」[56]。

グローバル資本主義時代を生きる人間以外の動物たちは、あらゆる場所で日常的暴力を被る冷酷な現代の暗黒郷に身を置いてきた。食品・衣服・運送・娯楽・実験産業で利用される動物たちの数は計り知れない。世界では食用だけで一日につき一億五〇〇〇万頭、一年におよそ七〇〇億頭の陸生動物が殺されるうえ、養殖される数百億（三七〇億〜一二〇〇億）の魚介類、数兆の自由な魚介類がそれに加わる。[57] 集約畜産は一九六〇年代から着実に成長を遂げ、今日では焼き印をおされた、身体を切り刻まれた、遺伝子を書き替えられた動物たちを、数百億頭も監禁する。遺伝子操作、クローニング、人体に用いる動物の臓器・細胞・組織の採取、儲かる特徴を具えた動物の繁殖などは、いずれもごく一般的な行ないである。DNAの分析と改変、ならびにより効率的な品種を生みだす絶え間ない努力をみれば、生権力が現代社会の中で、動物集団の管理に向け、いかに機能しているかが分かるだろう。例を示せば、「エンバイロピッグ」は糞便中のリンを減らすように改造された豚であり、異種移植分野の最新発明である「PERVフリー」（内在性レトロウイルスフリー）の豚は「改変の多さという点で最も遺伝子改変された」動物となった。[58]

動物事業に囚われた動物たちがどれほどの苦しみを経験するかはよく記録されている。その情報はつらい真実に向き合おうとする人であれば広く入手できる。動物虐待防止法は食品生産や研究、あるいは「認められた農業慣行」のような、当然化した「慣行」のために利用される動物たちの利益を一様に否定する。[59] 牛、鶏、豚、魚、その他の被畜産動物たちは、犬や猫と同じように社会生活を営む独自の個であるにもかかわらず、法律の下で完全に保護の枠から外されている。主流の西洋社会で一般化している多くの多数派の行ない（一般に認められた慣行）はそもそもが「虐待罪となりうる可能性から免除」されている。[60] こうした免除によって、他の文脈であれば虐待となるであろう農業慣行が許される。飼い馴らされた動物たちの大半が工業的畜産業の檻に追いやられ、その包装肉が店に並ぶ一方、他の動物たちは「ペット」や家族になる財産と位置づけられる。かれらも処分してよい存在とみなされていることは、膨大な動物たちが保管所やシェルターに行き着いたあげく、日々（大量「安楽死」の一環として）ガス室に送り込まれる現実が物語っている。

グローバルな畜産業と環境不正

二〇一八年九月、アメリカのノースカロライナ、サウスカロライナ両州をハリケーン・フローレンスが襲い、大規模破壊と洪水が生じた。ハリケーンの進路に暮らす者たちは甚大な被害に見舞われた。数百万頭もの被畜産動物たちにとって、これは溺死《できし》を意味した。数千頭の牛や豚、数百万羽の鶏たちは、農場に次ぐ農場を洪水が襲う中、沈みゆくままに放置された。動物救助は畜産農家のコストになるため、無数の被畜産動物たちは死ぬに任された。猫や犬など、多くの伴侶動物たちも取り残された末に死んでいった。

瓦礫《がれき》に囲まれた中、一部の動物たちは足元のおぼつかない水の中を泳いで畜産場から逃げおおせた。ウィー・アニマルズ・メディアの写真には、二頭の豚が水の中を泳ぐ様子が写し出されている。二頭は一つの恐怖を抜けた途端に別のそれを泳ぎ越えなければならなかった。畜産場を囲む有毒の肥溜め池が嵐によって氾濫《はんらん》したのである。かれらは何とか畜産場を逃れたあげく、サンクチュアリに行き着くことができた幸運な一握りの動物たちに数えられる。[61] 一頭はチャンプといい、ほか四頭の豚とと

図版 22　養豚場を脱した豚たち、ノースカロライナ州を襲った洪水の中を泳ぐ（Kelly Guerin/We Animals 撮影）。

もにズィッギーズ・レスキューという動物サンクチュアリに引き取られた。チャンプが監禁されていたのは、ハリケーンで洪水に見舞われた数ある工場式畜産場の一つだった。彼は片方の脚にひどい骨折を負ったまま、木々に覆われた湿地帯で二週間を生き延びた。救助隊がその場にたどり着いた時、彼は力なく沼に横たわっていた。サンクチュアリはチャンプを動物病院に送り、そこで彼は脚の治療を受けつつ四カ月を過ごした。最終的に、脚が治ったところでチャンプは新たな家に向かった。そこで彼を出迎えたのは新鮮な緑に覆われた大地と、彼専用につくられた小屋、そして他の救助された豚たちだった。

気候変動の結果、フローレンスのような強力なハリケーンはますます増えるものと予想されている。山火事・旱魃《かんばつ》・寒波・熱波の激増も確認されている。変動する気候が工場式畜産場のような脆《もろ》く危うい有害な人間システムを襲えば環境災害が引き起こされる。海水位と海水温の上昇から生じたハリケーン・フローレンスは一例にすぎない。畜産業は気候変動の最大要因の一つであり、温室効果ガスの排出・生物多様性喪失・土壌劣化・汚染・乱獲・沿岸堆積《たいせき》・世界的な大量絶滅の主たる元凶となって、右のような事態の発生と永続化に中心的な寄与をなしている。

地球がグローバルな動物農場へとつくり変えられた結果、環境に大混乱がもたらされた。(62) 一九七〇年以降、地球上の野生動物は半分に減った一方、被畜産動物の数は三倍に膨れ上がった。今や人間の数をも上回る被畜産動物たちが地球に暮らし、常時およそ一七〇億頭の陸生動物が存在する。(63) この唯一の惑星の資源は有限であるが、広大な土地は、水を飲み、穀物を食べ、メタンを出す動物たちの飼養に当てられている。それによって釣り合いを欠いた膨大な土地と水とエネルギーが必要になる。目下、地球上の氷に覆われていない土地の三分の一は砂漠と化し、被畜産動物たちとその飼料に占められている。淡水の三分の一は被畜産動物たちに供給され（家庭用が三〇分の一であるのと比較されたい）、そのせいで水の危機は危険なまでに深刻化している。(64) のみならず畜産業は温室効果ガス排出の少なくとも一八パーセントを占め、運輸部門をも凌《しの》いでいる。ゆえに国際連合は畜産業を「地域規模から地球規模までのあらゆる尺度において、最も深刻な環境問題を引き起こす二大要因ないし三大要因の一つ」と評した。(65) 二〇一八年、環境団体グリーンピースは報告の中で、もし放置が続けば畜産業は向後数十年のうちに温室効果ガス排出の五二パーセントを占めるだろうとの予想を示した。(66) アマゾンの森では、森林伐採の約九〇パーセントが畜産業によって引き起こされ、原生林は放牧地や大規模肥育場、動物飼料の栽培地へと変えられている。数百万エーカーもの栽培地で育てられた大豆は、工場式の施設で飼われる牛や豚や魚介類に与えられるが、その量たるや、世界人口を養う食料よりも遥かに多い。二〇一九年に熱帯雨林を破壊した記録的な数の山火事は、養牛のために土地を切り拓いた牧場主らに原因がある。飼育法に関係なく、動物たちが「非効率な飼料転換者」であることに変わりはない。(67)*

植民地主義の論理に則る資本化された動物たちの搾取、怪物的な次元に至った飼い馴らしのプロセス、工場式畜産による世界的な動物生息地と環境の破壊――これら全ての諸相が、動物たちの抵抗を増大させることに帰結した。「認められた農業慣行」の共謀者ないし行使者である人間が日常的暴力を振るうのであれば、動物たちは抵抗するしかない。動物たちの行為者性の言説を発達させることは、かれらを歴史性の中で捉えるために重要な作業となる。ニコル・シューキンがいうように、「動物資本の処理《レンダリング》は無論、第一に動物たち自身の抵戦に遭《あ》う。かれらは『非歴史的な生を送っている』わけでも、常にかれらの属性とされる歴史的受動性の中に生きているわけでもないのだから」。(68) 人間文明がその範囲を広げていくにつれ、動物たちが安全を得られる場は減っていくが、今日の暴力に溢れるシステムの中で搾取を被っていようと、かれらの行為者性は潰《つい》えない。この過程の内部には常に根底を流れる闘いの水脈があり、その緊張は今日まで続いている。動物抑圧の歴史は、動物たちの抵抗史と絡み合っているからである。

＊　ここでは工場式畜産を批判する文脈でしばしばみられる放牧礼讃が念頭に置かれていると考えられる。残忍で環境にも悪い工場式畜産を批判する識者は多いが、そうした人々はしばしば、工場式畜産に代わる道として脱搾取（ビーガニズム）ではなく放牧の普及などを提言する。しかし放牧や「持続可能」な畜産形態への転換では、この産業に起因する動物搾取と環境破壊の問題は解決されないという事実が、批判的動物研究では繰り返し指摘されてきた。

注

(1) Cara Giaimo, "A 1902 Panther Escape Becomes Political," *Atlas Obscura*, February 9, 2017, https://www.atlasobscura.com. 本作の発表は二〇一六年黒人史月間プログラムの一環でもあり、この催しではアメリカにおける黒豹党運動の五〇周年を記念し、黒豹の表象を讃える世界の詩作品や芸術が特集された。

(2) Petula Dvorak, "The Ballad of Ollie the Bobcat: Back in Her Cage, Just Like the Rest of Us," *Washington Post*, February 2, 2017.

(3) Kalof, *Looking at Animals in Human History*, 8.

(4) Christopher Wills, *The Darwinian Tourist: Viewing the World Through Evolutionary Eyes* (Oxford: Oxford University Press, 2010), 190.

(5) Kalof, *Looking at Animals in Human History*, 9.

(6) Nibert, *Animal Oppression and Human Violence*.

(7) Kalof, *Looking at Animals in Human History*, 15.

(8) Kalof, *Looking at Animals in Human History*, 13.

(9) Kalof, *Looking at Animals in Human History*.

(10) K. D. White, *Roman Farming* (Ithaca, NY: Cornell University Press, 1970) 281.

(11) Kalof, *Looking at Animals in Human History*, 11.

(12) Dennis Magner, *The Art of Taming and Educating the Horse* (Battle Creek, MI: Review and Herald Publishing House, 1884), 165.

(13) Laurie W. Carlson, *Cattle: An Informal Social History* (Chicago: Ivan R. Dee, 2001), 109–10.

(14) Joanne Kimberlin, "Mysteriously Elusive, Sunny the Red Panda Becomes the Stuff of Legends,"July 25, 2018, *Virginian-Pilot*, https://pilotonline.com.

(15) "Giant Bull and Red Panda among Edinburgh Zoo Animals to Escape Enclosures," *UK News*, August 15, 2017, https://www.expressandstar.com.

(16) Patrick Lohmann, "As 100 Runaway Bison Annoy the Neighbors, Rancher Turns to Apples, Dart Gun and Patience," *New York Upstate*, August 19, 2019, https://www.newyorkupstate.com/.

(17) Jeffrey M. Masson, *The Pig Who Sang to the Moon: The Emotional World of Farm Animals* (New York: Ballantine Books, 2003), 103–4.

(18) Nibert, *Animal Oppression and Human Violence*, 40.

(19) Eve Tuck and K. Wayne Yang, "Decolonization Is Not a Metaphor," *Decolonization: Indigeneity, Education & Society* 1, no. 1

(2012): 4.

(20) Anderson, *Creatures of Empire*, 104.

(21) Anderson, *Creatures of Empire*, 5.

(22) Nibert, *Animal Oppression and Human Violence*.

(23) Nibert, *Animal Rights/Human Rights*, 117–20.

(24) Caitlin Andrews, “After Running Loose in Gilford, Herd of Bison Safe at Home on the Range,” *Concord (NH) Monitor*, July 18, 2017.

(25) Stephen Thierman, “Apparatuses of Animality: Foucault Goes to a Slaughterhouse,” *Foucault Studies* 9 (2010): 98.

(26) J. Frank Dobie, *The Longhorns* (New York: Grosset & Dunlap, 1941), 284.

(27) Dobie, *The Longhorns*, 284–85, as cited in Nibert, *Animal Rights/Human Rights*, 46.

(28) Dobie, *The Longhorns*, 283.

(29) Karin Davis, “Thinking Like a Chicken: Farm Animals and the Feminine Connection,” United Poultry Concerns, 1995, http://upc-online.org.

(30) Dobie, *The Longhorns*, 310, as cited in Nibert, *Animal Rights/Human Rights*, 46.

(31) Nibert, *Animal Rights/Human Rights*, 49.

(32) Nibert, *Animal Rights/Human Rights*, 49.

(33) “Calves in Midtown Start Rodeo Chase: Three Break Loose in Grand Central Zone, but Cowboy Police Corral Them,” *New York Times*, September 4, 1935, 21.

(34) “Calf at Large Raids Fifth Avenue Crowd: Bumps into a Policeman and Charges at the Waldorf and Neighboring Shops,” *New York Times*, December 23, 1909, 9.

(35) “Five Runaway Steers: A Great Wild West Show in New-York Streets,” *New York Times*, August 17, 1892, 8.

(36) “A Steer on the Rampage: Escaped from East Side Slaughterhouse,” *New York Times*, April 25, 1883, 2.

(37) “The Fate of a Texas Steer: After Making Things Lively on the East Side He Is Killed,” *New York Times*, July 30, 1885, 2.

(38) 例えば “Police Race Steers in Brooklyn ‘Rodeo’: Use Trucks and Flivvers as Mounts to Chase 19 Animals Fleeing Slaughter House,” *New York Times*, September 8, 1927, 10; “Old-Time Round-Up Staged in Times Square”; “Police Lasso Escaped Calves in Hour’s Chase,” *New York Times*, October 12, 1927, 29; “Steer on a Rampage Tosses Two in Street: Crowds in Turmoil on West Side—Police Lasso Animal aft er Pursuit in Taxis,” *New York Times*, February 17, 1928, 55; and “Calves in Midtown Start Rodeo Chase,” 21.

(39) “Police Race Steers in Brooklyn ‘Rodeo,’” 10.

(40) “Old-Time Round-Up Staged in Times Square”; “Police Lasso Escaped Calves in Hour’s Chase,” 29.

（41）Nibert, *Animal Rights/Human Rights.*「畜牛」（cattle）という語までが、「個人所有物」（chattel）を語源としており、牛の搾取が資本主義の勃興を支える鍵であったことを物語っている。

（42）AbdelRahim, *Children's Literature, Domestication, and Social Foundation.*

（43）Nicole Shukin, *Animal Capital: Rendering Life in Biopolitical Times* (Minneapolis: University of Minnesota Press, 2009), 7.

（44）Gillespie, "Nonhuman Animal Resistance and the Improprieties of Live Property," 124. 加えて、商品化された動物たちのほとんどが誰かの財産とみなされることにも留意されたい。他方、法的に財産とみなされる動物たちの一部は商品化されていないこともある。例えば、かつて商品化されていた、つまり金のために誕生させられた犬は、シェルターに引き取られるとその時点で伴侶動物とみなされるが、法制度のもとでは依然、所有者の財産とされる。

（45）Jody Emel, "Are You Man Enough, Big and Bad Enough? Wolf Eradication in the US," in *Animal Geographies: Place, Politics, and Identity in the Nature-Culture Borderlands,* ed. Jennifer Wolch and Jody Emel (New York: Verso, 1998), 91–116 を参照。北米に暮らす二〇〇万頭の狼たちは森や平原を故郷としていたが、ヨーロッパの入植者らは大規模な狼根絶作戦を始めた。一九世紀の中頃までに、狼の毛皮には政府奨励金が当てられ（また毛皮取引が盛んになり）、狼のスポーツハンティングが勧められ、ストリキニーネと混合物一〇八〇を使った組織的な毒殺作戦が行なわれた。加えて狼たちは主たる食料源のバイソンが駆逐されたことでも困難を課された。

（46）Zamira Rahim, "Pet Zebra Shot and Killed by Owner in Florida after Escaping," *Independent,* March 29, 2019, https://www.independent.co.uk.

（47）Brown, *The Lucky Ones,* 119.

（48）Hribal, "Animals, Agency, and Class."

（49）Shukin, *Animal Capital,* 7.

（50）Kalof, *Looking at Animals in Human History,* 27.

（51）Shukin, *Animal Capital,* 92.

（52）Dominic A. Pacyga, "How Chicago's Slaughterhouse Spectacles Paved the Way for Big Meat," interview by Ann Bramley, *NPR,* December 3, 2015.

（53）Jan Dutkiewicz, "Transparency and the Factory Farm: Agritourism and Counter-Activism at Fair Oaks Farms," *Gastronomica: The Journal of Critical Food Studies* 18, no. 2 (2018): 30.

（54）Dutkiewicz, "Transparency and the Factory Farm," 23.

（55）「畜産猿轡法」が狙いを絞るのは、工場式畜産場を写真・動画撮影する活動家である。インディアナ州の猿轡法は通らず、二〇一九年六月には、フェア・オークス農場の酪農施設（養豚場の向かい）で生まれたての子牛らが労働者に虐待される様子が動画となって浮上し、拡散された。四分の動画内で子牛たちは様々な恐ろしい虐待を受けていた。フェア・オークスは雄子牛を肉用子牛農場に送らないと言い張っていたが、動画はその主張も覆した。同社は子牛らを肉用農場に送っていた。三名の従業員が刑事責任を問われる一方、フェア・オークスは当の三名の行動を会社から切り離そうと努めた。卸売業者らは事件を受けてフェア・オークスの牛乳を棚から撤去した。

（56）Eric Grundhauser, “A Brave Pig Briefly Escaped onto a Busy Washington Interstate,” *Atlas Obscura*, August 8, 2017, https://www.atlasobscura.com/articles/pig-escape-truck-highway-waterpark.

（57）A. Mood and P. Brooke, “Estimating the Number of Fish Caught in Global Fishing Each Year,” 2010, http://fishcount.org.uk/published/std/fishcountstudy.pdf. 漁業の影響で世界の海からは七五パーセントの魚種が姿を消した。

（58）James Gallagher, “GM Pigs Take Step to Being Organ Donors,” *BBC News*, August 11, 2017.

（59）59. Joan E. Schaffner, *An Introduction to Animals and the Law* (New York: Palgrave Macmillan, 2011), 71.

（60）Will Kymlicka and Sue Donaldson, “Animal Rights, Multiculturalism, and the Left,” *Journal of Social Philosophy* 45, no. 1 (2014): 126.

（61）Hilary Hanson, “Pigs Who Escaped Pork Farms and Survived Florence Are Finally Living the Good Life,” *Huff Post*, October 5, 2018, https://huffpost.ca.

（62）Jonathan S. Foer, *We Are the Weather: Saving the Planet Begins at Breakfast* (New York: Farrar, Straus and Giroux, 2019).

（63）Brian Tomasik, “How Many Wild Animals Are There? Essays on Reducing Suffering,” 2009, https://reducing-suffering.org.

（64）USGS, “How Much Water Is There on Earth?,” https://usgs.gov.

（65）Henning Steinfeld, “Livestock’s Long Shadow: Environmental Issues and Options” (Rome: Food and Agriculture Organization of the United Nations, 2016).

（66）Greenpeace International, “Greenpeace Calls for Decrease in Meat and Dairy Production and Consumption for a Healthier Planet,” March 5, 2018, https://www.greenpeace.org.

（67）Dawn Moncrief, “Natural Resources and Food Sovereignty: Benefits of Plant-Based Diets,” in *Food Justice: A Primer*, ed. Saryta Rodriguez (Sanctuary Publishers, 2018), 107–21. モンクリーフの章と彼女の組織ウェルフェッド・ワールドが提供する閲覧可能な資料は、畜産業の環境影響を実証している。理解しなければならないのは、「放し飼い」の動物飼養もなお、広大な土地の耕作と森林伐採を要し、より多くの資源を使い、野生動物をよその地へ追いやる（森林伐採で既に消し去られていなければ）という事実である。

（68）Shukin, *Animal Capital*, 130.

第三章　動物たちの抵抗理由

デジタル化の進展、技術の革新、消費社会のさらなるグローバル化を特徴とする二一世紀には、動物搾取の増大と、動物たちの生や幸福に対する関心の増大がともにみられた。動物たちの認知にまつわる発見や逸話はインターネットに溢《あふ》れている。人間が知性と道徳性の試金石であるという考えを揺るがす知見や、他の動物たちがいかに豊かな社会的・感情的生活を送っているかを示す知見は、日々、写真や動画や科学論文を介して共有されている。しかしながら、この社会の根深い認知不協和を露呈するように、食用・衣服用・実験用・娯楽用の動物搾取はなお大規模に続いている。動物たちは過密で退屈な人工の囲い地に囚われ、体の向きも変えられない窮屈な檻に閉じ込められて暮らしている。肥育場に押し込まれ、再三にわたる生体実験にかけられ、人間が喜ぶ芸を脅しによって強いられる。多くは集約的な工業施設の、汚物に覆われた混み合う檻に追いやられ、「動物産業複合体」の装置と暴力に搾取される。(1) 本章では、飼い馴らしと植民地主義と資本主義に起因するいくつかの条件を確かめる。具体的には幽閉・剝奪・搾取・抑圧であり、動物たちはこれに抵抗する。とりわけここで考えたいのは、多くの動物たちが人間を媒介とする環境に抵抗する、その個別的な理由である。動物たちの抵抗は自由を求める願望に根差すが、そこには他の要因も働いている。

自己防衛

資本主義経済のもとでは、シャチや他の海洋哺乳類の幽閉が巨万の富を生んできた。水族館や動物テーマパークでかれらに強いられる芸は、これらの業界に大きな剰余をもたらす。故郷の海と家族から引き離された幽閉下のシャチは、小さな水槽の化学処理をした水の中で、ただ同じところを回り続ける生活を強いられる。こうした条件は、利益を優先し、人間以外の動物たちを「財産」と定義する社会の産物にほかならない。

ティリクムというシャチの幽閉生活は剝奪と監禁と虐待に彩《いろど》られ、そのせいで彼が企てた複数回の報復は死を招く結果となった。しかしティリクムによる抵抗の物語は、その捕獲と監禁以前から始まっていた。ドキュメンタリー映画『ブラックフィッシュ』は時計の針を戻し、ワシントン州ピュージェット湾のそばで一九七〇年に行なわれたシャチの捕獲へとさかのぼる。(2) 最初の「成功した」シャチ捕獲者の一人、ドン・ゴールズベリーは、一九八七年までシーワールドの「社内蒐集《しゅうしゅう》責任者」を務めた人物で、一九七六年までこの地域で精力的にシャチの捕獲を行なっていた。(3) 七〇年の猟では、漁船団が群れを追って網で囲い、若く小さなシャチを捕獲用に選び出した。幼子《おさなご》たちを守るべく、子を持たないシャチらは漁船を引きつけ、その間に母子は気づかれないようその場を離れようとした。しかしあいにく、記録画像が示すように、彼女らは上空を旋回するヘリコプターの目をかわせなかった。三頭のシャチは殺された。残されたシャチらはそばを離れず、家族を悼《いた》んで声をかけていた。一九七六年以後、ワシントン州はシャチの捕獲を禁じたので、シーワールドのために働くゴールズベリーはアイスランドに拠点を移した。

ティリクムは一九八三年一一月、アイスランド沖で捕らえられ、わずか二歳で家族から引き離された。最初の芸はブリティッシュコロンビア州ビクトリアのシーワールド・オブ・ザ・パシフィックで行なった。一九九二年、彼はフロリダ州オーランドのシーワールドに移される。ティリクムが『ブラックフィッシュ』の題材にうってつけだったのは、生涯を幽閉下で暮らしたこと、繁殖用のシャチとして際立っていたこと、そして（最大の注目を浴びた点として）三〇年余りにわたる生活の中で三名の人物の死亡に関わったことによる。ティリクムは二〇一七年、肺炎による感染症で三六歳の生涯を閉じたが、シーワールドは検死の報告書を公にしなかった。この隠蔽が法的な問題にならないのは、シーワールドが共同創設した海洋公園各社が一九九四年、こうした試験結果を非公開とするキャンペーンに成功したからである。

『ブラックフィッシュ』が明らかにした海洋哺乳類たちの幽閉の現実は、シーワールドの名誉にならなかった。映画は調教師らの危険な仕事環境、幽閉による海洋哺乳類の苦痛と動揺を認めようとしない水族館の姿勢、頻繁に起こる不幸な事故を必ず調教師らの責任に帰する広報部門に光を当てる。シャチのような海洋哺乳類を扱う調教師らは、関係を築いた後でも突進されることや突然水中に引きずり込まれることがある。そんな時は、じっとして鯨類《げいるい》が自分を解放してくれるのを願うしかない。ある時は鯨類ショーの最中、溌溂《はつらつ》とした調教師が観客に話しかけていたところへ、水中から突然ティリクムが突進した。調教師はそこを離れ、からくも逃げおおせた。すぐに気を落ち着かせた彼は、満面の笑顔を一瞬乱しただけで、すぐに何でもなかったふりをして観客をなだめた。今のはこのシャチが「とんだバカ」だっただけだ、と。ティリクムが抗《あらが》う状況を隠し、ショーを続けるために、その報復は軽く扱われた。同じく、四〇歳のシーワールド調教師、ドーン・ブランショウが水中に引きずり込まれて溺死した際も、シーワールドはそれを稀な事件と吹聴し、ティリクムに「悪い奴」のレッ

図版 23　オーランドのシーワールドで芸を演じるティリクム。同様のショーの後で調教師を殺害する2カ月前。2009 年 12 月 21 日。Creative Commons 3.0.（David R. Tribble 撮影）。

テルを貼っただけだった。マイケル・ローデンタールがいう通り、主流メディアはティリクムの攻撃を軽んじて「飼い馴らしや種差別、娯楽産業のための動物支配をめぐる議論」を避けた。[4]

ティリクムが体現した自己防衛は、資本主義社会における幽閉がもたらした産物である。彼は甚だストレスの大きな環境で生活していたため、何時間も水槽に横たわって微動だにしないことで知られ、歯は小さな囲いの側面を齧《かじ》って壊れていた。他のシャチによる攻撃にも苦しみ、（シーワールドの商品保護という観点から）隔離生活も強いられた。動物たちが人間を襲う『オルカ』のような映画は人々にシャチ（殺し屋鯨《くじら》）の恐怖を植え付けたが、自然界でかれらが人間に危害を加えた記録はない。今や広く知られるところとなったが、シャチは複雑で知的な社会性動物であり、文化を有してそれを次世代へ伝え、大きく親密な家族単位で暮らす。その行動が変化を来すのは人間の支配下に置かれた時である。人の手による幽閉は、異なる方言や言語を使う異なるシャチの共同体を、小さく不健全な人工の環境に置く。シャチらは剝奪を味わうことでしばしば抵抗へと向かう。ティリクムの苦境と抵抗は、幽閉下の海洋哺乳類が置かれた窮状《きゅうじょう》に前代未聞の注目を集める決定打となった。映画は人々の怒りを呼び、政策変更を促し、シーワールドの経済的損失をもたらした。『ブラックフィッシュ』の公開後、同園の株価は急落した。(5)

人間に対する動物たちの自己防衛を示すもう一つの注目すべき例は、日本の猪にみられる。こうした自由な動物たちを狩ることは長く認められてきた――六七五年に天武天皇が肉食禁止令を敷いた後も、である。猪たちの勇ましい抵抗努力は、生きようという強い意志を窺わせる。事実、この諦めを知らない動物たちは普通、防衛戦や頭脳戦を行なわずに降伏することはない。日本の猟師らは猪を賢いと言い、狩られる猪らが印象的な抵抗をみせることを認める。猪たちは猟師を出し抜く豊かな策と機知を持ち合わせる。猟師らが信じるところでは、猪たちは意図して追手を不利な形勢へ導き、追い詰められ捕らえられる事態を慎重に避ける。猟師らが追い付いたと思った時にさえ、かれらは何度も奇跡のような逃亡をしてのける。複雑な進路を描きつつ、猪たちはしばしば縄張りの端まで駆け抜け、そこから突如逆走して猟師と猟犬を惑わせる。時には円形や8の字型の軌道をめぐり、不意にその道を外れて追手を撒《ま》くこともある。

猪たちはさらに、霜《しも》や泥についた足跡をごまかす知恵もあり、猟師に行方を悟られないよう、方向を変えて行き止まりの道をつくりもする。長年、和歌山県本宮の猟師らは自分たちの動きを予測する猪の巧みさに翻弄されてきた。多くの者は、猪たちが巧妙な逃走戦術を支える季節感覚も併せ持っていると信じる。猟師らに追い詰められ、退路が完全に断たれた時でも、猪は諦めようとしない。むしろかれらは日本人がいうところの「死に物狂い」になり、猟師らに突進する。恐ろしい力と鋭い牙で、突進する猪は最後の自己防衛に当たり、猟師と猟犬を殺すことで知られてきた。加えて雄猪は雌と子から猟師を遠ざけることも珍しくない。丹沢のある猟師は、かつて雌猪に銃口を向けた時、発砲前に後ろから雄に突進された記憶を振り返っている。(6) 猪たちは自己防衛のためだけでなく、家族を守るためにも抵抗する。

ルワンダの火山国立公園では、ゴリラたちが自分と他の者を守るために罠を破壊してきた。毎年、密猟者はアンテロープその他の動物を狙って公園に何千もの罠を仕掛ける。罠は引くと締まる輪型の縄を竹の枝に括り、これを地面のほうへ曲げて丸太や岩などの重い物体でその場に固定することでできる。仕掛けを隠すため、上には木々の枝や葉が被せられる。疑いを抱かない動物が通りがかって岩や丸太にぶつかると、竹の枝が撥ね返って獲物を縄で締め付ける段取りである。捕まった動物はその状態で、時に宙吊りのまま、密猟者が回ってくるまで放置される。幼いゴリラが捕まった時は、密猟者が興味を示さないのでそのままにされる。幼いゴリラは罠にかかった際、もしくはそこから逃げようとした際に負った傷が原因で命を落とすことも珍しくない。

罠に気づいたゴリラ集団は予防措置を講じた。公園の研究者たちが驚いたのは、四歳のゴリラ二頭が協力して辺りの罠を解体し、他のメンバーに危険を警告していたことだった。これが観察される数日前、幼いマウンテンゴリラが罠にかかり、密猟者に発見されるのを待たずして命を落とす事件があった。死亡した子はクリャマ族というゴリラ家族に属していた。研究チームは定期的に公園の罠を探して解体していたが、地元の探索者であるジョン・ンダヤンバジェはその一つをクリャマ族のそばで見つけた。ンダヤンバジェが罠を外そうとした時、一族を統べる雄ゴリラが「下がれ」という警告を発した。報告書によると、「突然、二頭の若いゴリラ——ともに四歳前後のルウェマ（雄）とデュコレ（雌）——が罠に走り寄った。……ンダヤンバジェと数人の旅行客が見つめる中、ルウェマは曲げてあった枝の上に飛び乗ってそれを壊し、デュコレは縄を解いた」(7)。若いゴリラたちが素早く罠を無力化したことから、研究者たちはかれらが罠の危険性を理解していると信じるに至った。ルウェマとデュコレが罠を壊したのはこれが初めてではなかった。後で分かったところでは、二頭のゴリラは過去にも、もう一頭の仲間の助けを借りて別の罠を解体していた。かれらはおそらく、ンダヤンバジェが罠を解体しようとしていたとは認識せず、ンダヤンバジェに危険が迫っていると解釈した。その考え抜かれた行動は、種の線を越える共感と配慮を示していた。

愛と繋がり

飼い馴らしは人間以外の動物たちを統制し、服従させ、搾取することを可能としたが、かれらの思いやりと共感を殺すことはできなかった。動物たちは自分やその家族・仲間が脅かされた時に自己防衛の抵抗を企てる。近年、様々な動物たちが自分の愛する者を屠殺者の人間から守ろうとする痛ましい動画が多数話題になった。その一つでは、豚がもう一頭の豚を屠殺しようと準備を進める人間たちに突進する。別の動画では家鴨《あひる》が殺されようとしている友を守る。また別の動画では、雌牛がわが子を奪おうとやって来た農家に攻撃を仕掛ける(8)。社会になじみ家族とともにあろうとする動物たちの自由は、商品化によって妨害されてきた。商品化の論理は常に動物たちの友や家族を分断する。

母牛たちは、盗まれた子を探すために長い距離を歩き回ることで知られる。一九九三年、ブラッキーと名付けられた若い雌牛とその子は、イングランドのデボンに位置するハザーリー市場で別々の農家に売られた。資本主義の疎隔作用は、この親子が競売で引き離されたことにありありと見て取れるが、それはブラッキーに脱走を決意させた。彼女は買い取られた先のオークハンプトンの農場から生け垣を越えて逃げ出し、数マイルを歩いて見知らぬ土地へたどり着いた。あくる日、彼女は脱出地点から七マイル〔約一一キロメートル〕離れたコートネイのサムフォードで、子と再会しているところを発見された。子牛を買った男性は、競売のラベルが一致したことからブラッキーを母牛と認めた。その朝、男性の義妹はブラッキーが路地に来たのを目にしていた。彼女によれば、ブラッキーは子牛の小屋に直行してわが子に乳を与え始めたという。似た話として、『ソビエト・ウィークリー』紙は売られた子牛を探しに向かった母牛のことを報じた。親子は最終的に三〇マイル〔約四八キロメートル〕離れたところで合流していた。

社会的結束は、逃げられる動物が逃げようとしない原因にもなる。二〇一七年一月、三〇〇頭を数えるイルカの大群が猟師らによって和歌山県太地町の入り江に追い込まれた。イルカたちは猟師の網に囲われ、屠殺が行なわれる数日間、そこにとどめ置かれる。子イルカを中心に八〇頭が選び出されて世界の水族館や海洋公園に売られた。年上のイルカたちは、数分からそれ以上におよぶ屠殺方法で家族らが殺されるのを見て半狂乱になった。一部のイルカはストレスと恐怖と飢餓で命を落とした。屠殺の最中、一頭が網を抜け出した。シーシェパード保全協会が公開した写真には、脱出したイルカが円を描き、外洋へ戻る道を阻む障害物がないにもかかわらず、家族のそばにとどまっている様子が写し出されていた。イルカたちの強い社会的結束は、群れを去ろうとしなかった彼女の行動にも表れている。(9)

大事にされていた動物が他者を助けるという「普遍化された互恵性」は多くの種にみられる。[10]ジャスティスという名の牛は広く共感が働くことで知られていた。屠殺場行きトラックを逃げ出した彼はピースフル・プレーリー動物サンクチュアリに救助された。到着時のジャスティスはまだひどく怖がっていたが、別の若牛から共感を寄せられたことで別世界を知った。世話係のミシェルは語る。

最初にサンクチュアリへやって来た時、ジャスティスはとても怯《おび》えていました。この時以外で彼がトレーラーに乗ったのは屠殺場へ行く際のことだったので、彼は思いきり跳び上がりました。それで左の角《つの》を折ったんです――トレーラーで暴れ回って外へ出ようとしたせいで。当時サンクチュアリに暮らしていたシャーマンという別の若牛が、ジャスティスのもとへ向かったかと思うと、柵越しに彼を舐め始めて落ち着かせました。ジャスティスはそれを覚えていて、新しい動物がやってくるごとに同じことをします。……相手がどんな種であるかは関係ありません。……例えばロウディという羊はここへ来た時、非常に怖がっていました。……ロウディがひたすら叫んでいると、ジャスティスは丘を駆け上がって助けに来たんです。[11]

ジャスティスはサンクチュアリで、怯える新入りの支援と歓迎を始め、かつて自分が与えられた安らぎと思いやりをかれらと共有する。その寄り添い行為は驚くに当たらない。認知行動学者が示してきたように、牛たちは独特な声で意思疎通を図り、深い友情を育み、新しい物事の学習を楽しみ、未来への不安を表す。[12]

復讐と憤慨

かたや、フランス・ドゥ・ヴァールが解説するに、動物たちは憤慨をあらわにし、復讐を企てることもある。[13] 同じくマーク・ベコフも逸話的な証拠をもとに、暴力を振るわれれば「一部の動物たちは復讐をすることができ、現にそれを実行する」と記している。[14] 復讐には「記憶・自己意識・論理・苦痛・正義・非難・その他の複雑な認知反応」が要される。[15] フィンランドの人類学者・社会学者であるエドワルド・ウェステルマルクは、動物感情について当時（一九世紀後期〜二〇世紀初頭）の支配的な枠組みに反する見方を持ち、ある時は若い御者に殴られるラクダが復讐を企んでいたことについて書き記した。初めは殴られる一方だったが、自分と御者だけになった途端、そのラクダは「恐ろしい口で不幸な少年〔御者〕の頭を掴み、宙に持ち上げて地面に振り落とした」という。[16] ウェステルマルクはこうした行為が「報復感情」に根差すと述べたが、この概念は正負双方の感情を含み、彼の見方では道徳性の基盤となるものだった。[17]

　時に報復は時間差を伴う。望ましくない行動をとった者に敵対的な行為をおよぼすのは正義の一形態である。それは当の行動が許されないことを示す教育的な目的にも資する。人間の正義体系ほど抽象的ではないが、時間を置いた報復は裁きを下したいという同じ願望に根差す。一例として、サウジアラビアでヒヒを轢《ひ》き殺した運転手の男性は、すぐに復讐の標的となった。事故から三日間、ヒヒたちは友が死んだ道路の脇で待ち構えていた。三日目に再び運転手が現れた。群れを過ぎようとした時、一頭が他のヒヒらに注意喚起の叫びを伝え、群れは一斉に車めがけて石を投げ、フロントガラスを破壊した。[18]

　タチアナと名付けられた四歳のアムールトラは、恨みを抱き、それにしたがって正確に行動した。

二〇〇七年一二月二六日、タチアナはサンフランシスコ動物園で一人の若者を殺し、二人に怪我を負わせた。動物園を訪れた三人の若者は、タチアナの囲いの前に立って彼女に嫌がらせを行なっていた。腕を振り回しながら卑語を浴びせ、いくつかの報告によれば、タチアナに向って物を投げてもいた。ある人物は、これより前に同じ若者らがライオンをあざけり、ライオンたちは見るからに苛立っていたと語る。タチアナは怒りに燃えて高さ一二フィート〔約三・七メートル〕の壁を乗り越え、若者らに襲いかかった。一人は瞬殺したが、その隙に二人が逃げた。彼女はそれから二〇分のあいだ園内を歩き回り、襲おうと思えば職員や反応した者や他の客をいくらでも襲うことができた。が、彼女はそれ以上の攻撃をせず、残り二人の若者が逃げ込んだテラスカフェにやって来た。そして二人を襲おうとしたところで、警察に射殺された。一年前、タチアナは訓練士の腕を噛んだことがあった。彼女は脅威もしくは害悪とみた者のみを攻撃していたように窺われる。いつでも襲いかかることや逃げ出すことはできたが、「彼女が望んでいたのは復讐だった」[19]。タチアナは動物園で生まれた。その行動は幽閉下の生活が苦痛この上ないことを伝える、真剣かつ悲劇的な警告だった。

図版24　タチアナ、サンフランシスコ動物園にて。檻を脱して殺される2カ月前。2007年10月26日。Creative Commons 2.0.（Matt Knoth 撮影）。

タチアナの計算された行動は自

由に生きる虎の行動と重なる。ジョン・バイヤンの著書『虎――復讐と生存の実録』に記されたアムールトラが、その一例を示す。凍てつくシベリアの未開地、タイガの奥深くを舞台とする同著は、人間と荘厳なアムールトラのあいだにみられた協力関係の盛衰《せいすい》を探究する。獰猛な野生の「獣」が人間に大打撃と暴力を加える物語は、多くの場合、攻撃者を主役に据えるが、バイヤンの描写にはより含みがある。事件は一九九七年、極東ロシアの小さな僻村《へきそん》で起こった。一二月五日、同地区の虎監察隊六隊の一つで指揮を執《と》るユーリー・トゥルーシュにより、ウラジミール・マルコフという男性への攻撃が報告された。隊は森での犯罪、特に虎が関わるそれを調査する。トゥルーシュの報告はロシア東部のプリモーリエ（沿海）地方から発信されたものだった。トゥルーシュはこれを正真正銘の実話だと言い、疑われることを予想して、自分はその場にいた、「これは全て事実である」と念を押している。

この地域で生きることは人間にとっても虎にとっても容易ではない。両者はそれまで、見かけ上の調和のもとに暮らしていたが、一九九二年から九四年のあいだに、生息する虎の四分の一――約一〇〇頭――が殺され、医薬や皮を求める中国に輸出された。プリモーリエは鬱蒼《うっそう》とした山岳地帯で、アムールトラの故郷であるが、この地帯はロシアと中国の国境再開以後、闇市場の繁栄、腐敗した政府、貧困の蔓延に悩まされている。移住者の子や貧しい孫世代は密猟を始め、虎の数は激減した。

バイヤンの著書『虎』は、大型ネコ科動物と人間の共生進化論を吟味し、人間と虎がかつて調和的・共生的関係に生きていたという説を検証する。先住民は過去数世紀のあいだ、虎を崇《あが》めて虎と暮らし、狩りの獲物を分かち合ってさえいた。カラハリのブッシュマンやショーヴェ洞窟の画家たちも虎を敬愛していた。しかし二〇世紀の初め、拡大する定住地は一帯を変え、それに伴って人間と虎の力学も変わった。バイヤンいわく、ビキン渓谷では一九九七年に「この原初的な理解が崩れ去り、虎の攻撃を受けるリスクは頂点に達した」[20]。現代社会は人間と虎の関係を乱した。両者の関係は希薄で緊張したものへと変わった。

国際的な保全機関の圧力を受け、地元政府は虎監察隊を雇った。隊はカメラと武器を携え、秩序の維持、密猟の阻止、紛争の防止に当たる。バイヤンの著書は、アムールトラに殺された密猟者マルコフの物語を詳しく追う。虎がマルコフを狙ったのは、彼の行ないに対する復讐行為だろうと多くの者はみた。状況はあまりに尋常でなかったので、トゥルーシュのチームメイトであるサーシャ・ラズレンコは、マルコフの遺体を前に疑問の言葉を漏らした。「どうして虎はこんなにも彼に怒りを抱いたのだろう?」[21]。虎の足跡を追った監察隊はその攻撃パターンに気づき始めた。隊の見方では、犠牲者は無差別ではなく、虎による大きな長期的復讐計画の一環で狙われていたことが明らかだった。

男たちの小隊は厳冬の中、虎狩りを決行した。彼ら自身が強く容赦のない復讐心から行動したが、虎を仕留めて解剖した結果、彼女が過去に多数の銃弾を浴びていたことが分かった。それもマルコフとその狩猟団によるものだけでなく、数十発は先立つ年に撃ち込まれていた。くだんのアムールトラは「モビーディックが銛《もり》を取り込んでいたように、弾丸を取り込んでいた」とバイヤンは記す。それどころか「マルコフは最初ではなく最後の敵だったかもしれない」[22]。デニス・バーキンは「おそらく誰かが鳥猟の散弾を撃った後……［かの虎は］世界の全てに怒ったのだろう」と考える。トゥルーシュは断言した。「この虎の攻撃は人間たちのせいだった」[23]。彼の見解は科学とも一致する。虎は優れた記憶力を具え、データを忘れず、経験から学ぶ。

ロシアで虎が人間を殺す例は稀だが、復讐譚はほかにもある。アムールトラの専門家、ウラジミール・シチェティーニンは、二〇〇七年以前の三〇年間に同様の話を集めたと語る。「私がチームとともに調査した事件は少なくとも八つある」とシチェティーニンはいう。チームは右の結論に同意した。「猟師が虎に発砲したら、その虎はたとえ二カ月、三カ月をかけてもその人物を見つけ出すだろう。自分を撃った猟師を待ち伏せするのは目に見えている」(24)。ここに長く住む元樵《きこり》のセルゲイ・ボイコは、マルコフの運命を聞いても驚かなかった。彼ともう一人の猟師も虎と衝突したことがあった。二人は虎が走り去った後にその獲物の一部を頂戴したが、虎が戻った時のためにいくらかを残しておいた。しかし翌日そこへ来てみると、虎は残された肉に全く手出しをしていなかった。ボイコはいう。

それから我々は何も狩れなくなった。虎は罠を壊し、我々の仕掛けた餌に寄り付く動物がいると脅して遠のけた。動物が餌に迫ったら咆哮《ほうこう》し、あらゆる動物を走り去らせた。我々は厳しい教育を受けた。虎は一年のあいだ我々に狩りをさせてくれなかったのである。これは言っておかねばならない……虎はまことに類をみない動物である。非常に強《したた》かで、非常に賢く、非常に復讐心が強い。(25)

虎の抵抗は何もないところからは生じない。グローバル資本主義と、それが必然的に深めた貧困と絶望のせいで、人間とアムールトラの力は均衡を失った。一部の虎は複数の銃弾に苦しんだあげく人間を襲う。ここに疑問の余地はない。動物たちが抵抗する理由は、現代社会による自然の攪乱《かくらん》、そして標的の人間に対する強い裁きの感覚に根差している。

孤独と退屈

社会的隔離、つまり生来の社会環境から引き離されることは、動物たちが抵抗する強い動機となる。幽閉下の動物たちは、自傷行為にふける、歩き回る、諦めによって沈み込むなど、退屈と抑鬱の徴候をみせる。多くの檻は人々の視界から隠されているが、動物園の展示スペースを訪れれば幽閉による苦しみがはっきり見て取れる。

刺激のない環境に対し、オランウータンは緻密《ちみつ》な脱出計画を立てることで知られている。かれらは毎日、時には数週間にわたって、脱出の技を体得することに努める。フー・マンチューという若いオランウータンは脱出の試みを繰り返し、動物園の職員に継続的な環境の変更と監視を余儀なくさせた。フーはもともとスマトラの熱帯雨林に暮らしていたが、密猟者に捕まってアメリカに連れて来られた。自然界で家族と自由に生きることはもはや叶わず、彼はオマハ動物園の囲いで生きることになった。しばらくのあいだ、彼はそこの檻をよく抜け出すことがあった。どのように脱出したのか。ある時は、囲いの屋根に登って煙突を引き剝がした。動物園はこれを受けてフーのブランコとしていた鎖を取り除いた。別の折にはワイヤーで鍵を拾い、そのワイヤーを隠すということをした。以来、動物園職員は毎日「芝生を熊手でかき、茂みの中にワイヤーがないかを探す」ようになった。[26] するとフーは隣の檻に収容されたオランウータンにビスケットを渡し、それと引き換えに電灯の覆いから彼女が取ったワイヤーを貰った。フーは他のオランウータンたちにも逃げることを促し、脱出の手助けもした。[27]

若いボルネオのオランウータン、ケン・アレンも、幼くして脱出の技を体得した。青年期の頃は檻のネジを外して逃げることがあった。それから自分の育児室を物色し、檻に戻って全てを元通りにする。一九八五年、成長したケン・アレンはサンディエゴ動物園で、一度のみならず複数回、脱出防止ケージとされる檻を抜け出した。最初は囲いに聳《そび》え立つ大きな壁を登った。動物園はその後の脱走を防ぐために壁を四フィート〔約一・二メートル〕建て増ししたが、再捕獲された後、ケン・アレンは再び壁を越えた。次の脱出では幽閉下にある友のオランウータン、ヴィッキーの手を借り、職員が置いていったバールを使って窓をこじ開けた。檻を出ているあいだ、彼はおとなしく園内を回っていた。その機知と平和的な物腰から、ケン・アレンは世界的な人気を集め、オラン・ギャングと名乗る人々のファンクラブまでつくられた。動物園は初め、ケン・アレンがいかにして檻を抜けたのかと頭を悩ませ、囲いの調査と安全強化に数千ドルを投じた。スタッフらは見物客に変装してその脱出ルートをひそかに探ろうとまでした。それでも彼はもう一度檻を抜け出し、同じ囲いの仲間に脱出方法を示してみせた。最後に再捕獲された時、ケン・アレンはそれまでのようにおとなしく檻には戻らなかった。残念ながら、彼は末期癌《がん》の診断を受け、二〇〇〇年一二月、二九歳で息を引き取った。

フー・マンチューとケン・アレンによる脱出の試みは幽閉が招いた結果である。脱出計画を考案したかれらは、オランウータンの自然環境をなす果てしない緑の風景や社会的多様性から懸け離れた退屈な囲いの世界を、しばしのあいだ逃れることができた。捕獲者たちが将来の脱走を防ぐために絶えず囲いのつくりを見直したことの裏にも、オランウータンたちの行為者性が垣間見える。

生きる意志

動物たちは抵抗によって生きる意志を示す。その積極性と反抗的行為が表れるのはしばしば死が迫った時、すなわち屠殺場への移送で一時的に外へ出た時（移送用トレーラーの中から、あるいは積み込みや積み降ろしの最中に）や、屠殺場で恐ろしい最期の瞬間を迎えた時である。

例えば一九一四年、ニュージャージー州で、ある雌牛が死へ追い立てられていた最中、生き延びるために脱走を企てた。『アベビル・プログレス』紙の報告は伝える。

当地の屠殺場へ送られていた大きな牛集団の一頭が逃げ、線路に入ってニューヨーク－フィラデルフィア間の鉄道ダイヤ数本を狂わせた。線路を疾走している最中、牛はアッサンピンク川の架台に足を絡め、暴れるうちにひどく足が喰い込んでいった。鉄道職員らが牛を危うい位置から解き放つと、彼女はさっとそちらを向いて上級役員マーフィーと制動手《せいどうしゅ》を倒したが、それから線路で追われて捕まった。(28)

所有可能な身体という位置づけを拒むことで、雌牛の抵抗は自身にあてがわれたモノの地位と動物アグリビジネスによる接収を揺るがした。自由を求めた彼女の闘いは、都市部に屠殺場が集中していたユニオン・ストックヤード時代における人間の空間秩序を破り、生を望むみずからの強い意志を表した。

今日、被畜産動物たちは街路を歩かされることなく、移送用トラックで屠殺場へ運ばれ、境界線を越えて地域・国内・世界へ送られる――それも種々の非道な目的を持った、広大な国際動物取引ネットワークの一環である。アメリカで最初に動物移送が行なわれだした時は、動物たちに徒歩で市場までの長い距離を行かせ、そこで売却を済ませた後、新しくできた鉄道で西部から東部へとかれらを送り届けた。動物たちを乗せた機関車は混み合い、換気も悪かった。被畜産動物たちはその状態で数日間、しばしば水も食料も与えられずに耐えなければならなかった。劣悪な旅程で何十もの命が失われた。[29] 脱走防止用の天井が設けられる以前、羊たちは鉄道車両のてっぺんから飛び降りることが多かった。[30] ある若牛はニューヨークへ着いた時、同じく甚だしい苦痛を与えることで知られていた「畜牛船」に乗せられる前に生を望んで遁走《とんそう》した。四一番街の一二番通りから五三番街の九番通りへと、街を駆け抜けることおよそ三〇分の後に、彼は捕まり肉にされた。その運命を書き留めたある記事は、彼が自由への渇望、あるいは屠殺場へ向かう「運命の予感」を持っていたと記した。[31]

被畜産動物たちは現在も移送車両から逃げ続けている。車両の中でかれらはなお、食料も水も奪われ、極度の暑さや寒さの中、混雑した状態で数百マイルにおよぶ旅に耐えなければならない。毎年数百万頭の牛、羊、山羊を運ぶ輸送船を調査してきた動物擁護団体アニマルズ・オーストラリアは、動物たちが屠殺に先立ち、この長い船旅で驚くべき虐待を受けていると報告する。二〇一六年一一月、豪・ウェラードで一頭の雌牛が、トラックから生体輸出会社の船へと移されていた最中、その運命を逃れようとフリーマントル港の海に飛び込んだ。港にいた彼女は岸まで泳ぎ渡り、浜辺に沿って走りだした。二四時間、彼女は自由だった。が、七キロメートル超の距離を走った末に、西部沿岸の郊外、ノース・クージーで発見された。ほか数頭の牛たちも逃げ出したが、一頭はすぐに殺され、残り八頭はすぐに駆り集められて危険な旅路に戻された。ノース・クージーで見つかった雌牛は疲労で命を落とした。

屠殺場への移送時に動物が抵抗した事例としては、二〇一四年に中国の広西チワン族自治区で記録されたものもある。屠殺場行きトラックの後ろを走っていた運転手は、トラックの上から一六フィート〔約五メートル〕下の舗道へ一頭の豚が飛び降りる光景を写真に収めた。必死の豚は側面を這い降りようとした後、トラックから身を躍らせた。報告によると、駆け付けた警官らは豚を回収して地元の警察署へ連れて行き、この豚は別の屠殺場へ送らず自分たちで面倒を見ると言った。その一人は「彼女は生きる機会を与えられるべきです。自分でそれを手にしました。ここで食べられることはありません」と語った。(32)「所有者」は豚の所有権を主張することもできたが、危険な動物移送の罪を逃れるためにそれを避けたらしい。報告いわく、ベイブと名付けられたその豚は囲いを与えられ、署の掃除人ワン・シェンから食べものとして林檎《りんご》の皮やどんぐりを貰った。

カリフォルニア州でも豚が屠殺場行き車両から逃げ出した。後にリータと名付けられた彼女は、金属製の檻を抜け、トラックの平台後方から飛び降りた。(33)トラックの後ろにいた車の運転手は、彼女が高速道路五〇号線のサクラメント近くで跳躍し、草が茂る縁石側に無事着地するところを目撃した。犬猫用シェルターの職員らが彼女を拾ってシェルターへ連れて行ったが、驚いたのはそこで彼女が一四頭の子を産んだことだった――九頭が生き残った。リータはカリフォルニア州グラスバレーのサンクチュアリ、アニマル・プレースで居所を与えられた。人間を信頼して子豚たちを任そうとはしなかったが、多少の励ましになるもの（沢山のブドウとカンタロープ）を与えていると、世話係には心を許すようになった。サンクチュアリの写真には、子豚たちが乳を飲み、草の中を走り、土を掘り返す様子が写っている。

大型の海洋甲殻類に属するロブスターは、生きながら煮え立つ湯に放られた最期の時に抵抗することで知られる。作家デビッド・フォスター・ウォレスは「ロブスター考」と題したエッセイで、生きたまま調理されるロブスターの気持ちに思いを馳せ、夕食の支度をする人が買い物袋から生きたロブスターを出した時に抱く「不快」な気分について考える。甲殻類の苦しみと行為者性を真摯《しんし》に認めてウォレスは言う。

帰宅の旅でいかに朦朧《もうろう》としていようと、沸き立つ湯の中に入れられたロブスターはあわただしく気を取り戻す。容器を傾けて湯気のけぶる釜にロブスターを入れようとすれば、かれらは時に容器の側面にしがみつこうとしたり、あげく釜の縁に鋏《はさみ》を引っ掛けようとしたりさえする――屋根の縁から落ちまいとする人間のように。さらにひどいのは完全に浸かった時である。

図版25　スー・コウ「ロブスターの脱走」リノカット、2016年。Copyright © Sue Coe. Courtesy Galerie St. Etienne, New York.

釜に蓋をしてそっぽを向いたとしても、ロブスターが蓋を押しのけようとカタカタ音を鳴らすのが聞こえてくる。あるいは、のたうち回って鋏が釜を擦《こす》る音。要するにロブスターは、私たちが煮え返る湯の中に落とされた時とほとんど同じような振る舞いをするのである（もちろん、悲鳴は別だが）。より率直にいえば、ロブスターはとてつもない苦痛を味わっているように振る舞う。それゆえ一部の料理人は台所を去り、小さな軽量プラスチックのオーブン用タイマーを手に別の部屋へ移って、全てが終わるのを待つ。(34)

海に暮らしていれば、ロブスターは一〇〇年以上を生きることもある。かれらは触覚を使って匂いを嗅ぎ、肢の感覚毛で味を確かめる。その身体に具わる感受性、そして生きながら煮られることへの目に見える抵抗――沸き立つ鍋の縁から這い上がるさまなど――を振り返れば、かれらの苦痛が甚大であるのは疑いの余地がない。釜をこすり、蓋を押しのけようとするロブスターたちの行動は、かれらの苦しみを物語っている。そして一部の料理人が部屋を出てタイマーを仕掛けるのは、ロブスターの生きる意志が認知されていること、それでも一部の人間はかれらの訴えを聞かずして、むしろその声を無視することの表れにほかならない。

動物たちの生きる意志は、抵抗や脱走の防止を企図した屠殺場の複雑な構造物からも窺い知れる――狭い整列路や通路、天井の遮蔽、動物たちが向かわされる畜殺室がその例である。屠殺場内部で、被畜産動物たちは解体に先立ち逆さに吊るされる。かれらはしばしば生きたまま皮を剝がれ、熱湯容器に放り込まれる。ある工業化した屠殺場では、「九時間の労働日一日につき、一二秒ごとに」動物たちが殺される。[35] これら恐怖の空間では、屠殺ラインの効率性維持が至上命令となる。[36] 屠殺前の動物たちを失神させる鋼鉄製のボルト弾は、一発目で狙いを外すことが多く、そうなれば意識を残すかれらは生きるための格闘を続ける。動物たちは個人宅の裏庭屠殺場でも抵抗するので、そうしたところでは対策として柵や鎖や他の抑制手段を用いる。

本章では動物たちの抵抗の動機を詳しく調べてきた――とりわけ注目したのは、人間社会に絡め取られて悪影響を受ける動物たちがいる中、その生を統べる社会条件が生み出している動機である。利益を優先し、生きる存在を《財産》へと変える資本主義社会では、立ちはだかる門や扉、柵、その他の障壁を乗り越えた動物たちですら、なお分が悪い。それでもかれらは、みずからの自由を妨げるべくつくられた機構とイデオロギーに闘いを挑み続ける。第二部では、動物たちがいかに抵抗するのかを主題とし、初めにかれらの社会的・政治的行為者性を検証する。

注

(1) Barbara Noske, *Beyond Boundaries: Humans and Animals* (New York: Black Rose Books, 1997), 22.

(2) Gabriela Cowperthwaite, *Blackfish*, DVD, Magnolia Pictures, 2013.

(3) Eric Hoyt, "The World Orca Trade," *PBS*, 1992.

(4) Michael Loadenthal, "Operation Splash Back! Queering Animal Liberation through the Contributions of Neo-Insurrectionist Queers," *Journal for Critical Animal Studies* 10, no. 3(2012): 84.

(5) Bekoff and Pierce, *Wild Justice*.

(6) John Knight, *Waiting for Wolves in Japan: An Anthropological Study of People-Wildlife Relations* (Oxford: Oxford University Press, 2003), 73.

(7) Ker Than, "Gorilla Youngsters Seen Dismantling Poachers' Traps—A First," *National Geographic*, July 18, 2012.

(8) Kinder World, "Mother Cow Protects Baby Calf, Attacks Dairy Farmer," YouTube video, 0:18, March 24, 2018, https://youtube.com.

(9) Ameena Schelling, "Dolphin Escapes from Infamous Hunt—But Refuses to Leave His Family," *The Dodo*, January 24, 2017, https://www.thedodo.com.

(10) Bekoff and Pierce, *Wild Justice*, 21.

(11) Diane Leigh, "Justice: . . . For They Shall Be Comforted." In *Ninety-Five: Meeting America's Farmed Animals in Stories and Photographs*, ed. No Voice Unheard (Santa Cruz, CA: No Voice Unheard, 2010), 53.

(12) Bekoff, *The Animal Manifesto*, 116.

(13) Frans de Waal, *Good Natured: The Origins of Right and Wrong in Humans and Other Animals* (Cambridge, MA: Harvard University Press, 1996).

(14) Bekoff, *The Animal Manifesto*, 70.

(15) Bekoff, *The Animal Manifesto*, 70.

(16) Edward Westermarck, *The Origin and Development of Moral Ideas* (London: Macmillan and Co., 1912), 38.

(17) Frans de Waal, *Are We Smart Enough to Know How Smart Animals Are?* (New York: W.W. Norton & Co., 2016), 18.

(18) "Revenge Attack by Stone-throwing Baboons," Ananova, December 9, 2000, https://www.cs.cmu.edu/~mason/baboons09122000.pdf.

(19) Hribal, *Fear of the Animal Planet*, 24.

(20) John Vaillant, *The Tiger: A True Story of Vengeance and Survival* (Toronto: Vintage Canada, 2011).

(21) Vaillant, *The Tiger*, 118.

(22) Vaillant, *The Tiger*, 282.
(23) Vaillant, *The Tiger*, 282.
(24) Vaillant, *The Tiger*, 138.
(25) As cited in Vaillant, *The Tiger*, 136.
(26) Aline A. Newman, *Ape Escapes! And More True Stories of Animals Behaving Badly* (Washington, DC: National Geographic Children's Books, 2012), 30.
(27) Newman, *Ape Escapes!*, 26.
(28) "Bossy Holds Up Trains," *Abbeville Progress*, June 13, 1914, https://chroniclingamerica.loc.gov.
(29) Nibert, *Animal Oppression and Human Violence*, 111.
(30) Rudolf A. Clemen, *The American Livestock and Meat Industry* (New York: Ronald Press Co., 1923), 198.
(31) "Steer on a Rampage Tosses Two in Street," 55.
(32) Chris Pleasance, "This Little Piggy's Not Going to Market: 'Babe' the Porker Escapes Slaughterhouse Van by Leaping 16ft to Freedom . . . and Avoids the Chop after Being Adopted," *Daily Mail*, June 3, 2014.
(33) Animal Place, "How a Leap of Faith Saved a Pig . . . and Nine More Lives," November 4, 2015, http://animalplace.org.
(34) David F. Wallace, "Consider the Lobster," *Gourmet*, August 2014, 62–63.
(35) Pachirat, *Every Twelve Seconds*, 138.
(36) Gail A. Eisnitz, *Slaughterhouse: The Shocking Story of Greed, Neglect, and the Inhumane Treatment inside the U.S. Meat Industry* (Amherst, NY: Prometheus Books, 2007); Pachirat, *Every Twelve Seconds*.

第二部　いかに動物たちは抵抗するのか

第四章　動物たちの社会的・政治的行為者性

動物の抵抗は、社会的・政治的意味で捉えれば、人間が構築した分割線を破る、あるいはそれに報復を仕掛けることで、幽閉その他の抑圧的条件から自由になろうとする、動物たちの闘いであり企てである。その抵抗は逃走、報復、他の動物の解放、および日常的な反抗となって表れる。抵抗は馬が騎手を落とす例のように積極的な形をとることもあれば、虎がサーカスで芸を拒む例のように消極的な形をとることもある。また、人間に理解できない抵抗もある。内省を伴う意図性は抵抗の必須条件ではないが、動物たちの抵抗は個人の抑圧者もしくはより大きな抑圧システムや抑圧的業務からの自由を求める願望と切っても切れない。動物たちは歴史を通し、「人間集団にあらゆる想像や秩序を書き込まれる受身の平面」として扱われてきた。しかしかれらは人間の鏡となるために存在しているのではない。[1]自力で世界を生きるその営みが妨げられないかぎり、この星の多様な動物たちは自身の生を統べる。かれらは意図と目的をもって行動し、選択によってみずからの社会的・政治的・文化的・自然的環境に影響をおよぼす。

動物の境界破り

地理学者のクリス・ファイロとクリス・ウィルバートによれば、人間以外の動物たちは「私たち人間の秩序を揺るがし、破り、それに抗いさえする」[2]。飼い馴らされた動物たちも自由な動物たちも、人間が構築した規範的社会空間、すなわち「人間によってつくられ、動物たちを取り囲むように警備される」空間を破って、その物理的な場と、そこでみずからに割り振られる役割の双方を脱する。(3)囲いを逃れる、あるいは抑圧の道具を壊すといった仕方で、動物たちは幽閉の境界とみずからに期待される役割を打ち破る。植民地化され、拘束され、強制移住させられた状況での境界破りを通し、かれらは街路をはじめ、「場違い」とみなされる空間を占拠する。動物たちは幽閉の場の空間的制約を破ることで「場違い」となり、かつ自然の環境と生を奪われた空間の中で「場違い」となる。(4)動物たちが人間の秩序に抵抗するのは、人間支配の社会でかれらが居所を奪われている状況でのことであり、これは自然の生息地で人間以外の捕食者や自然の力に抵抗することとは同列に語れない。もっとも、後者の状況における行為者性も重要には相違なく、人間に対する動物たちの抵抗に関して洞察を与える可能性もある。動物事業の空間的制約を破る動物たちは、この「場違い性」を「目立って劇的」に表し、倫理的な危機を招来する。(5)例えば被畜産動物たちはもはや街道に姿を現さないものと思われており、市場や競売場や屠殺場を逃げ出した際には、その出没が人々の不安とメディアの騒ぎを掻き立てる。

ニューヨークは境界破りをする被畜産動物たちや、その街路における受容と排除を分析するうえで特記に値する場所である。脱走動物たちは市街でよく見られた。その目撃談が詳しく記録された要因としては、(一)町中で操業する生体動物市場は屠殺と販売の時まで動物たちを家屋に繋いでいた、(6)(二)市の港に停まる畜牛船が屠殺用の動物たちを運んでいた、(7)(三)新聞記者は市内で動物たちが脱走した際の大騒ぎを絶えず書き留めてきた、などが挙げられる。例えば二〇一二年の記録だけでも、市内の屠殺場と生体市場から一〇〇頭以上の被畜産動物たちが脱走している。(8)また、ニューヨーク州は元被畜産動物たちの最初のサンクチュアリが設けられた場所でもある。

一九世紀以来、動物の抵抗はニューヨーク市内で記録されてきた。その内容は象や狼の脱走から、牛や熊のそれにまで至る。屠殺場は市街地の産業と思われていないのが普通であるが、視界から隠されているだけで、多くは市内（とその外）に位置していた。『ニューヨーク・タイムズ』紙は屠殺場からの脱走動物、特に牛の記事を多数掲載してきた。動物たちは場所を移動させられている最中に、ゲートやフェンスを乗り越え、移動する車両から飛び降りることで脱走する。記者は脱走を詳しく仰々しく、胸躍る追跡として描いた（一八七七年の記事「荒牛放《あらうしはな》たる——群れを逃れた牛の胸躍る追跡の一幕」、一八七八年の「荒牛の長距離走——警官らの胸躍る追跡」など）。逃亡中の動物たちは、こうした追跡を恐れなければならなかった。制御不能・非人間・野生・異常とみなされた者たちは、共同体の脅威と目され、鎮圧と追放に見舞われたからである。

動物たちが街道にいることをめぐっては論争があった。屠殺屋と市当局は市内のどこに動物産業を置くか、そもそも（地方ではなく）市内に動物産業を置くのかを言い争った。一八、九世紀には衛生管理と倫理的懸念を理由に、公共空間からの動物排除を人々が求めだした（対照的に、一部の人々は特定の動物、例えば豚などが、道に捨てられた食べものを平らげるということで、いればよいではないかと考えた）。人々の圧力は「食肉」産業の地理的変化を生み、大規模な「解体」ラインはシカゴやシンシナティのような市街地を拠点とする一方、ニューヨークその他には鉄道による冷凍輸送での供給が行なわれだした。ニューヨーク市民は以後、「インディアナ州で育ち、シカゴで捌かれた豚のベーコンを食べられる」ようになった。(9)

一九世紀、牛たちは様々な地点からニューヨーク市に運び込まれた。ニュージャージー州からはフェリーで、ウェストチェスター郡やダッチェス郡からは徒歩で、州北部からはスループ帆船で来た。[10] 牛たちはコーリアアーズ・フックやラトガース通りの西に船で届けられ、そこから「終日、容赦なく通りを歩かされた」。[11] 一八二〇年以降に西部から牛たちが運ばれた一方、一八二〇年代後期にはロングアイランドで豚や鶏の飼養が始まった。[12] 一九世紀中葉には市内に二〇六軒の屠殺場が並び立った。[13] 多くは一番通り沿いの四二番街から四六番街におよぶ「屠場中枢」に位置した。屠殺場はひどい臭いで悪名高く、一八六九年にはマンハッタン四〇番街以南での「家畜」事業が禁じられた。[14] 一九二〇年、地域区分条例は被畜産動物の大半をアメリカの諸都市から追放する。

動物の行為者性をめぐる問題と、それによるニューヨークからの被畜産動物の追放を考えるうえで、よい比較対象になるのは、ビクトリア朝ロンドンの街路から牛、豚、羊が排除された歴史に関するクリス・ファイロの研究である。一九世紀、「食肉」産業の空間的再編成によって、屠殺場と生体市場は市街地に置かれた。ロンドンの街道では動物たちが方々《ほうぼう》に追い立てられていたので、その苦しみや正常な身体の活動は一般大衆も目にするものだった。[15] 時には群れの一頭が放たれて大混乱をもたらす。動物たちは店の窓を突き破るなどの侵犯行為におよんで危険視され、その身には虐待が加えられたが、こうしたことはビクトリア朝の道徳と経済的安定に背《そむ》くものとみなされた。動物たちがもたらす混乱は、文明化した近代の国体という幻想に矛盾した。結果、空間的解決として、被畜産動物たちは「獣ではなく人のための場所とみられだした」都市からは締め出され、「混み合う市場や町の通りで御しにくかった獣らにふさわしい」とされる田舎や町はずれへと追いやられた。[16] 被畜産動物たちが都市から排除されたことは、西欧における人間と「家畜」の分離、そして都市と地方の区画化の強まりを象徴した。

図版 26　ゴドフロワ・デュラン「ロンドン素描集、牛の迷惑」エングレーヴィング、『ザ・グラフィック』1877 年 1 月 27 日。

都市における動物の包摂と排除、その「場相応性」と「場違い性」は、保健・衛生・道徳・都市化など、様々な要因から生じた。下からの歴史を顧みた時、ニューヨーク市の街路に動物が現れることへの反発は、どこまで動物たち自身の境界破りに起因したといえるだろうか。

動物の世界形成

一九世紀ロンドンからの被畜産動物排除に似て、被畜産動物たちの逃亡は時おり屠殺場の歴史を語る際に言及され、ニューヨークで動物産業を監視下に置くべき理由（少なくともその一つ）とされてきた。これにより、全てではないが多くの事業者は店を畳んだ。[17] マンハッタンでは脱走した被畜産動物たちが街路へ現れることで、そうした動物たちは地方のみに属し存在するという観念を揺るがした。

例えば一九三九年に刊行されたある町案内は、現代的な公衆衛生秩序のもと、マンハッタンの「屠殺場地帯における最も好ましくない諸側面」が拭《ぬぐ》い去られた次第について説明する。ボロ小屋や強烈な悪臭と並び、案内書は「脱走する家畜」を、過去のものとなった当の好ましくない諸側面の一つに数える。(18) ここでは現代的な公衆衛生が、屠殺場を近郊から締め出した理由として挙げられているが、「脱走する家畜」を通し、人々が自分の食卓に載ったかもしれない者と対峙する事態が生じることも、この締め出しが進められたもう一つの理由に違いなかった。

もう一つ例を引くと、エドウィン・バロウズとマイク・ウォレスは、変わりゆく都市の屠殺場風景を論じる中で、有名な飲み屋「牛頭庵」(図版27) が一九世紀初頭にマンハッタン近郊から立ち退かされたのは、「時おり若牛が暴れ回って通行人に角を突き立てる」こと (動物たちの脱走と報復) が原因の一つだったと指摘する。同店はマルベリー通りやそのそばの屠殺場で働く牛飼いや牛追いや肉屋を顧客としていた。バロウズとウォレスはいう。

バワリー・ビレッジは胸が悪くなるような屠殺場と皮なめし工場で悪名高かった。一八二五年になってもなお、ダニエル・ドゥルーのような州北部の牛追いが例年通りおよそ二〇万頭の畜牛を駆って、豚やら馬やら騒ぎ跳ねる子羊やらの大群ともども、キングス・ブリッジを渡って道を行き、マンハッタンを下ってヘンリー・アスター営む牛頭庵や付属の屠場《とじょう》へと至る。……［一部の顧客らは］バワリーをもう少し品のある土地にしたいと願った。ひどい臭いにいつまでも途絶えない牛や馬や豚の鳴き声、それに時おり若牛が暴れ回って通行人に角を突き立てる騒ぎもあることから、ここに狙いを定め、かれらは地域から牛頭庵を立ち退かせる作業に取り掛かった。(19)

図版 27　バワリー・ビレッジの牛頭庵ならびに屠殺場所有の付設繫留場。19 世紀。

牛頭庵のそばに位置した中央部の家畜置場《ストックヤード》は、この時代に町を歩かされていた牛や豚や羊たちがたどり着く終点だった——が、それは同時に、かれらが逃げ出す場所でもあった。

第一章でエミリーの物語に即して論じ、第七章でもさらに深めたい点であるが、抵抗する動物たちとの邂逅《かいこう》は、目撃者に変化を促す時、さらなる境界破りを引き起こす。一八、九世紀以降、産業の急拡大は動物たちの生を劇的に変え、かれらを「明瞭な視界から隠された」存在とした。しかしデジタル化が進んだ二一世紀の現在、マンハッタンの街道を逃走する動物たちの姿は動画に記録することができ、それはソーシャルメディアを介して急拡散される。拡散された動画は、一八、九世紀とは大きく異なる効果を人々にもたらす。ソーシャルメディアの風景に組み込まれると、動物たちの物語は多数の観衆に届き達する。現状維持を望む者らは動物たちの抵抗を軽んじ、逃げ出す動物は例外にすぎない、動物は意識がなく本能だけで動いている、と論じる。してみると——これはあくまで動物たちの抵抗を探究する一つの切り口にとどまるが——、境界を破り抵抗する動物たちが、意図してそれをしているのかは、考えてみる価値がある。

動物の意図性

研究者らは、人間以外の動物たちが意図性のような認知機能を持つのか、その行動は意識ある内的経験を伴っているのかを問うてきた。[20] この星に暮らす何百万種もの動物たちは、様々なレベルの意識を具える。一次意識は多くの動物にみられる知覚的意識で、自己身体の自覚も含む。反省意識というものもあり、これはみずからの思考の自覚や、自分が何かを感じている、考えているという理解を指す。後者はかつて人間にしかないと信じられていたが、同じ意識形態は大型類人猿にも認められ、これを経験する他の種も存在すると考えられる。地球に生息する多様で独特な種が具える意識の全容は人知を超えるが、人間以外の動物たちがその時々の意識を持ち、意図的な行動をとることは分かっている。二〇一二年、著名な科学者らが発表した「人間以外の動物意識に関するケンブリッジ宣言」は次のように述べた。「集積する証拠が示唆するところでは、人間以外の動物たちは意識状態の神経解剖学的・神経化学的・神経生理学的基質ならびに意図的行動を示す能力を有する」。宣言が認めるように、多くの動物たち——あらゆる哺乳類・鳥類・頭足類ほか——が意識を持つ存在であることは膨大な証拠によって示されている。

動物たちが持つ意図性の形態は分かれる。意識的な意図の反省を伴わない意図性もある。これは自分が逃げているという事実を概念化もしくは反省せずに、あるいは逃げるかどうかを熟考せずに動物が逃げる場合などに当てはまるだろう。もう一つの意図性は内省的なもので、行動する主体が自分は意図的に振る舞っているということを熟考・概念化・認知している状態を指す。牛に門の掛け金《がね》を外す問題を与える研究では、牛たちが自分の達成に感情的な反応をすることが示された。[21] その反応には内省的意識の鍵となる要素、自己意識が表れている。この種の意図性は、動物が入念に脱出計画を立てる際にも生じるもので、名うてのオランウータン、フー・マンチューやケン・アレンなどにその例がみられる。

動物の抵抗を主題とするアニマル・ボイス・ラジオのインタビューで、ジェイソン・フライバルは抵抗を本能的反応から区別する。サーカス芸を強いられる象を例にフライバルが説明するには、動物たちは抑圧的状況から逃れようと自己利益に反する振る舞いを繰り返す時、抵抗を示している。

幽閉下の動物たちはいずれも、長年の直接経験と学習で体得した反応をもとに、どの行為が褒められ、どの行為が罰せられるかを知っています。象を例に挙げると、かれらのほとんどはブルフックで調教されます。間違ったことをすれば何度も殴られるか棘《とげ》のある先端で刺され、二度とそれをしないよう行動を矯正《きょうせい》されます。ですので、どんな形であれ命令に従わないのは自己利益に反するわけです。殴られたがる者などいませんから。……しかし歴史を振り返れば、幽閉下の象たちがまさにそれをした例がいくらでも見つかります。殴られるにもかかわらず命令を拒み続けたり、故意に調教師を傷つけたり。そしてそれをしたら一旦引き下がって、また同じことをする。なので私はそれを抵抗行為と呼びます。この動物たちはみずからの幽閉に対し、また支配に対し、闘争しているからです。[22]

フライバルがここで明快に説明するように、闘争への罰として自分が暴力を被ると知りながら、それでもなお動物たちが逆らう時、抵抗ははっきりした形をとる。

事実、抑圧者に対し繰り返し反撃する象や他の動物たち、例えば特定の動物園職員や訪問客に狙いを定めるかれらは、意図的に抵抗している。娯楽産業に囚われている象たちは、逆らえばさらなる暴力を受けるおそれがあると自覚しながら、抵抗をなるべく控えようとする本能のたぐいを繰り返し無視する。そこにかれらの反省的意図性を垣間見ることができる。加えて、象たちは一度の抵抗でも意図性を示すことがある。エディの例をみてみよう。二〇一一年一月、ノックスビル動物園にいた二八歳の象が、調教師の頭を金属の柵に叩きつけた。象ディレクターはこれを「悲劇的な事故」と称したが、くだんの象、エディは、攻撃の前に調教師をまっすぐ見据えていた。飼育員が何の物理的な遮蔽《しゃへい》もない環境でブルフックを用いながら象関連の仕事に従事することを許されていたとの理由から、動物園は政府の保健機関に出頭を命じられた。タチアナやほか多数の動物たちと同じく、エディは展示空間に囚われ絶えず人間活動に取り囲まれるという身体的・心理的拷問に対し、意図をもって反撃したのだった。

筆者が定義する動物の抵抗は、このような目的意識にもとづくとは言い切れない行動も射程に含める。動物たちの反逆は、反省的な意図性あるいは意図性の裏付けが観察できるものでなくてもよい。例えば幽閉からの自由を求める視認可能な試みを「脱走」と解釈するのは妥当である。動物の脱走意図が持つ性格について、スティーブン・ボストックはこう論じる。

動物の脱走らしき試み――柵を壊す豹の振る舞いやガラス面を引っ掻くトカゲの振る舞い――

は見える通りのものである。そうした行動に脱走の意図を読み取るのは常に妥当ではないかもしれないが、動物は明らかにそうした意図を抱きうる。極端な例として、非常に小さな、あるいは不適切な檻を考えてみよう。例えば大きな箱でもよい。そこに犬を入れたら、犬は引っ掻き回り、狂ったように外へ出ようとするだろう。犬の行動をそう記述するのは、同じ状況に置かれた人間の反応を同様に記述するよりも妥当性が劣るだろうか。犬が人間と同じく逃れようとしていることは明白ではないだろうか。そうみるのは本当に擬人的だろうか。[23]

小さな牢獄を逃れようとするこの目的を持った試みにどのような意図性を読み取るにせよ、それは抵抗を形づくる。

図版 28　救助された鳥と犬が意思疎通する（Jo-Anne McArthur/ We Animals with the Montreal PROOF SPCA 撮影）。

人間以外の動物たちの認知に関する研究は、かれらが社会的・感情的な生を送っていることを長きにわたり否定してきたデカルト哲学や、その影響のもとに行動する今日の人々に対抗するために必要となる。人間以外の動物たちの意図性や抵抗を議論する際は、地球に暮らす多様な人間以外の種を《人間》に対置される《動物》という総括的概念のもとに均質化してしまうことを避けなければならない。一個の牛、鷲、鼠、鯨、チンパンジーは、各々独自の世界認識の経験と、独自の形態の行為者性を有している。フライバルは、象たちが監禁者への抵抗を繰り返すのはその抵抗が意図的であることの証《あかし》だと論じる。このように、特定の状況に置かれた個や種の議論は、動物の抵抗研究に様々な文脈や位置選定がありうることを認める。

多様な意識や意図性が無数の種に具わっていることが示されてきたが、煎《せん》じ詰めれば、動物たちが意図性を経験しているか、意図性のもとに行動しているかは、かれらの内在的価値とはほとんど関係しない。意図性をめぐる問いは動物の抵抗を概念化する一つの切り口でしかない。と同時に私たちは、多くの他の動物たちが反省的な内面経験を伴った意図のもとに行動している可能性を、人間中心主義の観点から否定してはならない。

動物労働

意図性をめぐる問いは、人間が構築した社会正義の枠組み内で動物たちが演じる役回りについて、考察を促す。例えば動物の労働者たちは労働者階級を構成するのか。かれらは労働者階級の社会正義運動に組み込まれるべきなのか。資本主義社会には二つの主要階級、労働者階級と資本家階級が存在する。カール・マルクスによれば、労働者階級は資本家階級に搾取されることを決定的特徴の一つとする。フライバルは人間以外の動物たちも労働者階級の成員であると主張する。動物たちを労働者と捉える見方は、その論文「動物たちは労働者階級の一員――労働史への異議」で仔細《しさい》に論じられている。食品・製造・運輸・製材産業における動物たちの身体と労働は、産業資本主義の拡張に不可欠だった。今日もなお、牛、豚、羊、馬、鶏たちは、資本主義体制の中で人間と並んで労働し、その生を搾取され商品化されている。フライバルは、産業革命と農業革命における人間以外の動物たちの役回り――商品かつ財産かつ労働者であり、「接収と搾取に逆らう」抵抗者でもあったその役回り――を歴史化することで、人間のみが労働者でありうるという考えに異を唱える。いわく、「動物の権利運動は労働者階級運動の一環だった。両者の形成は常に結び付いていたからである。動物たちは労働者階級の一員にほかならない」[24]。この考え方に則り、フライバルは歴史過程が階級と行為者性の混合因子によって形成されると説く。《階級》という用語は様々な歴史的立役者の関係を指し、例として「所有者」とその「乳牛」との関係や、「乳牛」と他の酪農労働者との関係が挙げられる。

すなわち、動物たちの支援者は、労働者階級のほとんど顧みられない一角をなす者たちの権利を求めて闘争してきたのだといえる。それは労働し、搾取され、殺害される人間以外の動物たちである。かれらがどこまで自身を資本主義の搾取者に対抗する勢力と捉え、どこまでみずからの不満を訴えるかは、私たちには知りえないだろう。しかしかれらは確かにそのような自覚を持ち、不満を伝える。マルクス的な《労働者》と《階級》の概念は人間の構築物であるため、動物たちが資本主義のもとで労働を強いられ抵抗する実態を認めるためにこれらの用語を使う際は、かれらに政治活動を投影することに関し慎重であったほうがよい（第一章で述べたように、このような表象の仕方は依然として反体制的になりうるが）。動物たちを、種の境《さかい》を越える共通の利益を持った労働者と捉えることは、その行為者性と政治的な声を認め、人間支配の世界でかれらの自由擁護を続ける強力な方途となる。抑圧される動物たちは政党や組合のような公式の機関のもとに組織化することがないため、不利な立場にある。よって、雌牛がわが子と乳を盗む者に応戦しうるとしても、同時に人間が彼女らの死地となる屠殺場の閉鎖に努めなくてはならない。

図版29　アフリカン・ワトゥシのオリバー、テキサス州で開かれた日中のフェアにて（Jo-Anne McArthur/We Animals）。

今日、主流社会から労働者とみられている動物たちの大半は、「所有者」や調教師の完全な統制下に置かれている。かれらの労働は長時間におよび、休憩は乏しい。この現実を鑑《かんが》みるに、同意できない動物たちを労働に従事させるのは果たして倫理に適《かな》うのかという根本的な問いが思い浮かぶ（これに対比されるのは、動物たちが自分の好きな労働を自由に選ぶ状況である）。労働の一生はシェルターのガス室に送られる運命や晩餐にされる運命よりは良いかもしれないが、動物たちは人間由来の問題から救われ免れるための借りを私たちに負っているわけではない。例えばオリバーと名付けられたアフリカン・ワトゥシ種の若牛は、テキサス州リバティの「所有者」らの牧場で生まれた大半の子牛たちのように売り払われはしなかったが、「所有者」らのために八年も労働を担ってきた。彼は人気の呼び物とみなされ、人々は金を払ってこのおとなしい若牛と写真を撮る（図版29）。幼い頃から元プロの雄牛乗りである牧場主の一人によって徹底した訓練を受けていたオリバーは、「改良した端綱《はづな》付きの頭絡《とうらく》」に応えると記されている（端綱は鼻を取り巻く革で、装着した動物の顔の局所に圧力を加える(25)〔頭絡は牛や馬の頭部に着ける一式の器具〕）。

無論、不幸や苦痛が常に抵抗を引き起こすとはかぎらない。人間の場合もそうであるように、動物たちが抵抗しないからといって、かれらが労働を楽しんでいる、あるいは労働が適切であるとはいえない。トラウマや痛みの経験をどう処理するかは個によって違う。希望を捨て、黙って重荷に耐える者も珍しくない。キャスリン・ガレスピーが論文「人間以外の動物の抵抗と生きた財産の不当性」で説明するように、被畜産動物たちに行なわれる徹底的な育種では、目立つ抵抗気質が淘汰され、最も従順な個体が選別交配される。酪農業の民族誌調査を行なっていた最中、ガレスピーが農家の一人から聞いた話によると、「農場にいた幾頭かの雌牛らは、最初の一、二頭の子牛を取られた際には抵抗して塞《ふさ》ぎ込んだものの、それが常に行なわれることだと知ると、『ただ諦めた』様子だった」という(26)。この悲痛な報告から分かるように、動物たちの抵抗はその意志を前景に浮かび立たせるとはいえ、目に見える抵抗がないとしても、それはかれらが満足している証や状況が適切である証には決してならない。抵抗すべく立ち上がる代わりに、幽閉生活と汚染環境、それに絶えざる剝奪と繰り返される離別によって、完全に心が砕かれることはある。さらなる痛みを被るような危険を冒《おか》したくない者、抵抗が果たしてうまくいくかを疑う者、家族を後に残すことを気にする者、一寸先の闇に飛び込むことを恐れる者もいる。

動物の抵抗は社会的・政治的現象である。証拠資料が示すように、人間以外の動物たちは搾取を実感してそれに応戦すべく、檻からの脱出、自己防衛の報復、演技や服従や生産の拒否を企てる。動物たちの境界破りと行為者性は、一九世紀から二〇世紀のマンハッタンでかれらが逃げ出した際の反響を読んでも確認できる。街路を占めた動物たち、境界を破った動物たちは、組織的統制とおのが身におよぶ攻撃に公然と逆らった。かれらは動物が属すべき場所の観念と、人間が人間以外の自然から一線を画しそれに優越するという、文明化した近代の神話を揺るがした。行為者として、また労働者として、多様な動物たちは種々の状況の中、みずからの環境を能動的に変えてきた。

注

(1) Philo and Wilbert, "Animal Spaces, Beastly Places," 5.
(2) Philo, "Animals, Geography, and the City."
(3) Philo, "Animals, Geography, and the City," 656.
(4) Philo and Wilbert, "Animal Spaces, Beastly Places," 2000.
(5) Philo and Wilbert, "Animal Spaces, Beastly Places," 22–23.
(6) Anne Barnard, "Meeting, Then Eating, the Goat," *New York Times*, May 24, 2009.
(7) Samuel Plimsoll, *Cattle Ships: Being the Fifth Chapter of Mr. Plimsoll's Second Appeal for Our Seamen* (Whitefish, MT: Kessinger Publishing, 2007).
(8) Verena Dobnik, "Animals Given New Lives After Escaping Slaughter," *The Day*, August 24, 2013, https://www.theday.com/article/20130824/NWS13/308249969.
(9) Dutkiewicz, "Transparency and the Factory Farm," 24.
(10) Roger Horowitz, "The Politics of Meat Shopping in Antebellum New York City," in *Meat, Modernity, and the Rise of the Slaughterhouse*, ed. Paula L. Young (Lebanon, NH: University Press of New England, 2008), 169.
(11) Jared N. Day, "Butchers, Tanners, and Tallow Chandlers: The Geography of Slaughtering in Early-Nineteenth-Century New York City," in *Meat, Modernity, and the Rise of the Slaughterhouse*, ed. Paula L. Young (Lebanon, NH: University Press of New England, 2008), 181.
(12) Horowitz, "Politics of Meat Shopping in Antebellum New York City," 169.
(13) Horowitz, "Politics of Meat Shopping in Antebellum New York City," 170.
(14) Horowitz, "Politics of Meat Shopping in Antebellum New York City," 170.
(15) Philo, "Animals, Geography, and the City."
(16) Philo, "Animals, Geography, and the City," 671.
(17) 例えば、Edwin G. Burrows and Mike Wallace, *Gotham: A History of New York City to 1898* (New York: Oxford University Press, 1999), 475; Federal Writer's Project, *New York City*, vol. 1, *New York City Guide* (New York: Random House, 1939), 211.
(18) Federal Writer's Project, *New York City*, 1:211 を参照。
(19) Burrows and Wallace, *Gotham*, 475.
(20) Bekoff, *The Animal Manifesto*, 116; Best, "Animal Agency"; Hribal, *Fear of the Animal Planet*; Hribal, *Animals Are Part of the Working Class Reviewed*; Philo, "Animals, Geography, and the City"; Wilbert, "Anti-This—Against-That."
(21) Amy Hatkoff, *The Inner World of Farm Animals: Their Amazing Social, Emotional, and Intellectual Capacities* (New York:

Stewart, Tabori & Chang, 2009), 62.

(22) Jason Hribal, "Animals Are Part of the Working Class: Interview with Jason Hribal," interview by Lauren Corman, Animal Voices Radio, November 28, 2006, https://animalvoices.ca/2006/11/28/animals-are-part-of-the-working-class-interview-with-jason-hribal/.

(23) Stephen Bostock, *Zoos and Animal Rights: The Ethics of Keeping Animals* (New York: Routledge, 1993).

(24) Hribal, "Animals Are Part of the Working Class," 436, 453.

(25) "Watusi Steer Brings in Crowds," *Farm Show Magazine* 41, no. 6, 2017.

(26) Gillespie, "Nonhuman Animal Resistance and the Improprieties of Live Property," 129.

第五章　動物の抵抗方法

動物たちは人間支配に様々な形の抵抗で応えてきた。脱走・解放・報復・日常的反抗などである。脱走は道具や戦略やシステムの間隙《かんげき》を利用するなど、諸々の手段で拘束を逃れることを指す。解放は動物たちが他の動物らを拘束から解き放つことで、檻や門を開ける、障壁を壊す、仲間を危害の降りかかるところから立ち退かせる、などの手法に分かれる。報復は動物たちが拘束者もしくは脅威や自由の妨害者とみた者に応戦することをいう。日常的反抗はしばしば不服従となって表れる。動物たちは足を引きずり、仕事を断り、持ち場を離れ、方向を無視し、演技を拒み、備品の破壊や囲いの損傷といった財産損壊におよぶ。人間の観察者にはおそらく決して十全には理解できないであろう暴力への抵抗もある。以下の検証ではあらゆる動物の抵抗形態を要約することは試みず、むしろ記録されてきた共通形態のいくつかを調べ、人間以外の動物たちがその行動で伝える訴えを認識・熟考することをめざす。

脱走

動物たちは日々、人間支配の抑制的世界から脱走しようと試みる——無機質な実験施設のケージから、大きな倉庫の小さな檻から、あるいは騒音の絶えない展示空間の囲いから。かれらは門を通り抜け、柵を跳び越し、掛け金を外し、トレーラーから飛び降りる。街道や草原や林野を駆け、湖や川を泳ぎ渡り、排水管から這い出し、檻を潜り抜け、町や森の上空を飛ぶ。時にかれらはすぐ再捕獲される。しかし時に、羽や毛皮や鱗《うろこ》、鰓《えら》、鰭《ひれ》を具える逃亡者たちは自由の内にとどまり、野生の生活に移るかサンクチュアリに居所を得る。ある時は多くの動物たちが一挙に逃げ出す。折れた木の枝を伝って檻を抜けた三頭のレッサーパンダ、あるいは独・バイエルン州北部の移動サーカスから謎めいた方法で逃げた八頭のラクダがその例となる。

　いくらかのフラミンゴたちも脱走に成功して有名になった。その飛行能力と適応能力は強みをなす。脱走したフラミンゴたちは土地から土地へと渡りをしつつ、自然界で数年を生きた。一九八八年、ピンク・フロイドと名付けられたフラミンゴがトレイシー・エイビアリーから逃げ出し、グレートソルトレイク地域の人気者になった。[1] ピンク・フロイドはグレートソルト湖のほとりを越冬地として、アルテミア〔甲殻類の一種〕を食べ、鳥の仲間たちに加わった。春と夏には北上してモンタナ州やアイダホ州へ向かう。ピンク・フロイドを扱うウェブサイトによれば、彼は北からコハクチョウの群れと渡って来た時を除けば、カモメの集団に混ざっているところをよく観察されたという。[2] ピンク・フロイドの熱烈なファンたちは、彼を孤独にしないよう、他のフラミンゴを湖に連れて来てほしいと知事らに掛け合ったほどだった（しかもそのために二万五〇〇〇ドルを調達した）。州の役員らが環境面の懸念を理由に計画の邪魔をすると、ファンたちはプラスチック製のフラミンゴ模型をつくってピンク・フロイドに与えた。彼の姿は二〇〇五年、アイダホ州で観察されたのが最後だった。その後の彼に何があったかを示す確証はないが、多くの人はピンク・フロイドが二〇〇五年から翌年にかけての冬に他界したものと信じている。

　二〇〇五年六月二七日、二羽のフラミンゴがカンザス州ウィチタのセジウィック郡動物園から逃げた。二羽はその少し前にタンザニアから連れて来られ、ＩＤタグで知られるようになった。一羽は４９２である。その年の後半、バードウォッチングのグループがウィスコンシン州で一羽になった４９２を見かけた。パートナーは死んだと思われた。同年の冬、４９２は南へ飛んだ。ほぼ同じ頃、ユカタン半島にある自然保護区のコロニーから一羽のフラミンゴが抜け、北へ飛んだ。その後、ルイジアナ州とテキサス州の浜に集う鳥愛好家が喜んだことに、この異なる背景を持ちながらも脱走した過去を共有する二羽の逃亡者は、ともにいるところを目撃された。新しくやって来た小さなほうの、中南米を原産とするピンクフラミンゴは、同じく名前タグで識別された。タグにはＨＤＮＴとあった。一枚の写真が、浅瀬に並ぶＨＤＮＴと４９２の姿を捉えている。どちらも片方の脚に黄色い名前タグが巻かれ、幽閉された過去を伝えていた。二〇一五年、脱走から一〇年を経た４９２は、テキサス州レフュージオ郡で再び一羽になっている姿を目撃された。二〇一九年五月、４９２はやはりテキサス州で目撃され、推定二三歳を迎えていた。

　動物園に囚われたオランウータンたちにとって、脱走は「一点に絞られた執念」になる。(3)かれらは創意と根気と集中力を併せ持ち、数日数週間をかけて入念に脱走計画を練ることもある。その計画は時に手の込んだ内容となり、必要な道具を見つけることから、意図や行動を隠すこと、計画実行の完璧なタイミングを待つことにまでおよぶ。(4)オランウータンたちは数週間にわたり毎日作業を続け、檻のスクリューとボルトを外してそれを職員から隠すこともあった。(5)ある事例では、監禁されたオランウータンが草の塊《かたまり》を防護用の手袋にして手を守りつつ、電流の走る熱線を登った。第三章で紹介したフー・マンチューとケン・アレンの物語からは、この二頭が脱走の名手となって、その計画を阻止しようとする監禁者らのしつこい対策にも負けずに数度の脱走をしおおせた次第が分かる。

ルイジアナ州コビントンに位置するテュレーン国立霊長類研究センター（ＴＮＰＲＣ）では、集団脱走が繰り返されてきた。この生物医学研究所は五〇〇〇頭を超える猿を動物実験のために収容する。最初の大きな集団脱走は一九八七年に起こり、この時は一〇〇頭のアカゲザルが脱獄して近くの沼地へ逃走した。[6] より最近の例では二〇〇五年、五三頭の猿が同施設を抜け出した。猿たちを入れる檻がしっかり閉められていなかったのが原因だった。観察で得た開け方の知恵を駆使して猿たちは逃げ去った。様々な実験を行なう施設に数千頭の猿を売る繁殖施設、アルファ・ジェネシスでも、協力し合う猿たちの脱走があった。同社はストレスや寒さ、喉の渇き、幽閉された他の動物による襲撃などで猿たちが死ぬ事態を放置していることで悪名高い。二〇一六年、サウスカロライナ州イェマシーに位置するアルファ・ジェネシスの研究施設で、一九頭の猿が傷んだ金属柵の突起を足場に、高さ一二フィート〔約三・七メートル〕の障壁をよじ登って逃亡を果たした。それ以前にも多数の猿たちが施設から逃げ出している。二〇一四年には二七頭が脱走し、うち一頭は再捕獲を免れた。過去の年月にあまりにも多くの猿たちが幽閉環境を逃れているため、いまやアメリカには自由に暮らす猿たちが多数いる。しかし実験施設から逃げようとした際に負傷した猿や死亡した猿も多い。[7]

協力と提携は動物たちの社会生活で重要な位置を占め、[8] 抵抗において大きな役割を果たすこともある。オランダのアーネムにある四五ヘクタールのロイヤルバーガーズ動物園では、あるチンパンジーの群れが見事な組織的脱走を企てた。エミール・メンゼルという研究者はこの脱走を動画に収め、一九七〇年代（人間以外の動物たちによる道具使用がまだ論争の的だった時代）に講義で事件のことを詳しく語った。まず、チンパンジーらは丸太を見つけ、協力してそれを囲いの中に入れた。丸太を壁にもたせ掛け、数頭のチンパンジーが固定しているあいだに数頭がそれを登った。計画は複雑だった。かれ

図版30　フロリダ州ピネラス郡で、ともに囲いから脱走した雌牛と山羊。ZUMA ワイヤ発行『タンパ・ベイ・タイムズ』1987年1月「野生の側を行く」より（Joan Kadel Fenton 撮影）。

らは帯電するワイヤーコイルを避けなければならなかった。「重大な局面」では手仕草を使って他のチンパンジーらの応援も呼んだ。(9) 同じ動物園で起こった別の脱走では、チンパンジーらが山形に重なって一頭を囲いの頂上に登らせた。その一頭は下の仲間が登るのを助けた。(10)

　異なる種の動物たちがともに拘束を逃れたこともある。そうした事例の一つとして、一九八七年一月、フロリダ州ピネラス郡のある畜舎から雌牛と山羊が逃げ出した。二頭はアルマートン街道の北、一一九番通りのそばに位置する屋敷を発《た》って、リッジクレスト小学校の向かいを彷徨《さまよ》った（図版30）。地元の保安官代理が駆け付けた時には、二頭は既に元の屋敷に戻っていたという。二〇一六年一一月には、ポニーボーイという豚とジョニーという羊が、サウスカロライナ州の某所から脱走し、道を彷徨っていたところを発見された。

二頭は動物管理局に拾われ地元のシェルターへ送られた後、ファーム・サンクチュアリに救助された。もう一つの複数種の脱走として、ニュージャージー州ハケッツタウンの競売場から数十頭の山羊と羊が逃げたこともあり、これはその前に脱走したフレッドという名の山羊にそそのかされた可能性が高い。

動物解放

動物たちは困っている他者の救出や代理報復を企て、時にそれを成功させてきた。多くの場合、かれらは自分が自由になった後、引き返して囚われの仲間を解き放つ。フレッドの物語を考えてみよう。山羊の彼はニュージャージー州ハケッツタウンで一年のあいだ自由を謳歌《おうか》した。二〇一七年の晩夏、フレッドは同地の動物競売場に拘留され、売却・屠殺される運命だった。しかしそうなる前に、彼は勇気を奮い立たせて脱出を果たした。[11] ここで、以来フレッドは姿をくらましたのだろうと思う人もいるかもしれない。が、彼には別の考えがあった。彼は町にとどまることを決め、時おり不意に姿を見せるようになって、とりわけ地元の警察署周辺によく現れた（大胆な行動である）。結果、彼の人気は高まった。

二〇一八年八月、「都市伝説のフレッド」は、「解放者かもしれないフレッド」になった。同じ競売場に囲われた何十頭もの被畜産動物たちが、不可解にも逃げ出したのである。偶然だろうか。そうも見えない。地元の警察署は、最後の脱走の数時間前にフレッドが競売場付近に見られたと証言する。そしてあくる日、フレッドは脱走が起きた場所に現れ、先ごろ再捕獲された被畜産動物たちを閉じ込めるゲートに頭突きをしているところを競売場の管理者に目撃された。管理者はフレッドを追い払い、彼が集団脱走をそそのかしたのではないかとの見解をすぐに発表した。おそらくフレッドはみずからの自由だけに満足せず、他の動物活動家と同様、仲間にも同じ自由を経験させたいと願ったのだろう。

英・ロンドンのバタシー犬猫ホームでは、犬たちが数日のあいだ毎晩、錠のかかった檻を抜け出してスタッフを悩ませた。(12) シェルターのスタッフは、朝職場へ来ると一区画の檻が開いていることに驚いた。初めは二頭の檻だったが、間もなく一〇頭のそれが開きだした。当初、職員らはしっかり檻を閉めていないことで怒られた。ところが、廊下と台所、およびいつ見ても開け放たれているレッドという犬の檻にビデオカメラを設置してみると、より興味深いことが起こっていた。毎晩、レッドは自分の檻の錠を外していたのである。台所で軽く食事を済ませると、続いてレッドは自分の「親友たち」を檻から出していた。彼は柵に通されたバネ式の留め金《がね》を歯で外す技を覚えていた。この発見があって、スタッフはセキュリティを強化した。レッドは二週間後に里親が見つかったことで、再び檻から自由になった。

互助を示すもう一つの例として、カンザス州ウィチタのチャンゴと名付けられたオウムは、自分が檻を逃れるだけでなく、オオキボウシインコたちの集団脱走を主導した。繁殖用にオウムたちを飼っていた夫妻が週末に家を空けると、彼はこの好機に嘴《くちばし》で檻のネジを外した。自分が抜け出した後、彼は部屋を飛び回って他の鳥たちの檻を開けた。(13) 見張り番の人物はオウムたちが部屋を飛び回っている光景を目の当たりにした。チャンゴは仲間たちに自由を味わわせたが、悲しいことにそれはすぐ奪い去られた。この逸話は彼の創意と共感に加え、自由は仲間とともにあればなお心地よいという真実をも伝えている。

札付《ふだつ》きの鯨《くじら》モカ・ディックは、仲間の鯨たちを解放しようと企てた。一八一〇年前後を皮切りに、彼は太平洋で何艘《そう》もの（ことによると一〇〇艘以上の）船と対峙しながら生き延びた。この全長七〇フィート〔約二一メートル〕の白い鯨は人懐こく遊び好きなことで知られ、しばしば船と並んで泳いでもいたが、自分と他の鯨たちを守る際には獰猛になった。モカ・ディックは一〇艘以上の捕鯨船を沈めたといわれる。チリ沖のモカ島にちなんでこの名を付けられた彼は、一八三九年に発表されたジェレミア・レイノルズの記事「モカ・ディック、太平洋の白鯨――航海日誌からの一ページ」で紹介された。(14) レイノルズによれば、モカ・ディックは一八三八年、子を殺されたばかりの別の鯨を応援しようとして命を落とした。母鯨は子が死んだと分かって捕鯨船への攻撃を試みたが、銛《もり》に撃たれ、中途で殺された。惨状を見ていたモカ・ディックは同じ船に報復した。小舟は壊すことができたが、彼も銛に撃たれて間もなく死亡した。レイノルズはモカ・ディックの体に二〇本以上の銛が見られたと伝える。船乗りの男たちはその体から取れる鯨油と貴重な竜涎香《りゅうぜんこう》を資本に換えた。

が、モカ・ディックの目撃談はこれが最後ではなかった。自然愛好家で鯨の専門家であるリチャード・エリスは、一八四〇年から四二年にかけても彼が船を襲ったとの報告が続いていたと指摘する。(15) のみならず、レイノルズの記事が発表されて一〇年後に、ある男性はモカ・ディックを見たと言い、「一〇〇本とも三〇〇本ともみえる銛の束が、縄の切れ端を漂わせ、苔虫で緑に染まり、フジツボに覆われていた」のにぞっとしたと語った。この証言では、問題の鯨は北極海をホノルルのほうへ向かっていたとのことで、スペリアー号の船長もその姿を見たが、あえて攻撃しようとはしなかったらしい。(16) 歳を取った他の大きな鯨たちがモカ・ディックを思わせる抵抗行為におよんでいたことは充分に考えられる。多くのマッコウクジラたちは、巨万の富を生む捕鯨産業からわが身や仲間の鯨を防衛した。

動物たちが幽閉下や窮地にある他の動物たちを手助けする現象は、種の境を越えることもある。力強い解放の試みの一例はアフリカのクワズール・ナタールで記録されたもので、一一頭の象が私営の鳥獣保護区からアンテロープの一群を助けようとした。一頭の象はアンテロープの囲いに通じる門の掛け金を鼻で外し、脱走を可能にした。(17) こうした事例が示す通り、多くの動物たちは同じ種に属するか否かにかかわらず、仲間の生きものらを自由にしたいと願う。

報復

動物たちは虐待を受けて反撃する。かれらは撃たれて突進する。自己防衛のために道具やわが身を用いる。直接的な人間の暴力とともに、二一世紀には人為による気候変動・森林伐採・汚染が、動物たちを抵抗へと駆り立てている。レベッカ・ソルニットが述べるように、人為由来の「気候変動はそれ自体が暴力である。度を越えた、恐ろしい、長期にわたる、広大な暴力」であり、これは人間と他の動物の双方を害する。(18) レイチェル・カーソンは汚染の有害作用に関する画期的なエッセイの中で、この暴力を「人間(man)の対自然戦争」と言い表した。動物たちとの戦争

図版31　モビー・ディック、捕鯨ボートを弾き飛ばす。モカ・ディックの物語に着想を得たハーマン・メルビルの小説『白鯨』(1930年版)より。ロックウェル・ケント画。

が続くかぎり、かれらは人間の侵略と植民地化に抵抗するよりない。

モカ・ディックと同じく、自分や仲間の鯨のため、抑圧者に報復することで知られたマッコウクジラは数多くいた。有名な抵抗行為として、三頭の鯨を襲って傷つけた船乗りらに巨大な鯨が復讐した例がある。一八二〇年一一月二〇日、ナンタケットを発った捕鯨船エセックス号の乗組員らは、三艘の小舟でマッコウクジラの小群を追跡・襲撃した。一頭に銛を撃ち込んだ時、その尾鰭《おびれ》が先頭の船乗り、オーウェン・チェイスの小舟を傷めた。その後、エセックス号に戻ったチェイスが小舟の修復をしていると、船員らがやや離れたところにもう一頭の、推定八五フィート〔約二六メートル〕にもなるマッコウクジラを見つけた。最初、その鯨は何もせず水面に浮かんでいた。ところが何度か潮を吹いた後、鯨は海に潜って、船から三五ヤード〔約三二メートル〕も行かないところに再浮上した。

巨大な鯨はそこから船に体当たりして下に潜り込み、船底を突いて仮竜骨《かりゅうこつ》をへし折った。鯨は一旦泳ぎ去った後、引き返してもう一度船に近づいてきた。彼は再び突進して今度は船体を砕き、下甲板には水が流れ込んできた。船が沈むのを横目に鯨は去っていき、エセックス号の乗組員らは残骸とともに取り残されて漂《ただよ》った。二日後、船員二〇名は包めるだけのものを包み、帆と帆柱を繋いで三艘の捕鯨用小舟を手繰《たぐ》り寄せたが、そこからは長い旅で、物資は乏しかった。途上、数名の男らは共喰いにおよんだ。苦難を生き抜いた乗組員はわずか八名だった。うち三名は島に残され、救援が来た時には瀕死の状態だった。後に事件を振り返ったチェイスは、鯨の攻撃を復讐の素振りとみて、日誌にこう記した。「彼は我々が少し前に立ち寄った浅瀬から付いてきた。……そこで我々は彼の仲間三頭を襲ったのであるが、追ってきた彼はその苦しみを見て復讐に燃えたかのようだった」(19)。エセックス号を攻撃した鯨の話は、悪名高いモカ・ディックにまつわる数々の報告とともに、ハーマン・メルヴィルの小説『モビー・ディック（白鯨）』の着想源になったと考えられている。

日常的反抗

　動物たちは日常的な目立たない抵抗を行なっている。かれらは群衆から隠れ、故意に演技を手抜き、命令を無視し、労働をやめ、搾取する者に噛みつく。日常的反抗は、抑圧の道具や自分を拘束する物品を破壊するといった形をとることもあり、象のジャネットがトレーラーにブルフックを叩きつけた例などがそれに当たる。日常的な抵抗行為はさらに、抑圧者の道具を自分の目的に使う、つまり抑圧手段を流用するという形もとりうる。こうした流用はジョージ・A・ケネディが「闇にこだまする梟の声――一般的レトリックの進化」で示した例にみられる。「ブリコラージュ」――使えるものを何でも使うこと――の例として、ケネディは地元の市当局がビーバー撲滅のために罠を仕掛けた時、ビーバーらがその罠を自分たちのダムに取り入れたことを挙げる。[20] ケン・アレンが檻に残されたバールを脱走のために流用した例や、フー・マンチューがワイヤーを集めて檻の鍵をこじ開けた例も思い出されたい。

図版 32　入植者ヘンリー・モートン・スタンリーと象、タンザニアにて。エミール・アントワーヌ・バヤール画。

　日常的反抗は命令の拒否となることもあり、例えばショトーカと名付けられた名馬は動くことを拒否した。ある日、ショトーカは競馬のゲートが開いても走ろうとしなかった。以後、彼は競走を拒んだ。この抵抗が重要な意味を持つのは、彼が幼い頃から鞍《くら》と頭絡《とうらく》を装着され、調教によって服従を強いられてきたからである。最高の儲けを生むオーストラリアの競走馬として、彼はそれまでに八〇〇万ドル以上を「所有者」らにもたらした。七たび彼が競走を拒んだ後、「所有者」らは最終警告を受ける――もう一度ショトーカが抵抗すれば引退させなければならない。二〇一八年九月二八日、ショトーカはメルボルンのムーニーバレーで、他の馬や騎手らとゲートに並んだ。ゲートが開いた。騎手はショトーカを蹴り、叩いた。それでも彼は反抗の姿勢を崩さなかった。「所有者」らはこの不服従を認めず、ショトーカを「再教育」しようと訓練士を雇った。訓練士は標準的な業界の手口でショトーカの心を砕こうとした。しかしショトーカは折れなかった。強圧と暴力が加えられると分かっていても動かずにいることを繰り返した結果、彼はついに競馬の世界を逃れた(21)。ショトーカの今後がどうなるのかは分からない。二〇一九年後期、彼はサンクチュアリに引退することを認められずして、代わりに再び芸の訓練を受けた。今度は馬術競技会だった。が、報道によれば、「ちょっとした妨げ」があって彼の競技場復帰は先延ばしになったという。

ブッダも抑圧者にしたがうことを拒んだ動物で、悲劇的な結末を迎えた。ブッダが抵抗する予兆はなかったが、ショトーカと同様、彼の行動は極めて明瞭だった。このオランウータンはかつてクリント・イーストウッドとの共演も果たしたが、一九八〇年にハリウッドのセットで働くことを拒み、調教師から何度も棍棒で殴られた。撮影班はブッダが硬いステッキで殴られるところも見たが、彼はその後もセットに登らされ、演技を求められた。ある日、ブッダがセットにあったいくつかのドーナツに手を出した時、調教師は斧の柄《え》で彼を殴り、死に至らせた。最期の時、彼は檻の中にいた。映画はクレジットからブッダの名を消した。[22] 生きている時から死の時まで、彼がかような暴虐を受けるいわれはなかった。

動物たちの日常的抵抗は日常的暴力への返答である。ガレスピーは動物たちが抵抗した際、人間が暴力によって仕置きをすることがいかに当然化しているかを論じる。動物たちは「日常的な暴力行為（殴打・電撃・殺害など）」に曝されている。これは一種の「単調化」であり、動物たちの商品化と利用を永続させるために必要とされる。[23] ガレスピーが例に挙げるのは畜産競売場で、この空間は抵抗する動物たちを鎮圧するよう特別に設計されている。畜産競売場は動物たちを売買の対象となる所有可能な存在として商品化することを助長するだけでなく、動物の商品化が行なわれる他の空間同様、暴力によって抵抗を鎮圧する。[24] 競売場では被畜産動物たちを殴り、怒鳴り、感電させることが日常化している。ガレスピーが脱走とみる行動に踏み切ったある若牛がそうであったように、逆らおうものなら時にその場で殺されることもある。

動物事業からの脱出に成功した動物たちは、多くの場合、壁・檻・網・柵・鉄格子に覆われた囲いの外の世界を、生まれて初めて経験する。まずは駆け去ろうとするだろうが、かれらは一時であれ、雨やそよ風に喜び、草や土の香りを味わい、新たに見つけた自由を噛み締めることがあるのだろうか——かつてであれば、鳥や虫や人間など、自分以外の生きものにしか与えられていないと思われたあれやこれやを堪能することが？　野生の中へ逃げおおせた動物たちには何が起こるのだろうか。

注

(1) Sarah Laskow, "Why Flamingos Succeed at Escaping the Zoo While All Other Animals Fail," *Atlas Obscura*, June 15, 2015, https://www.atlasobscura.com.

(2) "Utah's Wild Chilean Flamingo: Pink Floyd," Utah Birds, http://utahbirds.org.

(3) Eugene Linden, *The Parrot's Lament: And Other True Tales of Animal Intrigue, Intelligence, and Ingenuity* (New York: Dutton, 1999).

(4) Linden, *The Parrot's Lament*, 154.

(5) De Waal, *Are We Smart Enough to Know How Smart Animals Are?*, 81.

(6) Hribal, *Fear of the Animal Planet*, 96.

(7) Oliver Milman, "'The Stuff of Nightmares': US Primate Research Centers Investigated for Abuses," *The Guardian*, October 28, 2016.

(8) Bekoff and Pierce, *Wild Justice*, 58.

(9) De Waal, *Are We Smart Enough to Know How Smart Animals Are?*, 66.

(10) Linden, *The Parrot's Lament*, 151.

(11) Jennifer Bain and Amanda Woods, "Rogue Goat May Have Helped Dozens of Farm Animals Escape," *New York Post*, August 9, 2018.

(12) Haus of Paws TV, "The Greatest Dog Shelter Escape of All Time!," YouTube video, 3:50, February 24, 2007, https://youtube.com.

(13) Linden, *The Parrot's Lament*, 152.

(14) Jeremiah N. Reynolds, "Mocha Dick: or the White Whale of the Pacific: A Leaf from a Manuscript Journal," *The Knickerbocker* 13, no. 5 (1839): 377–92.

(15) Richard Ellis, *Encyclopedia of the Sea* (New York: Alfred A. Knopf, 2000), 221.

(16) Editor's Table, *The Knickerbocker*, no. 33 (1849): 267–68.

(17) jones, "Stomping with the Elephants."

(18) Rebecca Solnit, "Call Climate Change What It Is: Violence," *The Guardian*, April 7, 2014.

(19) Nathanial Philbrick, *In the Heart of the Sea: The Tragedy of the Whaleship Essex* (New York: Penguin Books, 2001), 91.

(20) George A. Kennedy, "A Hoot in the Dark: The Evolution of General Rhetoric," *Philosophy &Rhetoric* 25, no. 1 (1992): 19.

(21) Animal Resistance, "Chautauqua: The Horse Who Refused to Race," Facebook, September 19, 2018.

(22) St. Clair, "Let Us Now Praise Infamous Animals," 17.

(23) Gillespie, "Nonhuman Animal Resistance and the Improprieties of Live Property," 127.
(24) Gillespie, "Nonhuman Animal Resistance and the Improprieties of Live Property," 126.

第六章　野生の中へ

二〇一八年一月、ヨーロッパバイソンの群れを眺めていた鳥類学者アダム・ズビリットは、その中の一頭に目を引かれた。「ビャウォヴィエジャの森近くでバイソンを見かけるのは珍しくないが、ある一頭が私の目を引きつけた」とズビリットは報告する。「他のメンバーとは全く違う薄茶色の色彩だった」[1]。実はその群れには、同じ地域の農場から逃げ出した一頭の飼い馴らされた牛がいたのだった。彼女は野生界で暮らしたことはなかったが、自由なバイソンたちの群れにすんなり受け入れられていた。脱走した動物たちが自分を幽閉していた物質的障壁を乗り越えると、かれらは地理的障壁をも乗り越えうる——都市と野生、町と森、地上と水域のそれを。この横断は動物たちが人間社会の《どこに》属するかを定める概念的分割線を揺るがす。この牛が自分の帰属を揺るがしたのもその一例で、彼女は財産に指定されたにもかかわらず、バイソンらと自由に暮らす居所を見つけた。この自由はみずからの身を養い守ること、種の壁を破ることも一環に含む（分類学上のウシ亜科には分類されるにせよ）。

飼い馴らされた動物たちの一部は、機会を与えられれば野生に先祖返りする。搾取を逃れるために、かれらは野生に適応し、そこで繁栄しさえする。野生回帰は肉食動物と結び付けられることが多く、例えば猫は不完全に飼い馴らされた動物で、飼育下・野良・野生の境界線上に位置する[2]。しかし既にみてきたように、飼育下と野生の分割線を突破することは草食動物でも盛んに行なう。事実、ジェイソン・フライバルが指摘する通り、スペイン語で「野生の者たち」を表す cimarrones という語は、もともと脱走した牛を指していた。(3)今日の飼い馴らされた牛たちは、角《つの》の一振りで狩人を殺したという野生の祖先のオーロックとは全く違う生きものへとつくり変えられた。しかし完全もしくはある程度の自由がある生活環境で自己表現をすることが許されれば、牛たちは独自の個性と選好と直感(および場合によっては野生の祖先の獰猛さ)を明確に体現する。

境界線上の牛たち

二〇〇五年四月、バーモントの競売場から脱走した牛は、一本の川、数本の道路を渡って、田舎沿いを移動した。旅の到着点は二平方マイル〔約五平方キロメートル〕の森を近くに望む小さな農場だった。農場所有者のチェンバレン夫妻ビルとバーバラは、偶然にもファーム・サンクチュアリの会員で、この時は家にいなかった。後にアニー・ドッジと名付けられた右の牛が最初に発見されたのは、夫妻の留守中にチェンバレン家の鳥の餌台を満たしていた人物が、種を食べた鳥以外の誰かがいると気づいたのがきっかけだった。餌台の下に割れたトウモロコシとひまわりの種が残されているのを目にした彼女は、ヘラジカが訪れたのだろうと思った。(4)が、出先から戻った夫妻が足跡をよく見てみると、形がヘラジカのものより丸かった。「それは牛のアニーが残した足跡だった」(5)。

チェンバレン夫妻が初めてアニーを見かけたのは黄昏時《たそがれ》だった。二人はその日の夕暮れにアニーが庭へ入ろうとしていたのに気づき、以後、彼女の夜の訪問を待ち望むようになった。ある競売場は夫妻のためにアニーを屠殺しようかと申し出たが、二人はその案におののいた。二人は彼女を助けたかった。アニーが撃ち殺されたり、屠殺のために再捕獲されたりしてはならない。問題はどうすればよいかである。二人はアニーに話しかけ、食べものを与えることで、徐々に信頼を築いた。アニーは人間をなお恐れながらも、訪問ごとに長居をするようになった。夫妻は干し草と水を差し出し、少しずつそれを納屋《なや》のほうへ近づけて、穀物や林檎も追加した。二〇〇五年一〇月二五日、アニーは納屋に移り住んだ。

その後、彼女はファーム・サンクチュアリに引き取られ、先住民運動家のアニー・ドッジ・ワウネカにちなんでアニーの名を与えられた。サンクチュアリに来た時、彼女はそこに暮らしていた他の牛たちから慰《なぐさ》められ、なだめられた。その思いやりある歓迎を見て、孤独な数カ月を生きた彼女は中々他の住民らと打ち解けられないかもしれないと思っていた世話係らの懸念は晴れた。アニーは畜産アグリビジネスを逃れた三頭の牛たちと友情まで育んだ。新しい友の一頭はシンシナティ・フリーダムといって、二〇〇二年に六フィート〔約一・八メートル〕のフェンスを越えてオハイオ州の屠殺場を逃れ、クリフトンのマウントストーム公園で一一日間捕まらなかった白いシャロレー種の牛である。(6)ほかの二頭はクイーニーとマクシンで、ニューヨークの生体市場から脱走したその物語は第七章で振り返る。仲良しの四頭は一緒に歩き回って草を食《は》んだ。

ボニーも逃亡中に近隣住民の心を捉えた牛である。二〇一八年、茶色と白が混ざったまだら模様の、まだ生まれて四カ月しか経たない子牛が、ニューヨーク州ホーランドの農場を抜け、森の中へ逃げ込んだ。農家は少し前に他界し、群れは売りに出されていた。トレーラーに押し込まれる家族が叫ぶのを聞いて、何かがおかしいと察したボニーは逃げ出した。脱走した牛が森に住んでいるとの報せはすぐに広まった。近隣住民らは森でちらりとその姿を見かけることがあったが、彼女は素早く茂みに隠れた。数週間が過ぎ、人々はこの子牛がどうやって自活しているのか不思議に思い始めた。蓋

図版 33　ボニー、森の中にて（Farm Sanctuary 提供）。

を開けてみれば、彼女は良い仲間に恵まれていた。猟師が仕掛けたカメラが彼女の姿を捉えたが、多くの人々を驚かせたのは、彼女が独りではないことだった。ボニーは鹿の群れと歩き回り、一緒に餌を探して食べていた。鹿たちは家族を失った彼女が必要としていた仲間になり、野生界で生きるすべを教えていた。のみならず、捕獲の回避も手助けしていたと考えられる。鹿は鋭い感覚を持ち、危険を感じた時は前足で強く地面を叩いて群れに注意を促すからである。実際、二〇一一年七月には、コネチカット州ミルフォードの森へ逃げ込んだ黒いアンガス牛の子が、やはり鹿たちと暮らし、自由の中にいた五カ月のあいだ、その地面を叩く仕草のおかげで二度にわたり捕獲を免れた。

多くのホーランド住民はボニーを応援した。一部の人々はサンクチュアリへの移動を望んだが、彼女はまだ人間を恐れていた。ベッキー・バーテルズという住民が行動に踏み切った。ボニーは鹿に助けられていたものの、危険はあった。住民らは彼女が敷地に入ってきたら殺害するとの脅しを口にしていた。加えて北東部では前年の冬に雪が三フィート〔約九一センチメートル〕も積もった。バーテルズはボニーの信頼を得ようと決め、毎朝六時半に食料と敷藁を橇《そり》に積み、雪の中を運んだ。森を訪れるごとにボニーはバーテルズと打ち解け、ついに近づいてきだした。ほどなく鹿も食べもの目当てにバーテルズに近づいてくるようになった。この作業を続けてもよかったが、バーテルズは近隣住民の脅しを思い出した。そこで、森に暮らした八カ月の秘密生活の後、ボニーはファーム・サンクチュアリに救助された。二週間にわたり三度の試みが要されたものの、最終的にボニーは新たな家へ連れて行かれた。(7)

賢い犬や気高《けだか》い猫の話を聞くのは珍しくない一方、こうした人格的性質が被畜産動物らに認められることは多くない。二〇一一年五月、イヴォンヌと名付けられた六歳の牛がドイツの小村ミュールドルフの酪農場から脱走した際は、その生活に意味付けがなされた。彼女は国民的情緒（小さな村の独立）の象徴となり、正義を求める自由の闘士にもなった。イヴォンヌは数カ月を森で過ごしたが、その間にタブロイド紙は彼女に一万ユーロの懸賞金を懸けた。地元の市長はイヴォンヌが人気を得だしたので、撃とうとする者はいないと語った。ニュース報道によればイヴォンヌは警察を出し抜き、夜にのみ現れるという。ある動物救助隊員は彼女が賢く抜かりないと評価した。「イヴォンヌは自分が何をしているのかよく分かっていて、我々を煙に巻いています」(8)。

イヴォンヌは自分の運命を切り拓いているだけでなく、正義の側にいるとも語られた。ある記事いわく、彼女は脱走の後、「シャーウッド式ともいうべき生活スタイルへ移り、警察を避け、喝采を浴び、古風な村に観光収入をもたらした」(9)*。イヴォンヌが「シャーウッド式」の生活スタイルを送っているとの記述は、森に暮らしたもう一人の愛される隠遁《いんとん》者を連想させる――豊かな者たちから盗んだ品々で貧しい者たちを救ったという伝説の人物、ロビン・フッドである（しかも彼は物語中で賞金首にされる）。この喩《たと》えはイヴォンヌを庶民の味方と位置づけ、同じ森で狩りに興じる豊かな特権階級をその敵と位置づける。イヴォンヌの捕獲を図る者は、その心を捉えるべく、魅力が際立つエルンストという雄牛を使って彼女をおびき寄せようとまでした。イヴォンヌは最終的に農家が所有する牛の放牧地へ迷い込んだ際に捕まった。農家によれば彼女は孤独でストレスを抱えているように見えたという。農家は賞金を渡され、デッゲンドルフのグート・アイデルビークルというサンクチュアリがイヴォンヌを買い取った。同サンクチュアリはイヴォンヌの息子フリージと、妹ヴァルトラウトにも安息の地を与えた。仲間を欲し、意識的に振る舞い、追手を煙に巻き、孤独を感じたイヴォンヌのさまを顧みれば、同様の話に現れる被畜産動物たちを新たな形で理解する道が開けるだろう。

アニー・ドッジ、ボニー、イヴォンヌらは、サンクチュアリでの生活を与えられた点で幸運だったが、幽閉を脱したほとんどの動物たちはそのような運に恵まれない。人間が設けた飼育下と野生の分割線を破った動物たちは（一部の者から）治安を乱す危険な存在と目され、文明の果てなる境界空間に彷徨う動物たちは不穏な存在とみなされる。境界線上に立ったこの牛たちがどこまで不穏ないし危険とされるかは、コミュニティ内に侵入してくるおそれがどれだけ大きいと判断されるかによる。

一九九三年にメリーランド州コロンビアで四頭の牛が脱走した際は、その射殺を正当化するために「野生らしさ」を示す記述が用いられた。脱走した牛たちは森の中に避難した。それから六週間、警察は森を歩くだけでなく、ヘリコプターをも使って牛たちを探した。夜、警戒する牛たちはゴルフ場に現れて草を食べた。経営者は彼女らが容易に捕まらないと語った。「接近することはできないでしょう。彼女らは鹿のようになりました。……驚くほど素早いんです」(10)。最終的に二頭は警察に撃ち殺され、残り二頭は森の奥深くへ逃げて捕まらなかった。あるり警察のコンサルタントは、酪農場の研究管理者を兼任していたため、一面的な見方のもと、牛たちは野生的になっていたので警察が射殺したのは適切だった、あれは「唯一の選択肢」だったと論じた。文明の言説では、牛たちがただ自由に生きていくのを許すことすら考えられないとされる。

二〇一一年三月一一日、三〇頭の牛が北ウェールズの農場から脱走し、住宅地に並ぶ家々の庭に入った。間もなく八人の警官がそこへ駆けつけた。警官らが牛たちを近くの広場に追いやる一方、市議会とウェールズ議会政府と政府の動物福祉機関は、この牛たちが苦しまないよう「福祉的観点から」射殺すべきであるとの共同決定を下した。警官らは虐殺を始め、銃声は村中にこだました。近くで遊んでいて牛を見に行った子どもたちは恐怖に叫び声を上げた。見物人の一人が記すに、「何人かの子どもは理性を失い、この件でトラウマを抱えた」。牛たちが脱走したことで、子どもたちは大好きな物語の中に現れる動物に近づく機会を得たが、その現実は私たちに刷り込まれる幻想とは似ても似つかなかった（莫大な利益を生む産業が子どもたちの「畜産動物」愛をつくってそれに応えつつ、「家畜」の地位と居場所を自然化する）。同じ年、ウェールズで一〇頭ほどの牛が囲い地を逃れ、ブライナイ・グエント郡区トレデガル町ピースヘイブンの静かな通りと芝生にくつろいだ。牛たちは人家の窓を覗き込んだり庭に立ち入ったりしたことで、コミュニティにとって「物騒」だと言われた。ある住民は「玄関前に瓶入りの牛乳を届けてもらうのは普通ですけど、牛一頭なんて聞いたことがありませんよ」と語った。(11) この言葉が示すように、牛の本質は純粋にその労働産物との関係によって、および柵のどちら

＊　シャーウッドの森はロビン・フッドが住んだとされるイングランドの王室林。

側に彼女らが置かれているか（ないし自身を位置づけているか）によって決まるものと信じられている。

これらの事件のいずれにおいても、牛たちが秩序を乱す、あるいは「物騒」とみなされるのは、彼女らが幽閉の壁を破った際に起こる脱文脈化による。この社会の支配的言説は、脱走動物についての物語をつくりつつ、当の動物たちが逃げ出して人間が中心を占める空間――ゴルフ場・学校・舗装道路・地域コミュニティ――に現れるに至った経緯を意図的に消し去る。これらの空間にいてよいとされる資格者たち、および私有財産とコミュニティの安全にとって、脱走した動物たちは危険な存在と目される。サラ・アーメッドが述べるように、「よそ者は認知の対象だけでなく統治の対象になる――統治とはよそ者管理の公共政策であり、目ざわりと思われる者、地域の価値を損なうと思われる者、近くにいることが負担だと思われる者を排除する方法にほかならない。ここから一つのことが分かる。特定の身体ら、すなわち私たちの空間占拠のあり方を妨害しうる者らによって、私たちが影響される事態を防ぐべく、種々の技術が稼働しているという事実である」[12]。力を有する者たちが、この動物らの身体は危険であるとの見解に至れば、動物たちはさらなる危機に陥り、屠殺や虐殺に見舞われかねない。動物の逃亡者に対して用いられる「よそ者の危険」言説の帰結をはじめ、抵抗する動物たちに対する人々の反応については、次章で立ち返りたい。

野生の居所を見つける

都市と野生の境界線上にとどまった牛たちの中には、居所をみつけた者もいる。イタリア北西部のリグーリア州沿岸では、群れなす「反逆者の牛たち」が山岳地帯となだらかな丘陵での暮らしに一定の安息を得た。一九九〇年代の半《なか》ば、開《ひら》けた地域で放牧を行ない野火の危険を減らそうとする計画の一環で、この地に牛の一群が放たれた。が、資金の逼迫《ひっぱく》により住民らは計画の取りやめを決定した。当局は群れを集めて屠殺に回そうとしたが、思うようにはいかなかった。数頭の牛は捕まらず、俊敏さを取り戻し、結果的に飼い馴らされた状態から先祖返りした。以来、現地の食料は不足しがちで、特に冬は厳しいので、牛たちは時に食べものを求めて村へ降りてくる。地域住民の野菜畑によく姿を現すことが知れて、住民らは徐々に牛たちを愛するようになった。が、群れはなお死を下そうとする司法命令のもとに生き、密猟者の脅威にも面している。危うい状況で牛たちがとった適応措置の一つは、みなで草を食《は》んでいる最中、一頭が見張りを務めることだった。村に入るのは日没後のみとし、昼のあいだは高い山で過ごすことを覚えた。映画製作者のパオロ・ロッシが公開した『反逆者の牛たち』というドキュメンタリーは、トレイルカメラを使って牛たちの生きざまを捉えた。ロッシは立ちはだかる障害によって牛たちの生存が危ぶまれると語った。「現状、彼女たちが野生界で生きていくのは非常に困難です」と彼は言う。[13] 撮影班が収めた記録には六頭しか映っていない。もっとも、カメラが捉えなかった牛があと数頭はいると考えられる。

歴史を振り返れば、人間の手中を完全に逃れおおせた動物たちは数多くいた。有名な一例として、モウというチンパンジーが挙げられる。モウの話は二〇一一年の映画『猿の惑星：創世記』（飼育下の類人猿が陰気な営利施設に囲われた後、脱走してカリフォルニア州のセコイアの森に姿を消す物語）に着想を与えた可能性がある。モウの母親は野生界で猟師に殺され、孤児となった彼は一九六七年、カリフォルニア州に暮らすセント・ジェームズとラドンナ・デイビスのもとに引き取られた。セント・ジェームズは自動車店で働いている最中、幼いモウをベビースリングに入れて運んだことで有名になった。モウは服を着せられ、セント・ジェームズとラドンナの結婚時には介添人を務めた。テレビを鑑賞し、成長したらハリウッドの映画にも出演した。大きくなるにつれ、モウは野外に置かれた一〇×一二フィート〔約三・〇×三・七メートル〕の檻で過ごす時間が多くなった。一九九八年、モウはこの檻を抜け、近所を走り去った。封じ込めには数人の動物管理局職員と警官が動員され、うち一名は手に裂傷を負わされた。デイビス夫妻と同居すること三〇年の後、一年にして全てが変わった。ある訪問者が檻越しに手を伸ばすとモウは噛み付いた。マニキュアを塗った爪が赤いキャンディーに見えたらしい。あくる日、デイビス夫妻はモウを野生動物施設に送るよう命じられた。モウはそこでしばらく過ごした後、アニマル・ヘイブン・ランチと称する「危険」なチンパンジー用の施設〔娯楽産業で搾取され、気まぐれ過ぎるとみなされたチンパンジーらを収容する施設〕へ移された。

デイビス夫妻は月に何度かモウを訪れ、同じ檻に囚われたチンパンジー全てに餌を与えた。モウが三九歳の誕生日を迎えた際はケーキを贈った。二人がそれをモウに渡した瞬間、さらなる悲劇が起こった。二頭の若いチンパンジーが檻を抜け出して二人に襲いかかり、ラドンナを押し倒して親指に噛み付いた一方、セント・ジェームズを危篤状態に陥らせた。二頭は撃ち殺された。囚われていたせいで介入できなかったモウは、事件以降、意気消沈してしまった。ラドンナは定期的な訪問をやめ、セント・ジェームズは医療処置によってしばらくのあいだ昏睡状態にされた。ラドンナいわく、母の日にモウを訪れると、彼は再会の喜びから飛び跳ねたという。(14) 三年後、四二歳を迎えたモウは「引退」して、ジャングル・エキゾチックスというこれまた劣悪な施設の檻生活へと移った。同施設はカリフォルニア州デボアに位置し、娯楽産業への動物貸出しを行なう事業だった。二〇〇八年六月二九日、ジャングル・エキゾチックスの監督者トム・ベティは、一頭のチンパンジーが行方不明になったと発表し、「脱走したのかどうかは分かりません」と言った。(15) 後日、ベティはモウが南カリフォルニアのサンバーナーディーノ国有林へ逃げたと考えられる、と述べた。

大勢の有志と動物管理局職員、さらに私有のヘリコプターまでが森の捜索に動員された。デイビス夫妻の友人を名乗るマイケル・マッカスランドが受けたという説明によると、「モウは金曜日に檻を開け、……ジャングル・エキゾチックスの世話係の家まで歩いた。さらに移動を続けた彼は、近くにあった改築中の職員の家まで来た。そこの職員らを驚かせた後、彼は野生界へ姿を消した」(16)。マッカスランドはモウがサンバーナーディーノ国有林へたどり着いたと確信しており、現に近くの家で職員らがモウを見かけたこともその裏付けとなっているように思われる。

檻を逃れる動物といえば、モウのようなチンパンジーか、もしかすると鳥や小さな齧歯類《げっしるい》、あるいは飼育空間を抜け出す賢い猫や犬を思い浮かべることが多い。しかし蛸《たこ》はどうだろう。海の動物たちも幽閉を逃れることで知られる。一例がニュージーランドの水族館に囚われていたサッカーボールほどの大きさになる蛸、インキーである。インキーは水槽を抜け出しただけでなく、海にまで帰るという大脱出をしてのけた。夜、全てが静まった頃、インキーは水槽を滑り抜け、小さな排水孔へと潜り込んで、その先にある北島東海岸の大きな入り江、ホーク湾へと至った。彼はどうやってこんなことをしたのか。まず、インキーは水槽上部の狭い隙間をくぐり抜けた。続いて、通った跡を追うと、インキーは床を這い、八フィート〔約二・四メートル〕先にあった全長一六四フィート〔約五〇メートル〕、直径わずか六インチ〔約一五センチメートル〕の排水管へたどり着いたらしい。スタッフは水族館の排水管にインキーがいないか探ったが、脱走者の形跡はどこにもなかった。インキーは海へ通じる穴に入り、水底へと去ったのだった。

英・海洋生物学会に在籍する蛸の専門家アリックス・ハーヴェイは全く驚かなかった。彼女は言う。「蛸は素晴らしい脱出達人です。……複雑な脳と優れた視覚を持ち、研究によれば学習能力も具え、脳内地図も描きます」[17]。ハーヴェイはイギリスの水族館にいたある蛸を思い出した。その蛸はある晩、水槽を抜け出し、近くの水槽まで這って行って一尾の魚を食べた後、みずからの水槽に戻っていた。別の事例では、英・プリマスの海洋生物学研究所で、宵《よい》の口に蛸が水槽から出て階段を這い降りているのを職員が目撃した[18]。無脊椎動物の蛸は柔らかい体をどんなに狭い空間にもねじ込むことができる。サイ・モンゴメリーはその幽閉を脱する能力を「フーディーニ級」と形容する[**]。水族館スタッフは脱出防止用の蓋をつくり、蛸を逃がさないための方法を考えることに時間を費やす。しかし蛸の訴えを本当に聞くとするなら、かれらが自由になりたがっていることを理解しなければならない。海こそがかれらの自然の住処である。残念ながら人間は逆の方向をめざしており、現在はこの知的な生きものを展示用の水槽よりもさらに小さな囲いで飼育する工場式養殖の計画を進めている。

　海への帰還に成功することがあるのは、この賢い頭足類だけではない。クララという陸を這う魚〔ナマズの一種〕は、アメリカや中国でしばしば夜に生簀《いけす》や養殖池を這い出て脱走する[19]。養殖場からは無数の鮭も逃げている。著書『魚が知っていること――水面下に暮らす親戚たちの精神生活』でジョナサン・バルコムが記すに、水中の工場式畜産場というにふさわしい養殖場に囚われた魚たちは、時に人間に逆らい、混み合う不自然な環境を脱する。かれらは「アザラシや嵐が傷つけたネットから」泳ぎ去る。もっとも、自由に生きたことのないかれらが野生界で生き残るのは難しい[20]。

　釣り針に捕らえられた魚を見たことのある人なら、かれらが口の端を貫かれて酸素を吸えない苦痛から抵抗することを知っている。研究では魚たちが鋭敏な痛みの感覚を持つことが確かめられている。ケンブリッジ大学の科学者ドナルド・ブルーム博士は「解剖学的・生理学的・生物学的にみて、魚の

図版34　釣り針にかかって逃れようとする鱒（ます）。バレンタイン・トマス・ガーランド「ウィンチェスターの鱒」19世紀。

痛覚システムは鳥類や哺乳類のそれと事実上変わりません」と説明する。[21] しかし人々は魚が意識と痛みの経験を持つことを否定してきた。人間と魚の関係は主として食べること、捕まえること、水槽で泳ぎ回るさまを見ることに尽きる。成長したレインボーフィッシュは、優れた認知能力、特に記憶力を証明した数いる魚たちの一種に数えられる。ある研究では、レインボーフィッシュらが実験用の水槽に開けた穴をくぐってトロール網から逃れる方法を学ぶことが示された。数度のセッションで脱出能力を飛躍的に高めた後、レインボーフィッシュらは一年間、実験を受けない状態で飼育された。翌年、同じ魚たちが再び実験のために水

＊＊　フーディーニは脱出芸で名を馳せた往年の有名マジシャン。

槽に入れられた。脱出口を使う技能は前年の上達時と同じ点数で、それから全く時間が経っていないかのようだった。[22] レインボーフィッシュが示した記憶は、魚の認知研究で確認された長期記憶の一例となる。[23]

野生化集団の形成と定着

動物たちが野生界に脱走してきたことで、世界各地にそうした種の新たな集団が定着した。例えば南北アメリカやオーストラリアでは、ヨーロッパの入植者らが運搬に利用した飼育下の馬やロバが逃げ出し、野生化した集団となって定着した。北米ではスペインの探検家たちが持ち込んだ多くの馬が幽閉から逃れた。一五一九年、エルナンド・コルテスがメキシコのベラクルスへ持ち込んだ馬や、エルナンド・デ・ソトがミシシッピ川沿いに持ち込んだ馬がその例である。スペインの征服者にして探検家だったフランシスコ・バスケス・デ・コロナドが一五四〇年の遠征に引き連れた馬たちは、軍から逃げ出し、いくつかの平原で自由に栄えた。

一九世紀から二〇世紀には衣服産業の動物たちが脱走して野生集団を形成した。ビーバーのような見た目のヌートリアは毛皮養殖のため、南米から北米（や他の国々）に持ち込まれた。自由なヌートリアは川などの流域沿いに巣穴をつくり、植物の茎を食べる。アメリカの毛皮産業では、ヌートリアたちが柵の下に穴を掘る、あるいは嵐による施設損壊に乗じるなどして、小さく不衛生な檻を運よく抜け出すことがある。テキサス州に生息するヌートリアたちは一九三七年にルイジアナ州へ持ち込まれた集団の末裔に当たる。持ち込まれたヌートリアたちの一部は一九四〇年のハリケーン襲来時に逃走して湿地の沼沢《しょうたく》に住み付き、それからさらに南部州へ移動した。メリーランド州の沼地では一九三〇年代後期から四〇年代初期にかけ、野生化したヌートリアたちが住み付いた。一九四五年にはカリフォルニア州スタニスラウス郡で暮らす毛皮養殖場の脱走者たちが見つかった。[24] かれらは一九三〇年代から五〇年代に脱走した後、オレゴン州南部にも広がった。今日、ヌートリアはアメリカ南部とその周辺に定着している。

毛皮産業は二〇世紀以降、大きな営利事業となった。毛皮養殖場を秘密調査していた際に、ジョー=アン・マッカーサーは以下のような観察記録を残した。「私が加わった全ての調査で心を乱されたのは、毛皮養殖場がそこに囚われた動物たちの自然の生息地に近接していることだった。足元で自分の排泄物が腐りゆく中、ミンクやアライグマや狐たちは、目と鼻の先に森を臨み、その香りを嗅げるのである」。[25] 残酷な皮肉であるが、毛皮目当てに繁殖されて小さな金網の檻に暮らす動物たちは、しばしば痛ましいほど自然の生息地に近い場所で飼われる。

マサチューセッツ州メイナードの小さな町では、テイラーズ・ミンク牧場と称するミンクの養殖場(一九六〇年代まで操業)が一万匹近くのミンクを収容していた。所有者のジョン・テイラーは、突然変異で生まれる淡色のミンクを繁殖する毛皮商として知られていた。こうしたミンクからつくられる白コートは、顧客には特権の標識、活動家には動物搾取の象徴と映った。白いミンクたちの一部は脱走して自由になった。テイラーズ・ミンク牧場の閉鎖から五〇年のあいだに、白い毛皮で分かるこのミンクたちの末裔は、コンコードのグレート・メドウズ国立野生動物保護区で時おり姿を観察されている。[26]

アメリカミンクはヨーロッパ全土で、何百もの毛皮養殖場に輸入され、そこから脱走した末に自由な集団を形成した。一九二八年にスウェーデンで、また一九二九年にイギリスで見つかった野生化ミンクたちがその嚆矢《こうし》となる。日本ではハクビシンという種が一九四〇年代、毛皮養殖のために輸入された。ハクビシンは古代から利用されている。かれらは幽閉を脱し、山梨県、静岡県、長野県信濃、および四国など、多くの地域でみられるようになった。(27) 一九八五年にもなお、ハクビシンらは本州の東部・南部に定着していた。カナダではブリティッシュコロンビア州バンクーバー島の毛皮養殖場から狐たちが逃げ出し、キャンベルリバーの北に広がるセイワードの森に定着した。この集団は一九四八年に最隆盛を迎えたとされる。あまりに脱走が多いため、毛皮養殖場は数千の動物たちを囲いや檻に閉じ込めるのに加え、現在はさらに施設周囲をフェンスで囲って動物たちを逃すまいとする。長きにわたり、動物たちはたびたびみずからの意志で脱走してきたが、それを手助けしようとする人間たちも常にいた。

脱走した動物たちは出身地から懸け離れた環境で集団を形成することが珍しくない。南米出身のオキナインコもその一例である。ブルックリンでは、野生のブルックリンインコと呼ばれる悪名高いオキナインコの集団が区内全域で自立生活を築いた（図版36）。今日ここに暮らす鳥たちは、系図をたどると、一九六〇年代にペットショップでの販売用として輸入され、ジョン・F・ケネディ空港から脱走した集団の子孫と考えられる。かれらは毎年同じ場所に営巣《えいそう》する。グリーンウッド墓地ではテラコッタの建造物に巣をつくり、ブルックリン大学ではキャンパスの電燈に巣をつくった。

娯楽産業の利用を脱した動物たちも野生界に定着してきた。イギリスでは早くも一八五〇年に囚われのワラビーとカンガルーが自由を求めて逃走し、ノーフォーク近郊の森に野生化集団を築いた。キバノロは一九〇〇年頃、ベッドフォード公爵によってイングランドのベッドフォードシャーにあるウォバーン公園に持ち込まれ、後に周囲の森へ脱走した。ウィップスネードから逃げてきたキバノロ

図版 35　ミンク農場の好奇心旺盛な脱走者（Jo-Anne McArthur/Djurrattsalliansen 撮影）。

図版 36　オキナインコ、ニューヨーク州ブルックリンのグリーンウッド墓地にて。オキナインコは 1960 年代に JFK 空港から逃れて同地域に定着したと考えられている（Linda Harms 撮影）。

も混ざり、生息数は膨らんだ。(28) 一九四四年、公爵はキバノロをハンプシャーに持ち込んだが、再びその一部が逃げ出した。逃走したキバノロたちは一九四〇年代後期、ハンプシャーとバークシャーの境や、バッキンガムシャー、ノーサンプトンシャー、オクスフォードシャーの野生地で観察されるようになった。シュロップシャーのラドローでは一九五六年に数頭のキバノロが某公園から脱走した。七年後、公園周辺には二〇頭のキバノロが生息しているとの推計が出された。同様に一九五〇年にはヨークシャーのリポンに位置するスタッドリー王立公園からキバノロが逃げ、四年後には公園周辺に数頭の姿が確認された。(29)

食品産業から脱走した動物たちは、条件さえ良ければ野生界で生き延びられることが多い。飼い馴らされた豚たちは狩猟牧場・畜産場・屠殺場などから脱走を繰り返してきた。ほとんどの場合、かれらは見つからない。そもそもが優れた清掃動物とあって、豚たちは流れ沿いを歩き、作物を見つけて生き延びる。柵で囲った狩猟区から豚が脱走し（あるいは違法の持ち込みと遺棄により）新しい地域で豚集団が急拡大する事態は頻繁に起こっている。ミシガン州天然資源局の野生生物学者によれば、豚はフェンスに穴を開けたりフェンスの下を掘って通り道をつくったりするので、狩猟牧場に囲い込むのは難しいという。ひとたび脱走すると、豚の体は野生に適応し始める。この現象が注目に値するのは、ディーンの森（英・グロスターシャーの西部）に残る最後の野生猪の根絶が、一二六〇年にヘンリー三世により命じられたとの記録が残っているからである。森で自立生活を送りだすと、かつて畜産利用されていた豚たちは時に数カ月のうちに、祖先の野生猪を思わせる暗色の剛毛に覆われ、長い牙を生やす。伝説となった「タムワースの二頭」は、ウィルトシャー州マームズベリーで屠殺場行きトラックから降ろされている最中に逃げ出し、近くの雑木林に数日間隠れていた豚のペアであるが、そのサンダンスと名付けられたほうの一頭は野生の猪を片親に持つため「反抗的な気質」が強かったと推測されている。大々的な捜索隊の一人は言った。「彼は明らかにご機嫌です。何日にもわたって大勢の人間を欺《あざむ》きました。私はこれ以上マームズベリーでの捜索に時間を費やしたいとは思いません」[30]。ブッチとサンダンスの二頭は、屠殺場に送り返される代わりに、希少品種センターで余生を過ごした。

自由になった動物たちは元々自由に暮らしていた動物たちと子を儲け、雑種化した新たなアイデンティティの動物を生み出す。アフリカの角《つの》〔ソマリアとその周囲の東部諸国〕に暮らす野生化した駝鳥《だちょう》は、野生の駝鳥と交配した。トナカイ（ユーラシア大陸に暮らすカリブーの飼い馴らされた親戚）は、牧畜のためカナダ北部に持ち込まれた後、農場を脱して地元のカリブーと交配した。東南アジアで再野生化した鶏たちは、野生のセキショクヤケイとのあいだに雛《ひな》を儲け、雛は雑種化した容貌となった。野生化した猫たちは、アメリカでは野生のアカオオヤマネコとつがい、アフリカではリビアヤマネコとつがって子を儲けた。脱走動物たちは、同系統の野生種や野生集団の「純血を脅かす」といわれることがある。例えば南アフリカ一帯では、農場から駝鳥が脱走する事件が相次ぎ、多くの「雑種」が生まれたために、自由な駝鳥たちは「不純」とみなされている。

《野生》と《飼育下》の中間に位置する《野生化》という言葉は、現状維持を望む者らが侮辱として用いてきた。野生化することは逸脱者やのけ者になることを意味する[31]。しかし野生化と野生状態はそれと反対に、主流から外れた生を送る者たち、社会的な飼い馴らしの企てに従わず権威主義的な統御に縛られない者たちにとっては、理想となりうる。筆者が示した事例はわずかにすぎないが、世界各地に定着した脱走動物たちやその野生の子孫らは、人間文明が人間以外の自然を決して完全には統制しきれてこなかったことの生きた証にほかならない。

危険な環境を生き抜く

幽閉を脱した動物たちが自由のままでいられる確率は、草地・畑地・森・深い藪《やぶ》・湿地のそばであれば高くなる。昼のあいだは身を隠し、夜に食料と水を探す夜行性の生態も有利に働きうる。しかし人間の技術と監視、さらに野生空間の縮小を前に、多くの脱走者たちは野生界で束の間の自由を知ったが早いか、再捕獲される傾向にある。ボルデュック私営猟獣保護区から脱走したバイソンらが、安全な隠れ家になるところがどこにもないと悟って戻ってきた例でも分かるように、野生空間の喪失も、動物たちが逃れようとした当の場所にしぶしぶ戻ってくる原因となっている。

地球は人間が利用するために着々と切り拓かれてきた。地方でも動物たちは危険な環境を生き抜かなければならない――そこには車も、舗装道路も、狩猟ルートも、ヘリコプターも、人間の介入もある。隠れ家となりうる場所でも汚染や森林伐採や廃棄物に直面し、水と食料の入手や渡りを妨げられる。逃げた動物たちを捕獲するための監視技術も駆使されるようになった。ソーシャルメディアは抵抗する動物たちへの応援を集めるのに有用な道具となりうるが、これも自由を求める動物たちの企てを妨害することがある。例えば二〇一八年、ブリティッシュコロンビア州バックリッジの農場から四頭の子豚が逃げ出したが、地域のフェイスブック・ページに住宅地を走る子豚たちの情報が投稿された結果、かれらは再捕獲された。その時点で子豚たちは長い距離を移動していた。四頭はフレーザー川を泳ぎ渡り、起伏に富む地形を七時間も突き進んだあげく、地元ソーシャルメディアの監視によって自由への旅を妨げられたのである。

脱走した動物たちは時に、再捕獲されるまで数週間ないし数カ月の自由を経験することがある。二〇一二年、エディンバラ動物園からチェリーと名付けられたショウジョウトキが逃げ、町を抜けるルートを見つけた。スコットランド動物虐待防止協会と動物園がムラサキガイとエビでおびき寄せようとしたが、彼女は一週間近くを自由に過ごし、スコットランドのクラモンド・ビーチに落ち着いた後、再捕獲された。他方、東京都の葛西臨海水族園では同年、一三フィート〔約四メートル〕の壁と有刺鉄線を越えて一羽のペンギンが脱走した。彼は東京湾に数カ月とどまり再捕獲された。[32] 二〇一五年一二月、中国浙江省の杭州動物園から三頭のパンダが逃げ出した際は、二頭がすぐに捕獲されたものの、もう一頭が二四二日のあいだ捕まらなかった。最終的に彼は木にいるところを発見され、動物園スタッフの林檎を拒んだ後、麻酔銃を撃たれて下のネットに落とされた。二〇一六年一月、イギリス海峡ジャージー島のジャージー動物園（元ダレル野生動物公園）からジョフという名のカワウソが逃げ、数週間の自由を得た。動物園から姿を消した後、ジョフは三マイル〔約五キロメートル〕の距離を移動して聖カタリナの森に至り、しばらくのあいだ、そこの魚や小動物を糧《かて》に過ごした。しかしその自由は遠隔操作カメラを駆使した動物園の再捕獲作業によって奪われた。

　自由を経験した動物たちは再捕獲された後、以前にまして陰鬱かつ不機嫌となることがある。チェコ共和国では二〇一一年に二頭のマカクザル、シンピーとタティーンが逃げ出した。二頭は動物園に収容されていたが、定期点検で電気柵のスイッチが切られた時に脱走した。二頭は人家の庭や森で食料をあさり、人が与える餌も受け取った（が、再捕獲を試みる追手のものは受け取らなかった）。八カ月後にシンピーが捕らえられた。彼は野生界での暮らしを謳歌し、力をつけ、毛並みも健康的になっていた。報告によれば、動物園に帰ったシンピーは「全く元の生活を好まず、スタッフが近づくと顔をしかめ、見るからに嫌そうな表情をした」。[33] こうした変化をみて、動物園は彼をウクライナの幽閉施設へ売却した。タティーンのほうは捕まらなかったようである。

本章では動物たちが幽閉環境から野生界へと脱走する現象に光を当てた。脱走した動物たちの運命は一様ではない。かれらはしばしば文明と野生の境界線上に位置を占め、救助されることもあれば自由にとどまることもある。周囲に影響を与え、新たな集団を形成する者たちもいる。再捕獲もしくは殺害される者たちもいる。周縁部に住み付いた者たちの横断は往々にして動揺をもたらす――かれらは飼育下と野生の分割線を、また動物たちが帰属する場の観念を揺るがす。脱走した動物たちの内、ある者らは野生界で自由に暮らし、ある者らは周縁部で生きるために人間のインフラを頼りとする。動物たちを商品や財産の地位へと追いやる社会において、抵抗する動物たちがどのような結末を迎えるかは、人間の決定と、その自由を求める企てに対する人々の反応に左右されることが珍しくない。

注

(1) Martin Morgan, "Cow Walks on Wild Side with Polish Bison," *BBC*, January 24, 2018.

(2) Huw Griffiths, Ingrid Poulter, and David Sibley, "Feral Cats in the City," in *Animal Spaces, Beastly Places: New Geographies of Human-Animal Relations*, ed. Chris Philo and Chris Wilbert (New York: Routledge, 2000), 59–72.

(3) Jason Hribal, "Animals Are Part of the Working Class Reviewed," *Borderlands* 11, no. 2 (2012):31.

(4) 裏庭の鳥の餌台には豚たちもよく訪れる。二〇一二年六月、ロチェスターの農場から生後わずか数週間の子豚の兄弟が逃げ出した。農場のそばに暮らしていた女性は、子豚たちが鳥の餌台に訪れると証言した。子豚の兄弟は森から現れ、周囲を注意深く見回した後、種子類をあさっていた。女性は食べものを提供し始め、ファーム・サンクチュアリに連絡をとった。二頭はニュージャージー州のザ・カウ・サンクチュアリに引き取られることになり、ジェドとズィークの名を与えられた。しかし病院で健康診断を受けさせ新たな住居へ連れて行く前に、まずはジェドとズィークを捕獲しなければならない。後に良い生活が待っているとは知るよしもなかったため、二頭はファーム・サンクチュアリが引き取りに来た時、逃走を企てた。が、兄弟の固い結び付き――ならびに兄の勇気――が救出ミッションの助けになった。救出班によると、ついに弟のほうを捕獲した時、「進退きわまった兄はそれに気づき、意を決して弟を助けようと運搬車に走り寄ってきた」という。

(5) "Show #5—The Annie Dodge Rescue," Vegan Radio, December 21, 2005, http://veganradio.com.

(6) シンシナティ・フリーダムの事件を知って画家ピーター・マックスは一八万ドル相当の絵画を動物虐待防止協会に寄付した。これと引き換えにシンシナティ・フリーダムはサンクチュアリに譲渡されることとなった。後に彼女は致命的な脊髄腫瘍を負っているとの診断を受けた。臨終を前に、彼女は友らに囲まれた。牛たちは彼女の顔や背を舐め、代わる代わる近づいては別れを告げた。Christina M. Colvin, Kristin Allen, and Lori Marino, "Thinking Cows: A Review of Cognition, Emotion, and the Social Lives of Domestic Cows," The Someone Project, 2017, https://www.farmsanctuary.org/wp-content/ uploads/2017/10/TSP_COWS_WhitePaper_vF_web-v2.pdf.

(7) Kelli Bender, "Baby Cow Escapes Slaughterhouse and Is Raised by Deer Family in Snowy Forest," *People.com*, June 26, 2018.

(8) Bill Chappell, "Yvonne, A Cow Wrapped in a Mystery inside a Forest," *NPR*, August 15, 2011.

(9) Chappell, "Yvonne."

(10) Mark Guidera, "Cows on the Loose Gunned Down," *Baltimore Sun*, December 9, 1993.

(11) "Runaway Cow Herd Takes Over Tredegar Street," *BBC*, June 28, 2011.

(12) Ahmed, *Living a Feminist Life*, 145.

(13) Catherine Edwards, "A Herd of 'Rebel Cows' Has Been Living Wildly in the Italian Mountains for Years," *The Local*, June 19, 2017, https://thelocal.it.

(14) Amy Argetsinger, "Revenge of the Chimp," *Spokesman-Review*, May 29, 2005.

（15）“Moe the Chimp Escapes from Wildlife Facility,” L.A. Unleashed, June 28, 2008, https://latimesblogs.latimes.com/unleashed.

（16）“Moe the Chimp Escapes from Wildlife Facility.”

（17）Scott Simon, “Inky the Octopus's Great Escape,” *NPR*, April 16, 2016.

（18）Sy Montgomery, *The Soul of an Octopus: A Surprising Exploration into the Wonder of Consciousness* (New York: Atria, 2015), 16.

（19）George Monbiot, *Feral: Rewilding the Land, the Sea and Human Life* (Toronto: Penguin Books, 2013), 142.

（20）Jonathan Balcombe, *What a Fish Knows: The Inner Lives of Our Underwater Cousins* (New York: Scientific American/Farrar, Straus and Giroux, 2016), 216.

（21）“The Fishing Industry: Fish Feel Pain,” Animal Aid, https://animalaid.org.

（22）Balcombe, *What a Fish Knows*, 109–10. Balcombe, *What a Fish Knows*, 109–10.

（23）この知見が示された結果、当の実験からは皮肉にも、魚を使った実験をこれ以上行なう必要がないという結論が導き出される。魚たちが複雑な内面生活を送る情感ある存在であることはもう分かった。かれらを使った実験を差し控える理由はこれだけで充分とされなければならない。

（24）John L. Long, *Introduced Mammals of the World: Their History, Distribution and Influence* (Melbourne, Australia: Csiro Publishing, 2003), 234.

（25）Jo-Anne McArthur, *We Animals* (Brooklyn, NY: Lantern Books, 2017), 74.

（26）David A. Mark, *Hidden History of Maynard* (Charleston, SC: History Press, 2014).

（27）Long, *Introduced Mammals of the World*, 302.

（28）Long, *Introduced Mammals of the World*, 393.

（29）Long, *Introduced Mammals of the World*, 393.

（30）“Happy Ever After for Butch and Sundance?,” *BBC UK*, January 16, 1998.

（31）一部の政治家は特定の人々を「野良（feral）」と形容してきた。例えばイギリスの司法長官は抗議者の集団を「野良の下層民」と呼んだことがある。同じく、《野生》という語も人間や他の動物に対する浅ましい行為を正当化するために使われてきた。

（32）“Tokyo Keepers Catch Fugitive Penguin 337,” *BBC*, May 25, 2012.

（33）フェイスブックの「The Animal Resistance」のページがこのストーリーを投稿した。もともとはチェコ共和国のフォロワーが翻訳して同ページの運営者に送ったものだった。

第三部　何（の始まり）を求めて動物たちは抵抗するのか

第七章　動物の抵抗に対する人々の反応

二〇一六年、ニューヨーク市の屠殺場から、後にフランクと名付けられる雄牛が脱走した。フランクは肉となるために育てられてきたが、脱走によって自由を勝ち得ただけでなく、「ザ・デイリー・ショー」の人気コメディアンだったジョン・スチュワートとの友情も築いた。フランクはクイーンズ区でトラックに乗せられ屠殺場へ送られていた際に逃げ出し、ニューヨーク市立大学ヨーク校を彷徨《さまよ》った。一時間のうちに彼は捕獲されてブルックリン動物管理局へ送られる。法的にはジャマイカ・アーチャー家禽食肉市場の所有物とされるフランクだったが、そこへジョン・スチュワートが介入し、ファーム・サンクチュアリへの譲渡を手伝った。フランクはコーネル動物病院で簡単な健康診断を受け、ファーム・サンクチュアリの理事はこの新来者がサンクチュアリで自然な余生を送ることになると発表した。

動物たちの抵抗は、産業社会で動物製品を消費する者、動物製品を利益に変える者たちの遠隔化戦略を妨害する。フランクの物語に関する動画で、スチュワートは脱走の性質上「今度ばかりは私も目を向けました」と語った。[1] 動物たちが脱走すると私たちは注意を向ける。畜産農家・研究者・競売人・猟師・繁殖業者・調教師らは常に動物たちの反抗をじかに見るが、二一世紀のデジタルメディア社会では動物の抵抗という概念が大勢のもとに行き渡る。ソーシャルメディアでは動物たちの抵抗を報じた記事や動画に世界中の人々が「いいね」やシェアやコメントなどの反応を寄せ、その物語をかってない規模で拡散しつつ、世間の様々な反響を生み出す。

個を目撃する

動物たちが抵抗して公共圏に立ち入ると、かれらはもはや統計ではなくなり、個と認識されるようになる。動物事業は遠隔化戦略を用いて生産手段を隠そうとするが、脱走した動物たちは「場違い」とされる空間を占拠することで物理的・概念的な破断を生む。人々が脱走動物たちに出会うと、かれらは独自の意識を持つ存在と認識される。

二〇一二年、ニュージャージー州パターソンの屠殺場から一頭の子牛が逃げ出し、パセーイク川を渡って数時間、警察の追手をかわし続けた。警察による追跡の様子や、あるトラックが後退して彼にぶつかる様子が動画の形で浮上した結果、子牛の脱走は大きなニュースになった。続いて子牛の救命を願う人々の声が上がった。警察によって麻酔弾を撃たれた子牛は屠殺場に送り返されたが、屠殺場主は彼を殺さないことに合意した。動物救助ボランティアのマイク・ストゥーラは、屠殺場が約束通り彼をサンクチュアリに送らないのではないかと心配した。果たして疑った通りだった。ストゥーラはくだんの子牛が別の屠殺場に向かっていると知る。幸い、子牛の居場所はすぐに分かり、マイクJrと名付けられた彼はマイク・ストゥーラともども、州北部へ向かってウッドストック農場動物サンクチュアリ〔現ウッドストック・ファーム・サンクチュアリ〕にたどり着いた。

物語は急拡散された。ジェニー・ブラウンは記す。

テレビで何度も動画が放映されたおかげで多くの人が事件を知った。……人々はこれを目のあたりにして、彼が私たちのもとに迎えられることを喜んだ。彼と間近に一対一で向き合い、彼の運命が脱走によって好転したことを噛み締め、彼がいまやサンクチュアリでいつまでも自由に生きられることを思う中で、人々は彼が紛れもない個なのだと理解する。[2]

実際、多くの人々は逃げ惑う牛が何を意味するかについて考えることを促された。マイクJrの脱走動画に続いて書かれたある記事には四〇〇を超えるコメントが寄せられた。[3] 別の記事はブラウンの言葉を引用する。いわく、マイクJrは「ステーキ」にならず、代わりに「気持ちのいい藁《わら》の布団」を与えられ、「愛と敬いを向けられる」。[4] いくらかの人々は動物性食品を断つ気になったとコメントした。ある人物は「ビーガン・プログラムを始めました」と述べる。「動物たちに申し訳なく思います。……考えてみれば犬や猫を食べるのと何も違いませんね」。[5] マイクJrが人になつくまでには時間がかかったものの、新しい友人らはすぐに彼が頭をやさしく掻かれるのを喜ぶこと、「猫のように人の爪を孫の手代わりにすること」を知った。[6] サンクチュアリのウェブサイトによれば、マイクJrは自由を謳歌し、友らと草原を歩き回って日々を過ごしている。[7]

抵抗する動物たちが目撃され、個と捉えられると、人々がかれらの価値に深く寄り添った生活を促されるという好ましい効果が生まれることがある。脱走した被畜産動物たちは、それまで犬や猫や他の伝統的な伴侶動物にしか思いやりを向けてこなかった動物シェルター職員などの心も捉える。二〇〇七年九月にニューヨークの生体市場を逃れたマクシンというヘレフォード種の牛は、動物保護管理局に連れて来られた後、ファーム・サンクチュアリに引き取られ、余生を青々とした草原で暮らすことになった。同サンクチュアリ制作の動画には、自由を求めるマクシンの逃走に心動かされた動物保護管理局職員ディエンナ・ケイパーズのインタビューが収められている。涙を湛《たた》えてケイパーズは思いを語った。

　今朝は本当に驚きました。……この愛らしい無辜《むこ》の牛が屠殺から逃れてきたんですから。そんなことは考えたこともありませんでしたが……私たちは何年もこれを食べてきたんです。こんな顔を心に描いたことはありません。……胸が痛みます。……ですから今後は肉を食べないように努めたいと思います。私と、家族みんなで。……この子は今日救われた命です。[8]

モリーもまた、勇敢で人心を鼓舞する行動により、人々に菜食を促した動物に数えられる。二〇〇九年の春、ニューヨーク州クイーンズ区ジャマイカに位置するムーサ・ハラール社の屠殺場で、小さな黒牛が囲いとトラック置場を結ぶ通路の柵を突き破って逃亡した。追跡されながらモリーは鶏、七面鳥、山羊、子羊を殺す屠殺場の前を駆け抜けた。ある住宅を過ぎたところで彼女は捕まり、鎮静剤を打たれてブルックリン動物保護管理局に運ばれた。その後、モリーはロングアイランドで、救助された動物たちの宿を兼ねる六〇エーカーの有機野菜農場で終《つい》の棲家を与えられた。

　トラック運転手のアダム・カーンは、自由を求めて遁走《とんそう》するモリーを見て、この逃亡は「大事なことを物語っている。……［彼女は］殺されたくなかったのだ」とコメントした。[9] 屠殺を逃れてサンクチュアリに行き着いたモリーの報道を受け、深い熟考を促されたと述べるコメントもいくつか見受けられた。ある人物はモリーに感謝し、彼女を讃えて俳句をつくったと説明する。「まばゆきもの／陽に照る鋭《と》き刃にまさるはなし／新たなる陽を除きては」[10]。別の人物はモリーと同じトラックから

「積み降ろされた他の動物たち」に光を当てた。「彼女らも同じ幸運に恵まれたらどんなによかったことか」[11]。「動物愛好家」と名乗る人物は良い機会とみて、モリーを支持する非ビーガンの人々に提案した。「この物語で幸せな気持ちになるのなら、どうかこれ以上肉を食べることはやめてください」[12]。

この三頭の脱走者に与えられた名前――マイクJr、マクシン、モリー――は、人々がかれらを個として見つめる助けになった。

図版 37　レヴィ、ファーム・サンクチュアリにて（Farm Sanctuary 提供）。

ファーム・サンクチュアリに連れて来られた動物たちはいずれも名前を与えられる。救助者にレヴィと名付けられた小さな山羊は、ブルックリンの通りで右往左往していたところを動物保護管理局に発見されたが、この時、彼の片耳には二つの耳標《じひょう》が付いていた。白いほうはケンタッキー州のもので「Ky5926, 0069」と書かれ、青いほうは「肉」と書かれている。二つの耳標は耳を下に引っ張り感染を引き起こしていただけでなく、恐ろしい物語を伝えていた。「肉」と書かれた耳標は彼を製品として定義し、もう一方はレヴィがケンタッキー州を発してブルックリンの生体市場で売られる予定だったことを意味していた。レヴィはファーム・サンクチュアリで健康を取り戻し、山羊たちの群れに加わった。二度と「肉」の地位に追いやられることはない。象徴的な耳標のもと、数字や商品として定義される事態から自由になったレヴィは、個として、また共同体の大切な一員として認識されるようになった。レヴィのような何十億もの動物たちが、財産としての地位を示す標識だけで識別される社会の中、人間以外の動物に名前を与える行為は反体制的な意味を帯びる。アーメッドが論じるに、しかるべき場所にいない者にとっては、おのが身体が境界線となる。「身体は身分証明書になりうる。証明書がしかるべき場所になければ自分もそうだということになる」[13]。動物たちに付与される標識は、かれらの身体が境界線となっている実態を物語る。動物たちが人間のつくった分割線を横断した時、標識はその「場違い性」を際立たせ、かつ立証する働きを持つ。

抵抗の過小評価

脱走する動物たちを個と認識することが重要なのは、動物産業が徹底して動物の抵抗を過小評価するからである。動物たちが抵抗した際に動物園がその行為者性を軽んじようとするのはその一例といえる。ジェイソン・フライバルが説明するように、動物園職員はまず、そうした抵抗が珍しいこと、園内の動物たちが普段はおとなしいこと、脱走もしくは報復した動物は例外的な「逸脱者」であることを主張する。次に、動物園は収監する動物たちを賢い生きものと語ることが多いにもかかわらず、動物たちの行為者性と抵抗を否定し、かれらは本能で行動しているにすぎない、あるいは、このたびの出来事は事故であると主張する――あげくスタッフの負傷を説明するシナリオをこしらえ、調教師が遊び好きな象たちの大喧嘩に巻き込まれた、あるいは転倒して後ろのポケットに入れていたペンチの上に乗ってしまった、などと語ることもある。[14] 続いて、動物園は抵抗事件の再発防止を人々に請け合い、壁の強化、職員訓練の徹底、報復した動物の隔離もしくは「再調教」、さらには報復者の殺害など、幽閉システムの見直しを行なうと発表する。が、実際の動物園は特に抵抗気質の強い動物たちを仲介業者に売り渡し、そこから闇市場へと横流しにする。これによって動物園は責任をよそに委《ゆだ》ねる一方、投資した動物たちから引き続き利益を吸い上げることができる。情報の統制と制限を目的に巧みな広報作戦も講じられ、動物園は保全目標を使命の一環とするなど、好ましい姿に描かれる。(15)

脱走動物たちの物語は様々なメディアの反応を生む。メディアは物語を伝えて個々の動物たちを人格化し、人間と他種の関係をめぐる人々の常識に一石を投じることがある。一例として、『タイム』誌は脱走した動物たちを「素晴らしき逃亡者たち」と形容し、読者の熟考を促した。しかし主流メディアは動物たちの抵抗を軽んじるのが普通で、その物語を「びっくりニュース」のコーナーに含め、当の動物を差し置いて駄洒落や冗談を交えるなどする。主流メディアは脱走した動物たちが「特別」「独特」であると述べ、「努力の見返りに」自由を得たなどと語る。こうした形容は人間以外の動物たちにお仕着せられた財産の地位を問わず、ただ拘束を逃れた個々の動物の特殊性にのみ目を向ける。動物の抵抗者たちを特別で珍しいと位置づけることは、その動物たちのみが自由を享受するに値し、他の動物たちは同様の知性なり創意なりを欠くと思われるがゆえに拘束されたままでよい、という考えを認める結果となる。

モリーを取り上げたいくつかのニュース記事は、彼女が努力の見返りに自由を得た、すなわち「フリーパス」ないし「屠殺場からの一時的救済」という報酬を得たと語った。次の一節は冒頭でモリーの脱走を讃えるが、「これは温かい気持ちになれる話である。しかも私たちはベジタリアンですらないのだ」という最後の一言は、逃亡した被畜産動物に対する突き放した反応の典型となっている。

この牛の詳細や動機（産業生産に逆らったのか、少し綺麗な空気を吸いたかったのか、それとも単に恐ろしい運命を逃れようとしたのか）は分からないが、逆境を前にしたその勇気にはただ感服するしかない。なのでこの上なく嬉しかったのは、第一〇三警察管区の巡査に問い合わせたところ、牛は警察の精鋭部隊に包囲され捕獲されたものの、現在は屠殺場ではなくSPCA（動物虐待防止協会）に搬送中だと聞いたことだった！「脱走したらその見返りに自由の権利を得られる、というのが我々の考え方ですよ」と警察の広報担当（匿名希望）は語った。牛の諸君、聞いただろうか。君たちは勝てる！　革命万歳！　これは温かい気持ちになれる話である。しかも私たちはベジタリアンですらないのだ。(16)

この記事はモリーへの同情を示し、彼女が逃れた「恐ろしい運命」にも触れているが、ほか多くの記事と同様、冗談めいた口調を交えることで、モリーが置かれた危機的状況を軽くみせかねない。この手法は一種の認知不協和に乗じたものとみなせる。人々は自分が遭遇した一動物に感情的な思い入れをしつつ、他の動物たちの消費を続ける。ユーモアは人々が個の動物に感情移入しつつ他の動物を消費し続ける際に生じる不快感を紛らわす。

認知不協和は脱走動物の事件に対する反応によくみられる。分かりやすい例として、二〇一八年にポーランド南部で雌牛の脱走が大きな話題となった時のそれがある。その雌牛は自由を求めて金網のフェンスを突き破った。追跡が続く中、彼女はニスキエ湖へ逃げ込み、追手を離れて近くの島に渡った。農家が捕獲に失敗した後、地元の消防士らがボートで追ったが、彼女は反撃して五〇メートル先の島に辿り着き、そこで四週間の生活を送った。脱走から間もなく、事件はポーランドのメディアでニュースになり、「ヴィアドモシチ」という番組で報じられた。その後、事件は政治の話題になり、地元政治家のパウェル・クキズは牛の自由を買って彼女の安全な余生を保証すると申し出た。フェイスブックの投稿で、クキズはまず選挙区民とフェイスブックの友達に向けて自分は肉を食べると言い、そのうえで心を揺さぶる雌牛の美徳を讃えた。いわく、「彼女はボートでの搬送を試みた消防士らに屈せず、なおも戦場にとどまった」。よって結論としては、「この牛の不屈の精神と闘争の意志は計り知れない価値を持つ」ので、自分は手を尽くし、「彼女に長い隠遁生活と自然な死を保証したい」とのことだった。が、その自由は訪れなかった。多くの人が悲しんだことに、雌牛は命を落とした。大きなストレスを伴う再捕獲と何本もの麻酔矢が原因だったという。

消費者は戦略的・意図的無知とも無関係ではない。皮肉なのは、抵抗する動物たちの自由を讃える人々の多くが、かたや同様の幸運に恵まれなかった他の動物たちを消費することである。脱走動物の事件がメディアで取り上げられた際も、「その動物の最善を願う」視聴者が「家で夕食に『ステーキ』や『ハンバーガー』を頬張《ほおば》る」ことは考えられる。[17] ジェニー・ブラウンが言う通り、脱走した動物たちは囚われたままの動物たちより上に位置するような特別な何かを持っているわけではない。「動物たちはみな生きたがり、みな生を愛し、みな死を恐れ、みな可能であれば逃げます」。[18] ブラウンはウッドストック農場動物サンクチュアリで、そこに暮らす動物たちが平等な配慮と世話を受ける個であることを訪問者らに見せる。努力の見返りに自由を与えられるというレトリックへの対抗言説を示すべく、彼女は言う。「逃げなかった動物たちにも何ら違いはありません。好機を見つければかれらも逃げたはずなのですから」。[19] 脱走動物たちに「賢い」「生きる意志が強い」「目立って特別」といった評価を与えるのは簡単であるが、こうした想定は正しくない。人間は大集団よりも個々の者に感情移入する傾向があり、囚われの何十億という人間以外の動物たちに感情移入するよう人々を説得するのは至難の業である。

時に動物擁護者らも、脱走した動物たちが特別もしくは生きるに値すると口にするが、そこで当の動物たちが他の動物たちの対極に置かれることはない（動物擁護者は後者の自由も願っている）。が、一個の命を救うための共感と支持を集めるだけでも多大な努力を要することはある。ハケッツタウンで競売場の動物たちを解放しようとした疑いのある、山羊のフレッドを覚えているだろうか。その後、同じ月のうちにフレッドは捕まって「食肉」産業に送り返された。一年におよぶ脱走期間中に、フレッドは競売場近くで鹿と暮らし、時おり電車駅を訪れたことで、一部の地元住民から町の非公式のマスコットと目されるようになった。しかし警察は目撃の報告が続いていることから捕獲を優先した（彼が他の動物たちを解放して大混乱を引き起こしているとの言い分もあった）。後、住民らはフレッドの自由のために団結し、庭を避難所として使わせるほか、ソーシャルメディアを介してハケッツタウンの警察に「フレッドを解放せよ」と求めた。ある人物はこう嘆願した。「どうか彼を殺さないでください。彼は私たち全てにとって非常に特別な存在です。フレッドはただの山羊ではありません。彼はハケッツタウンの山羊です」。ハケッツタウン家畜競売場は人々の要求に答え、フレッドを屠殺業者に売らないと誓った。が、これは競売場（とメディア報道）が示唆するほど好ましい結末ではなかった。フレッドはサンクチュアリに送られず、名前を出したがらない某農場に戻された。農場は彼を「繁殖用の山羊」として使うという。さらに同じ競売場から逃れた他の動物たちはやはり競売に戻された。

逃げた動物たちを特別と評することが問題になるのは、逃げない動物たちの生きる価値が劣るとほのめかす時である。同じく、個々の動物を何らかのラベル（やさしい、賢い、強い、勇気がある、など）で

図版 38　感謝祭の絵はがき。1908 年 11 月。

括ることは、同じカテゴリーに入らない動物たちを切り捨てる形で行なわないよう注意しなければならない。逃げなかった動物たちの価値が劣るようにほのめかす行為は、複数の面で大きな問題がある。一つ挙げれば、それは能力にもとづいて命を優先する態度であり、一種の能力差別となる。多くの動物たちはしばしば品種改変が原因で障害を負っており、脱走による抵抗は特に困難を伴うことがある。

　例えば畜産利用される七面鳥の大半は急成長するよう品種改変されているので、不自然に短い生涯のあいだ、ほとんど歩くこともできない。もしも一羽が脱走しおおせたらそれは特殊事例と称される。ゴブルズはそのような一羽だった。生後わずか一日で、ゴブルズは農場に運び込まれた。年間八〇〇羽の七面鳥を屠殺用に育てる施設で、出荷の時期は生後六カ月だった。三カ月が過ぎ、ゴブルズは柵を飛び越えて木にとまり始めた。体重は一四ポンド〔約六キログラム〕に達していたが、彼の体は数世紀にわたる選抜育種に逆らい、野生の祖先に近いつくりに育っていた。ゴブルズを捕まえられなかった農場所有者らは、彼を殺さないことに決めた。代わりにゴブルズは無期限で農場生活を送れることになった。[20]一九〇八年に描かれた七面鳥を追う少年の絵はがきをみると、七面鳥に対する暴力が北米でいかに日常化していたか、またこの鳥たちがいかに殺し屋から逃れようとしていたかが分かる（図版38）。北米には自由な七面鳥の大集団が暮らしていたが、一九〇〇年代初頭には狩猟のせいでその数が急減した。今日では感謝祭のためだけに年間推定四六〇〇万羽の七面鳥が殺される。その大部分は工場式畜産場に囲われ、一倉庫に最大一万羽が収容される。

動物たちの日常的抵抗は時に精神病と同一視されるが、これもかれらの抵抗（とその動機）を軽んじる種差別が能力差別と交差する一つの形式である。アメリカの酪農業を調査する中で、ガレスピーは被畜産動物たちが日常的な抵抗を企てること、それによって逸脱者のレッテルを貼られることを確かめた。ガレスピーはいう。

筆者はワシントン州の競売場で観覧席に座って待った。……一頭の母牛とその子牛が中央のリングに追い立てられた。子牛は難なくリングに出たが、母牛は激しく抵抗した。彼女は足蹴《あしげ》をして声を上げ、子牛と追立て人のあいだに何度も体を割り込ませた。追立て人は母牛の抵抗を受けてますます攻撃的になり、大声で怒鳴って彼女を叩いた。最終的に、疲れ果てた彼女は子牛とともにリングの中へ走り込んだ。その時、筆者の横にいた客がつぶやいた。「あの親子に入札したいところね——本当に綺麗な牛。でもあの母牛の抵抗といったら。きっと精神病なんでしょう」[21]。

この女性は入札をやめたが、親子はすぐ別のバイヤーに落札された。商品化の空間で抵抗した結果、母牛は逸脱者のレッテルを貼られた。彼女は自身とわが子を引き離そうとするシステムに歯向かったが、入札をやめた右のバイヤーは母牛の痛みに目を向けず、彼女を「精神病」にかかった生きた商品とみて片付けた。意志を曲げまいとする態度は狂気と解された。競売場という抑制空間の中では母牛の抵抗も許されたが、もしも彼女がこの空間を抜け出して公共圏に立ち入れば、その防衛行動は脅威とみなされたに違いない。

離れゆくよそ者たち

動物たちがこの社会で正常態を示す物質的・象徴的な壁を突破すると、かれらは社会秩序にとっての脅威と目される。動物たちの排除は無秩序と異常性の言説を通して正当化される。一八七八年、ニューヨーク州ノース・リバー近郊の屠殺場から、テキサス出身の黒い若牛が逃げ出した。牛には70という数字の焼き印が確認された。[22] その体に押された焼き印の記号は、若牛に割り当てられた財産の地位と、よそ者としての地位を象徴していた――ゆえに法律はほとんど彼の助けにならない。抵抗する動物たちが財産の地位に逆らい、行為者性を発揮すると、現状維持を望む者たちはかれらを既成秩序に対する脅威とみる。正常態の幻想を立て直すために、動物の抵抗者たちは制御不能・下等・狂気・異常などとみなされ――「正常」、つまり文明化した（ヨーロッパ白人の）人間に対置されたあげく――、その監禁・追放・屠殺が正当化される。

サラ・アーメッドがいう「よそ者の危険」概念は、落伍者となった動物が恐ろしい存在かつ共同体から蔑《さげす》まれ追い出されるべき存在と目される理由を探るのに役立つ。「よそ者」を認識して「人間」

市民から追放するプロセスは逆説を含んでいる。というのも、当の認識——よそ者を《認識》することと——は《知ること》なしには成り立たないからである。[23] アーメッドによれば、よそ者を描き出すことは主として人種的なプロセスであり、特定の経済的・社会的特権を強化しかつ維持する。よそ者とは、私たちが知らないだけでなく、知るべきでない者を指す（野宿者や移民など）。人種化された移民は中でも「究極のよそ者」とされる。[24] アーメッドのよそ者理論を膨らませると、よそ者の指定は種差別的な行為でもあり、特定の種（ならびに植民地主義的な人種化された人間・動物序列のもと、「動物」に近いとみなされた者たち）をよそ者と認識して排除する。動物たちは排除されるとともに物神化され、拘束を逃れれば共同体にとっての脅威とみなされる。支配的な言説はそうした動物たちの物語をつくる一方、その時その動物たちが現れる原因となったもの（この場合は農場・生体動物市場・屠殺場など）を故意に忘れ去る。脱走した動物たちがどれだけ秩序を乱す存在ないし恐ろしい存在とみえるかは、かれらが共同体成員とされる者たちにとってどれだけ危険とみなされるかによる。

秩序を乱す動物がいわゆる文明化した社会の安全空間を脅かすという言説は、一九世紀から二〇世紀初頭に広まった。正常化の論理が社会関係（人間動物関係も含む）を効果的に制御する世にあって、脱走した動物たちは逸脱・奇異・獣性・異常と結び付けられるのが常だった。かれらは「荒れ狂う」獣、[25]「狂った」もしくは「発狂した」獣、[26]「道を外れた」獣[27]などと記述されてきた。ある記事では、少年らの罵声と石礫《いしつぶて》から逃げる若牛が「野生的」な「発狂した獣」と描かれた。[28] これに対し、警官は野生的な生物を鎮圧する秩序の保護者と捉えられる。脱走した若牛の事件を報じた別の記事は、「勇ましい警官が数発の冷たい銃弾を放って牛の狂った生涯を終わらせた」と締めくくる。[29]

外部の者——ここではよそ者である危険な場違いの動物——は、共同体を守る者と対極をなす形

図版39　1913年11月3日、ニューヨーク家畜社を脱走した牛がセントラルパークで殺される。『ニューヨーク・タイムズ』1913年11月4日。

で描かれなければならない。そして多くの場合、対極にいるのは違反者を撃ち殺す警官と決まっている。この力学が観察できる例として、アメリカ西部から運ばれてきた後に移送用トラックから逃げ出した二頭の若牛の事件がある。二頭はペンシルベニア鉄道の線路沿いを走り、フェリーへ向かう路線をまたいでリトル・イタリーを突き抜けた。『タイムズ』紙はこの逃走中に「お決まりの怠け者と子どもの群れ」が牛たちを追い、「ありとあらゆるものを投げつけた」と報じた。記者は逃げる牛の一頭に触れ、「ジェニー・カシディという九歳の少女が一番街に佇《たたず》んでいた時、怯える牛はこの大通りに向かってきた」と記す。[30] 牛は情感ある存在、つまり「怯える」存在として描かれているが、その逃げる道に佇む少女を強調していることから分かるように、牛は共同体の安全を守るために殺すべき脅威とも目されている。この事件では、川に飛び込んだ牛を警察の巡査部長が射殺した。脱走動物への発砲は秩序と正常態を維持するための試みだった。が、それによってさらなる混乱が生じることもあり、現に一〇〇年前には八頭の脱走した牛を狙って警察が放った銃弾が警備員を殺す事件があった。[31]

ニューヨークの被畜産動物たちは拘束を逃れただけでなく、蹴る、噛みつく、逃げ出すなどの反撃を行なった。ある若牛は「行く手を阻むあらゆる障害物」に突進し、別の若牛は石を投げられて「少年に手痛い蹴り」を喰らわせた。[32] 一八九五年、四四番街の一番通りで、アイザック・ステルフェル牛肉社の屠殺場から一頭の若牛が抵抗して逃げ出した。牛はグランド・セントラル駅に入り、積荷区間の線路を走り始めた。『タイムズ』紙は述べる。

乗客の中には大勢の女性たちがいた。彼女らは狂える牛が奔走するさまに悲鳴を上げた。……牛は四二番街を通って西へ進み、ヴァンダービルト通りに接近したところで不意に立ち止まり、追手に対峙した。追手らも足を止める。牛はそちらへ向かってきた。追手たちはすぐに向きを変えて逃げ出した。牛はその後を追った。追われる者が追う者になった。[33]

「追われる」若牛の抵抗は、興奮した群衆に追われて踵《きびす》を返し、彼自身が「追う者」になったことから明瞭に見て取れる。加えてこの事件で注目されるのは、異質で「場違い」とされる者に危険性を投影することで〔人間側の〕暴力を正当化している点である。

さらに、「狂気」の者が社会を侵犯するという叙述は、ジェンダー化されたレトリックを動員し、助けを要する危機下の女子供という像を生む。「狂える」脱走牛を見て悲鳴を上げる女性客の描写は

図版 40　イギリスの諷刺画。『パンチ年鑑』（1844）より。

その一例を示す。現実の世界で女性とその子どもたちに危険をおよぼすのは、屠殺場を脱した牛ではなく、彼女らが自由に世界を生きようとする（かつ支配を逃れようとする）その自律性を妨げる者たちである。父権的思考は女性たちの行為者性を否定し、彼女らは男性の統制下になければ危険であるとの説を唱える。ここには性差別と種差別の交差がみられる。すなわち、若牛（危険とされる者）は家畜置場《ストックヤード》に送り返されなければならず、女性と子ども（危機下にあるとされる者）は男の救世主がいなければ公共空間において安全でいられないというのである。

　この言説は一九世紀のロンドンにもみられる。例えば店の空間に動物が立ち入った描写では、「一頭の獣が窓から頭を覗かせ」「羊が店に入って階段につまずき転んだ」後、「婦人らは店に立ち寄ろうとしなくなった」と語られる。[34] 別の事例では、群れを逃れた牛たちが牛舎の外に集まった時の様子を振り返りつつ、ある人物が

図版41　狐狩りをする男、狩猟団の農場通過に怒る雄牛に追われる。ロバート・スミス・サーティーズ『ジョロック氏の猟』(London: Bradbury and Evans, 1854) より。ジョン・リーチ画。

こう口にする。「もしもその場に女子供がいたら、きっとおののいたに違いない」[35]。動物たちの身体が「場違い」とされるのに対応して、若い女性たちは公共空間で用心し、自身と自身が占める空間に制約をかけるよう諭《さと》される——道に放たれた「野生的な動物」よろしく、「場違い」とみなされてはいけないからである。

今日、ウォールストリートを歩く者は象徴的な「突進する雄牛」像を見かける。ある歴史家いわく、この鼻孔を開き、鋭い角で通行人を刺そうとする雄牛は「怒りに燃える危険な獣である。筋肉質の体を片側にひねり、尾を鞭《むち》のようにしならせる。雄牛は力みなぎり動きを宿す」[36]。この像から思い起こされるのは、株式市場が「ストック・マーケット」と呼ばれる理由である。それは「家畜=生きたストック」がヨーロッパ人入植者の元々の通貨であり富の源泉だったことに由来する。

ウォールストリートの力を表す雄牛の象徴性は、「畜牛」がこうした初期形態の資本であったことを思えば皮肉でもある。像は資本家を表象するが、雄牛たちは飼い馴らしの対象とされて久しく、そこでは彼らの行為者性と力を屈服させることが試みられてきた（なお、資本家たちの株式《ストック》取引はいまや完全に数値化され、実際の「生きたストック」は視界から消されて株式評価と電子市場に取って代わられた）。突進する雄牛の象が様々な象徴性と諷刺の担い手であるのに似て、一九世紀のイギリスの諷刺画も、雄牛たちの抵抗がよそ者言説に寄り掛かる形で簒奪《さんだつ》されてきたことを示す歴史的例証となる（図版40・41）。これに対し、下からの見方に立つと、かの雄牛像は多くの牛たちが資本蓄積のために搾取されたこと、その商品化に対しかれらが多数の反抗を企ててきたこと（ニューヨークの通りに逃げ出すのもその一例だった）を髣髴《ほうふつ》させる。

二一世紀の今日もなお、脱走した動物たちは殺されるのが常である。例えば二〇一一年、クイーンズ区ジャマイカの屠殺場から逃げてニュースになった雄牛はすぐに屠殺ラインへと戻された。雄牛はタッカートン通りとリバティ通りを走り抜け、ニューヨーク市立大学ヨーク校で捕まった。(37) ファーム・サンクチュアリのメンバーらが助けようとしたが手遅れだった。わずかな自由を経験したあいだに、雄牛は通行人たちの嫌悪を買った。ある目撃者は大声で言った。「あの化け物は口から唾《つば》を散らして突進してきたんです。……イカれていますよ」。また別の者いわく、「みんな悲鳴を上げていました」。(38) 雄牛が「唾を散らして突進」する「化け物」と言われることには、人間以外の身体を異端のよそ者とみる社会的傾向が表れている。雄牛を撮った動画からは男性らの笑い声も聞かれ、場違いの者に対する暴力が容認される（場合によっては娯楽となる）傾向が映し出されている。この脱走を報じたある記事は、別の雄牛らが逃げて殺された二つの前例に触れる。一頭は一四時間にわたる警察の追跡を受け、捕獲から間もなく絶命した（疲労と脱水が原因と思われる）。もう一頭は「ナルコ」という名で、違法のロデオに使われ、トラックに押し込まれている最中に脱走した。警察官は銃を放ちナルコを殺害した。同じく二〇一一年にはケベック州ガティノーで警官の発砲する様子が動画に撮られ、国際ニュースとなった。屠殺場から二頭の若牛が逃げ、「撃ち殺すしかなかった」とガティノーの警察は弁明した。(39)

反逆者の商品化

動物のよそ者たちは他方で物神化・商品化もされる。動物たちが逃げ出した時に生じる認知不協和は、アーメッドがいう「よそ者物神の崇拝」へと至ることがある。これはよそ者と描かれたものを消費しつつ遠ざける現象で、マルクスが唱えた商品物神の崇拝、すなわち資本主義社会の商品が生産手段から切り離されるという理論の延長上にある。よそ者物神の崇拝は、私たちの社会が動物身体――肉、羽、毛皮、鰭《ひれ》など――を大量消費しつつ、同時にその動物たちを共同体から遠ざけるという現象に見て取れる。例えば被畜産動物たちは巨大畜舎に隔離されるが、同時にその身体は石鹸・ロウソク・長椅子カバー・食品などとなって家庭消費される。この常態化した生活で消費される動物たちと、家庭に伴侶として迎え入れられる動物たちを見比べれば、両者の徹底した分離は隠すべくもない。特定の種を消費することが容認されるのは、その動物たちがよそ者として構築されているからである。

動物たちの皮や羽、体毛などが国粋主義の表明に使われると、物神化はいよいよ明瞭となる。オーストラリア政府による一九三二年の「エミュー戦争」では数千羽のエミューが傷害・殺害され、その羽は入植者の軍により機敏さの象徴として流用された。王立オーストラリア砲兵隊第七野戦連隊は一九三二年一一月、約二万羽のエミューに対する攻撃を開始した。第一次世界大戦の後、オーストラリアには生活を求める帰還兵が流入していた。そこで政府は並みいるオーストラリアとイギリスの退役軍人らに、西部で穀物農家を営む機会を与えた。現地に生息していたエミューたちは、主として白人からなるイギリスの入植者よりも遥か以前からそこに暮らしており、土地が開墾《かいこん》されるとそこで食料を得ようとしだした。新しく農家になった者たちは作物を食べるエミューに怒り、オーストラリア国防大臣に相談を持ち掛けた。エミューに対する軍事行動は必要と判断された〔柵を立てるなどして鳥を防ぐ方法は検討すらされなかったらしい〕。

エミューたちは攻撃にさらされたが、その身体は軍の国粋主義的な制服を特徴づけるために流用された。ある部隊は特任で羽を集めるために派遣された。『キャンベラ・タイムズ』紙は書き記す。「部隊を統率する将校は、シドニーの軍本部から一〇〇羽のエミューの皮を集めよとの命令を受けた。その羽を軽騎兵の帽子に使うのだという」[40]。オーストラリアの軽騎兵隊にとってその羽が装飾にふさわしいとみられたのは、一〇フィート〔約三メートル〕を超える歩幅で時速三〇マイル〔約四八キロメートル〕の走行をみせるエミューたちの驚異的な機敏さゆえだった。これがさらによく発揮されたのは、エミューたちが軍に反抗した時である。かれらは度胸があり、しばしば弾丸のたぐいにもひるまなかった。さっと散らばることもあれば、即座に銃の間合いを測って退くこともある。軍事作戦はやがて茶番とみられだした。多くのエミューが殺されたが、農家が満足するには程遠い成果だった。作戦は六週間後に中止となった。オーストラリアの名高い鳥類学者ドミニク・サーベンティはつづった。「というわけで、うなだれた野戦部隊はおよそ一カ月の後、戦場から退却した」[41]。作戦中、ある兵士はライフルに弾を込め、一〇〇〇フィート〔約三〇〇メートル〕先のエミューに狙いを定めたがやはり逃し、心に問うた。「ちきしょう……俺はこんなとこで何をやってんだ？」。ある指揮官はエミューを戦車に譬えた。[42] 多くのエミューは生き残ったものの、確認されたかぎり約一〇〇〇羽が殺され、二五〇〇羽が負傷によって命を落とした。エミューたちは物神化と大量虐殺（エミューとの戦い）の双方に見舞われたことになる。

ピートと名付けられた蛇が脱走した際は、あまたの日和見主義者が喜んで彼の悪名を金に変えようとした。話は一九五四年、テキサス州フォートワースのフォレストパーク動物園で、ニシキヘビのピートが囲いを抜け出したことから始まった。脱走から間もなく、一〇〇人の警官が動物園に駆け付け、混乱の中、およそ四〇〇〇人の来園者を外へ誘導した。以後、警察は定期的に動物園へやって来ては、ニシキヘビが逃走中であること、近づいてはならないことを、パトカーの上の拡声器で呼びかけた。動物園スタッフと警察と地元民はボートやヘリコプターに乗り、二週間以上をかけて全長一八フィート、体重一五〇ポンド〔約五・五メートル、六八キログラム〕のニシキヘビを探したが見つからなかった。ピートは一五日間隠れ続けた末に再捕獲された。数カ月後、彼は五〇個の卵を産んで人々を驚かせた。名実ともに人間が割り当てた性と違ったピート（別名パトリシア）は、残念ながら卵が孵《かえ》る前に世を去った。

ピートが自由だったあいだに、多くの者がその評判を資本化して「ニシキヘビのピート」を売り込もうと考えた——地元の関連商品はシャツからバーガー、ケーキにおよんだ。フォードのディーラーであるハットレイ・モーター社は広告にピートを織り込んだ。いわく、「ニシキヘビのピートがどこにいるかは分からない。でもきっとハットレイへ向かったに違いない！」。ピートの脱走はあまりに広く資本化されたので、ある人物は動物園の管理者に、この大失態はもともと一儲けするためにでっ

図版42　囲いのガラガラヘビ、逃げ道を探して身を伸ばす（Jo-Anne McArthur/We Animals撮影）。

ち上げたものなのかと尋ねたほどだった。資本主義的な大騒ぎは脱走した動物たちがニュースを飾るたびに繰り返される。特記すべき一例に、タムワースの二頭として有名になったブッチとサンダンスの事件をめぐるメディアの興奮ぶりが挙げられる。二頭は屠殺場から脱走し、何十人もの記者や写真家に追われながらマームズベリー中を逃げ回った。このニュースの独占報道権と引き換えにブッチとサンダンスを買い取った『デイリー・メール』紙の元幹部は『ガーディアン』紙で語っている。「これはおもしろ動物ニュースに思えるかもしれませんが、同時に至って真剣な話でもありました。一週間の中で最も、桁外れに重大なニュースだったといえます」[43]。

アルバータ州レッドディアで屠殺場から脱走した一頭の豚がニュースになった際は、その悪名が観光促進に利用されただけでなく、市の畜産業の「重要さ」を象徴するためにも利用された。一九九〇年の夏、当時は追手によって「KH27」という名でのみ知られていたフランシスは、C／Aミートの屠殺場から逃げ出した。(44) 畜殺室へ追い立てられている最中、彼は向きを変えて逃走した。四フィート〔約一・二メートル〕近くのフェンスを跳び越し、食肉処理区画をくぐり抜け、裏口を押し通った。そしてレッドディア・リバー・バレーの緑地へ向かって駆け出した。

数カ月間、フランシスは単独で森に暮らし、洞穴《ほらあな》を棲家として草地に餌を求めた。また、森から出てきては近隣のゴミ箱を漁《あさ》ることでも知られだした。ヨーロッパイノシシの末裔とあって、彼には充実した野生生活を送る能力があった。ひとたび自由になると、その恵まれた天性が開花した。自然と調和しながら二〇年を生きる祖先らと同じく、フランシスは思考を働かせ、危険を感じ取り、環境を理解し、変化に適応し、必要とあらば長距離を移動する能力を具えていた。彼の脱走にメディアが注目しだした一〇月下旬には、既に公園内や自転車道で頻繁にその姿が目撃され、フランシスの名はおなじみになっていた。

屠殺場はフランシスが寒い気候に耐えられないかもしれないとの懸念を口実に、追跡者のハンターを派遣した。が、フランシスは賢く、農家に見つかった洞穴には二度と戻らないことで追手をかわした。ある時は男が近づいたが、フランシスは麻酔矢を撃たれながらもその場を立ち去った。一一月二九日、ハンターは再びフランシスの居場所を突き止め、三発の麻酔矢を撃ち込んだ。不幸にもその一つは腸を傷つけた。フランシスは二日後に命を落とした。無数の豚を屠殺するC／Aミートは、寒さの中でフランシスが生き延びられるかよりも、彼によって人（や土地）に損害がおよんだ時の責任追及を気に病んでいた可能性が高い。捕獲される以前にフランシスは車にはねられていた。捕獲後の彼は、世話係の農家によれば「まるでアリゲーターだった」という。「前を通りがかろうものなら脚をちぎり取られただろう」[45]。

死後、フランシスはレッドディア・ダウンタウン商工会により、市を形づくった個人・行動・出来事を讃える慰霊事業で、七体の銅像の一つとなって記念された（図版43）。この物語の悲しい皮肉は、フランシスの死後、その自由を求めた企ては市によって観光と動物アグリビジネスの推進に利用されたことである。ダウンタウン商工会は人々の認知不協和に付け込み、銅像に関する記事でこう述べた。「フランシスは養豚業と食肉処理がレッドディアの経済で重要な一角を占めることを思い出させてくれます」[46]。つまり銅像の設置はポチョムキン的仕草〔不都合を隠蔽する取りつくろい〕であり、市民の動物愛と脱走した豚を資本へと変えつつ、フランシスの悪名から利益を得ようというまやかしのプロパガンダ機能を担った。肉のために殺される豚たちの苦しみを顧みず、フランシスの苦悩を生んでそれを利益に変えた産業は、彼の闘いをも流用した。

図版43　アルバータ州レッドディアの慰霊事業でつくられたフランシスの銅像（Krista Ritchie 撮影）。

動物たちの擁護

脱走者の勇気と決意は目撃者の心に強く響き、人々を様々な形の動物擁護へ向かわせることがある。フランシスの脱走事件と市によるその闘いの流用は、ウィニペグのパンク集団プロパガンディにより、「ポチョムキン村の境」という歌に織り込まれた（二〇〇九年のアルバム「カースト支持」に収録）。歌はフランシスの自由を求める逃走に焦点を当てる。

フランシスは目を閉じ　人の手になでられるのを感じた
しかしその時　殺し屋はふと背を向けた
まばゆい光線が床に広がる
紅のよどみに　おのが影を見つめながら
扉に向かって彼は走りだした　おとぎ話の断片じゃない
そうだったならと願ったけれど
これは本当も本当の話
ぼくらが今なお関与している(47)

この歌はフランシスが逃走の最中とその後に経験したことを思い描くもので、母に触れられた束の間に彼が感じた愛を回想するくだりもある。歌は動物搾取に支えられた社会の意図的無知を批判する。情感ある生きもののうち、監禁され、屠殺され、実験にかけられ、娯楽のために危害を加えられることに同意する者はいない。動物の肉に関していわれる《放牧》《持続可能》《有機》などのレトリックは、一部の消費者の罪悪感を和らげるおとぎ話であり、そのラベルにほとんど意味はない。それによって一部の動物はわずかに広い空間や良質な餌を与えられるが、かれらはなお生を縮められ、従来と同じ方法で殺される。

フランシスを応援する手紙のアーカイブからは、多くの人々が彼に寄り添い動物性食品の消費を控えたことが窺える。フランシスの逃走中、メディアの注目は彼の動機に対する共感を呼び起こした。レッドディアのパーカレン小学校では、三、四年生が豚と説得術を学習テーマに選んだ。生徒らは市にフランシスの自由を求める手紙を送った。一九九〇年一一月八日付の手紙では、ジョーダンナ・Bという生徒がレッドディア市にこう訴える。「あなたがたがベーコンにさばかれるとしたらどんな気持ちでしょう。もしあなたがたが豚ならやっぱり逃げ去るはずです。……この豚は四カ月も寒い野外にいました。殺すのはあんまりです」。アンナ・Dという別の生徒は述べる。「フランシスは素晴らしい豚だと思います。私は豚が大好きです。彼が死んでほしくはありません。ハムはいりません。豚肉はいりません。ベーコンはいりません」。アーカイブには動物擁護団体の手紙やフランシスの福利に関する質問状、共感を寄せる手紙、新聞記事、フランシスの写真などもある。[48] フランシスの像は現在、ブルーグラス芝生農場セントラル・スプレー&プレイ公園に置かれている。

一〇年後、もう一頭の被畜産動物が自由を求める努力で歴史をつくった。二〇〇〇年、茶色と白のまだら牛がニューヨーク市を逃走して人々の心を捉えた。クイーニーと名付けられたその牛は、一〇九番通りのアストリア生体家禽市場から逃れ、九四番通りに沿って走り、一五〇番街に向きを変え、リバティ通りに駆け込んだ。クイーニーを「初の屠殺場の自由闘士」とみて共に闘ったスージー・コストンは、その幸運な脱走を振り返った。彼女は書きつづる。

生体市場や家畜置場の倣《なら》い通り、ステッキや棍棒や電気棒の恐怖に追い立てられたクイーニーは、機会があればどんな動物でも選ぶであろう行動に出た。……彼女は街区から街区へと駆け抜け、混み合うニューヨークの街道で交通や通行人やさらには警察車両をもかわして、驚き嘲《あざけ》る見物らの注意を引いた。その自由への逃走は最終的に、警察が彼女に麻酔銃を放ったことで終わった。(49)

捕獲されたクイーニーは屠殺場に戻される予定だった。しかし全国メディアが事件に注目したことで人々の抗議が起こり、屠殺場主は彼女をファーム・サンクチュアリに譲ることに同意した。メディアはクイーニーの生きる意志を認める人々の感情に気づいていた。

クイーニーはファーム・サンクチュアリに暮らす住民のうち、自力の抵抗行為を通して脱走したことが分かっている最初期の動物に数えられる。サンクチュアリに来た時点で、彼女が「自由な精神」を持ち、人間との距離を保ちたがることははっきり分かった。当初、彼女はほかから離れた草地で特に内気な牛たちと過ごした。後には同じく動物アグリビジネスから逃げてきたマクシンやアニー・ドッジなどの牛たちとも知り合った。新しい暮らしは彼女が生まれ落ちた悪夢的システムとは無縁の生活だった。クイーニーが逃れてきた生体動物市場では動物たちが互いの目の前で屠殺されていた。鶏たちは排泄物に覆われた檻で、他の鶏の死骸に囲まれ、給餌・給水もおろそかにされる日常を生きていた。(50) クイーニーの脱走は、人間が自分の食事になっていたかもしれない者と対峙し、消費と生産の隔たりを越えるための契機を与えただけでなく、事件を通し、同じ施設の鶏たちの惨状に迫る調査をも促した。クイーニーの物語が話題になったことをきっかけに、近隣住民らは施設への苦情を述べ、その閉鎖を求めた。住民らの懸念は『ニューヨーク・ポスト』紙に載った。「この市場ではどんなものも人道的に扱われていると思えず、その理由一つで閉鎖されてほしいと願います。……あそこからは夜通し、動物たちの叫び声が聞こえるんです」(51)。施設の閉鎖後、動物擁護活動家は檻に詰め込

図版 44　スー・コウ「屠殺場を脱するクイーニー」。カラーリトグラフ複製画、2001 年。.
Copyright © Sue Coe. Courtesy Galerie St. Etienne, New York.

まれた鶏たちを救助でき、生き残った鳥たちはファーム・サンクチュアリに送られた。

政治的・社会的文脈を考えると、重要な問いはクイーニーが社会変革を促そうと意図していたかどうかではなく、その行動が彼女の置かれていた環境と社会の構造、および彼女の生きる意志について何を物語ったか、またそのことが社会変革にいかなる効果をもたらしたかである。クイーニーの物語は人々の意識に影響し、生き残った鶏たちの解放を叶えたほか、人々を動物搾取への反対に向かわせ、クイーニー自身の観点について考えるきっかけを人々に与えた。知る人からは小柄・荘厳・孤高などといわれるクイーニーであるが、彼女は生涯を通して人間を恐れた。もっとも、人が彼女を助ける時にはそれを理解した。歳をとったクイーニーは小さな群れで、親友のロス、トリシアとともに暮らした。彼女はファーム・サンクチュアリで一九年生き、二〇一九年に息を引き取った。サンクチュアリの報告によれば、そのかたわらには彼女の友らがいたという。

芸術家のスー・コウはクイーニーの脱走をリトグラフの作品に仕上げ、生体市場からファーム・サンクチュアリへと至る逃亡の諸段階を描いた（図版44）。左下隅の新聞には、抑圧者から逃れた動物に対するメディアの騒ぎを象徴するように、「ならず者の牛」という見出しがある。著書『死せる肉』で、コウは屠殺場を脱した牛と出くわしたのが人生を変えた瞬間だったと語る。若い頃、彼女は三人の男に追われる豚が怯えながら車のあいだを縫《ぬ》うように走り、人々がその様子に笑い声をあげているのを見た。記憶をたどり、豚が屠殺されると知った時の思いを振り返りながらコウはいう。「おそらく、その時初めて、私はこの世界に何か問題があると知ったのでした」(52)。コウの作品には抵抗する動物たちを描いたものもあり、その一つにこの豚を描いた「逃げ場はない」と題する作品もある（画用紙、グラファイト、水、一九八七年）。

二〇世紀後期からそれ以降、人々は動物の抵抗者たちが殺されることに繰り返し問題意識を表明してきた。ナルコという雄牛の件では、デビッド・ディアズという少年がそれを表明し、この雄牛が死んで解体されると聞いた際に「こんなの間違ってる」と言った。[53]ガティノーの件では、目撃者のベランダから撮られた動画を観て世界中の人々が怒りを表明した。クイーンズ区ジャマイカの雄牛の件では、トラック運転手の携帯電話が脱走の様子を捉え、動画に寄せられた多くのコメントがその自由を支持した。コメントのいくつかは同地区で「ディナー」にされる他の動物たちに人々の注意を向けさせた。ある人物はロングアイランド鉄道の通勤者らが屠殺場へ向かう動物たちと遭遇することに言及して書きつづった。「皆さんに水を差したくありませんが、彼は既に誰かのディナーになっています。……ロングアイランド鉄道の高架路線はジャマイカのこのあたりを通っています。毎朝の通勤時には何百もの動物たちを屠殺場へ運ぶ貨物車が見えます。かれらは一頭たりとて幸せな結末を迎えません」[54]。別のコメントを書いた人物はいう。「とても悲しいことです。……かれらはそばで進行する死を察し、その臭いを嗅いで、とてつもない恐怖を感じます。……痛みを感じる能力でかれらと私たちに違いがないことは分かります」[55]。またある人物は動物たちの情感を認める。「この動物たちが感じるであろう恐怖に共感する人はいるでしょうか。……かれらはかの恐ろしい場所で、死を目にし、耳にし、鼻にします――しばしばホイールローダーで追い立てられながら。全く胸が押し潰される思いです」[56]。

ソーシャルメディアと被畜産動物用のサンクチュアリが登場する以前は、街路に脱走した牛への広い支持を集めるのは今よりもなお難しかったが、一九五四年二月一七日に『ニューヨーク・タイムズ』紙に載った動物福祉擁護の手紙を読むと、一部の人々は強い問題意識を持っていたと分かる。

ニューヨーク屠殺業精肉社の屠殺場（三九番街一一番通り）から脱走した若牛の扱いに関し、キャサリン・A・パークという女性は述べる。

『ニューヨーク・タイムズ』編集者御中　貴紙を読まなければ、私は若い雄牛が屠場を逃れ、再捕獲の後、故意にトラックに轢《ひ》かれて脚を折られ、トラックに縛られてうめき声をあげながら五区画の道路を引きずっていかれた、などという話を信じることはできなかったでしょう。かように嗜虐《しぎゃく》的な残忍行為が今日、ニューヨークのような都市で生じてはならない、と言いたかったものです。……それがおそらくは責任ある立場の成人男性らによってなされたということは、この町の不名誉に違いありません。(57)

若牛の扱いに対するパークの抗議は見方を反転させた。脱走した動物を厄介者とみるのが当時の常識であったが、彼女は暴力を行使・容認した男性らに批判を向けた。雄牛への懸念と同時に、彼女は動物虐待が人間社会におよぼす影響についても危惧を表明した。

この事件では精肉社へ向かってトラックを運転していた「家畜」監督者が罪に問われた。この男性は数回にわたり雄牛を轢いていた。目撃者二名・調査官一名・動物虐待防止協会の写真家一名が証人台に立った。目撃者の一名は、轢かれる前から雄牛の左後脚はひどく負傷していたと証言した。(58) 暴力があったにもかかわらず、くだんの監督者は無罪放免となった。この判例から分かるのは、動物たちに想像を絶する残忍行為が加えられ、あまつさえその暴力が目撃された場合でも、加害者に罰が下らないという実態である。動物虐待罪の起訴が難しいのは、悪意の証拠を入手しがたいことと、人間以外の動物に対する法的保護がほとんど存在しないことによる。

動物の抵抗者たちに対する人々の反応は、私たちの社会の複雑にして対立的な人間動物関係を映し出す。本章では、屠殺場・農場・競売場・市場を逃れた動物たちが、生産における動物の飼養・殺害工程と消費者の隔たりに橋を架ける実態をみてきた。その行動を前に、多くの目撃者たちは脱走者の成功を願う。ある人々は脱走者のための安全地帯確保や医療費の寄付に努める。またある人々は被産動物たちが生きるために逃走するさまを見てビーガンや菜食者になる。*他方、認知不協和をユーモアで覆い隠す、動物たちの物語を流用して金儲けを企む、動物たちの抵抗を軽んじる、動物たちを共同体にとっての脅威と描くなどの反応もある。こうした反応は人間と動物の溝を深めるのみで、動物事業の嘘と秘密を乗り越えない。一九世紀から二〇世紀のニューヨークにみられたように、無秩序の言説はレトリックを動員し、警察官を英雄と讃える。彼らはか弱い女性と子どもたちを、路上に闊歩《かっぽ》する「狂える獣」から守る者だというわけである。動物の抵抗者たちに対する人々の反応を鑑《かんが》みるに、この反逆者たちは錯綜する言説闘争の中心に位置すると分かる。そこではジェンダー化・人種差別・階級差別・能力差別・嘲笑を通して権力が再主張される。行為者性の理解を拡張し、人間以外の者たちを行為主体と認めることは、今日の政治活動に特異な難題を突き付ける——動物たちとの連帯行動とは、何を意味するのか。

＊　ビーガンは倫理的理由から動物搾取への加担を拒む人々。動物性の食品や衣服、動物を使う娯楽などに金を投じる行為は、動物搾取への加担になるので、ビーガンはそれらを拒む。その思想と実践をビーガニズム（脱搾取）という。他方、菜食者の中には脱搾取の考え方を持たない人々や食以外の面における動物搾取を避けない人々もいるので、ビーガンからは区別される。ビーガンはみな菜食者であるが、菜食者がみなビーガンであるわけではない。

注

（1）Farm Sanctuary, "Frank's Story," YouTube video, November 17, 2016, https://www.youtube.com.
（2）ジェニー・ブラウン（ウッドストック・ファーム・サンクチュアリ創設者）との対談より。二〇一三年三月。
（3）Miranda Leitsinger, "Moo-dini: Steer's Life Spared after Slaughterhouse Escape," *NBC News*, April 11, 2012, https://nbcnews.com.
（4）Leitsinger, "Moo-dini."
（5）Denveright303, comment on Leitsinger, "Moo-dini."
（6）ジェニー・ブラウンへのインタビュー。二〇一三年。
（7）Woodstock Farm Sanctuary, "'Mike Jr.' the Escaped Calf Arrives at WFS!," April 11, 2012, https://woodstocksanctuary.org/breaking-news-mike-the-escaped-cow-arrives-at-wfas/.
（8）Farm Sanctuary, "Maxine's Dash for Freedom, YouTube video, 4:18, October 18, 2012, https://www.youtube.com.
（9）Al Baker and Ann Farmer, "Heifer Runs for Her Life, and It's Working So Far," *New York Times*, May 6, 2009.
（10）Arminius Von, May 7, 2009 (6:58 p.m.), comment on Christine Hauser, "Farm Living Is the Life for Molly," blog, *New York Times*, May 7, 2009, https://cityroom.blogs.nytimes.com.
（11）Pigeon, May 7, 2009 (3:15 p.m.), comment on Hauser, "Farm Living Is the Life for Molly."
（12）Animal Lover, May 7, 2009 (5:37 p.m.), comment on Hauser, "Farm Living Is the Life for Molly."
（13）Ahmed, *Living a Feminist Life*, 145.
（14）Hribal, *Fear of the Animal Planet*, 84–85.
（15）Hribal, *Fear of the Animal Planet*.
（16）Jessica Pressler, "Run, Bessie, Run!," *Intelligencer*, May 6, 2009, http://nymag.com/intelligencer.
（17）ジェニー・ブラウンとの対談より。二〇一三年三月。
（18）ジェニー・ブラウンとの対談より。二〇一三年三月。
（19）ジェニー・ブラウンとの対談より。二〇一三年三月。
（20）Tom Morgan, "Plucky Turkey Saved from the Christmas Chop Is Now a Farm Pet," *Express* (UK), December 19, 2014.
（21）Gillespie, "Nonhuman Animal Resistance and the Improprieties of Live Property," 117.
（22）"A Wild Steer's Long Race: Exciting Pursuit by the Police," *New York Times*, August 17, 1878, 8.
（23）Sara Ahmed, *Strange Encounters: Embodied Others in Post-Coloniality* (New York: Routledge, 2000).
（24）移民がいかにして「究極のよそ者」とされるか、その具体例を知りたければ、エルダー、ウォルチ、エメルによる「動物に絡めた人種化」の考察を参照するのがよい。この用語は白人至上主義の再確認を目的とする動物擁護の流用を指す。生体動物市場にいる非白人の移民や労働者は、国家への帰属を示すコードに合わない「動物関連の習慣」を理由に中傷されることがある。この議論については Glen Elder, Jennifer Wolch, and Jody Emel, "Le Pratique Sauvage: Race, Place, and the Human-Animal Divide," in *Animal Geographies: Place, Politics, and Identity in the Nature-Culture Borderlands*, ed. Jennifer Wolch and Jody Emel (New York: Verso, 1998), 72–90 を参照。また、人種化された移民をその動物利用の習慣ゆえによそ者と分類する言説が、例えば手ずから屠殺・解体を行なって「新鮮な肉」を食べようとする白人都会民の増加などを問題にしないのであれば、ダブルスタンダードは明らかである。生体動物市場を批判的に検証するのは正当であるが、そうした市場を不潔で恐ろしい場所とし、これが広がってはならないと指摘する者が、多数派を占めるアメリカ人の食品購入元を問題とせず、裏庭屠殺を批判することもないとなれば、そうした議論は実際のところ、白人特権と資本主義事業に支えられた遥かに大きなアグリビジネスを消費者の意識から遠ざける効果を生みかねない。

（25）For example, "A Wild Steer's Long Race," 8; "A Wild Steer at Large: Pranks through the Streets of Jersey City—Two Persons Injured," *New York Times*, August 4, 1881, 8; "After a Runaway Steer: He Makes Things Lively about the Grand Central Station," *New York Times*, November 2, 1895, 15; "Steer on a Rampage Tosses Two in Street."

（26）For example, "A Wild Steer's Long Race," 8; "A Wild Steer at Large," 8; "A Wild Steer Running Loose," *The Sun*, August 31, 1869; "After a Runaway Steer," 15.

（27）例えば "Steer on a Rampage Tosses Two in Street" を参照。

（28）"A Wild Steer at Large," 8.

（29）"A Wild Steer Running Loose," *The Sun*, August 31, 1869.

（30）"They Had the Right of Way: Wild Steers from the West Amuck in Jersey City," *New York Times*, September 20, 1894, 8.

（31）"Man Is Shot Dead in Chase for Steer: Frenzied Animal Tears down Fifth Avenue, Police Shooting from Taxicabs," *New York Times*, November 4, 1913, 18.

（32）"A Wild Steer's Long Race," 8; "A Wild Steer at Large," 8.

（33）"After a Runaway Steer," 15.

（34）Padmore, in *Second Report from the Select Committee on the State of Smithfi eld Market*, 1828, 6, 147, as cited in Philo, "Animals, Geography, and the City," 667.

（35）Webster, in *Report from the Select Committee on Smithfield Market*, 1849, 400, as cited in Philo, "Animals, Geography, and the City," 672.

（36）Dianne L. Durante, *Outdoor Monuments of Manhattan: A Historical Guide* (New York: New York University Press, 2007).

（37）Katie Honan, "Cow Runs Loose in Queens," *NBC New York*, August 12, 2011, https://nbcnewyork.com; "Cow Escapes from Jamaica, Queens Slaughterhouse, Runs down Liberty Avenue," video, *Huff Post*, October 12, 2011, https://www.huff post.com.

（38）Honan, "Cow Runs Loose in Queens."

(39) Ellen Mauro, “Gatineau Police Defend Shooting Escaped Cows,” *CTV Ottawa*, October 28, 2011,https://ottawa.ctvnews.ca.
(40) “Machine Guns Sent against Emu Pests,” *The Argus*, November 3, 1932, 2.
(41) Innovative History, “The Great Emu War of Australia,” http://innovativehistory.com.
(42) Kate, “The Great Emu War of 1932: A Unique Australian Conflict,” Nomads, https://nomadsworld.com.
(43) Steven Morris, “A Crackling Good Yarn,” *The Guardian*, March 1, 2004, https://www.theguardian.com/media/2004/mar/01/mondaymediasection1.
(44) “Francis the Pig,” City of Red Deer, https://www.reddeer.ca.
(45) “Francis the Pig.”
(46) Downtown Business Association, “Ghosts of Red Deer’s Downtown,” https://www.creativecity.ca/database/files/library/red_deer_ghosts.pdf.
(47) Propagandhi, “Potemkin City Limits,” *Supporting Caste*, CD, Smallman Records, 2009.
(48) 本アーカイブはオンラインで閲覧可能。 https://www.reddeer.ca/about-red-deer/history/history-ofred-deer/time-machine/francis-the-pig.
(49) Susie Coston, “Queenie,” Farm Sanctuary, August 22, 2011, https://farmsanctuary.typepad.com.
(50) Coston, “Queenie.”
(51) Farm Sanctuary, “Queenie,” https://www.farmsanctuary.org/the-sanctuaries/rescued-animals/featured-past-rescues/queenie.
(52) Sue Coe, *Dead Meat* (Philadelphia: Running Press, 1996), 40.
(53) Virginia Breen, Mike Claffey, and Bill Egbert, “Raging Bull on Loose in Queens 10-Block Stampede Ends in Hail of Police Bullets,” *New York Daily News*, June 21, 1999.
(54) Montcalms Revenge, 2011, comment on “Cow Escapes from Jamaica.”
(55) MichelleO, 2011, comment on “Cow Escapes from Jamaica.”
(56) Villigord, 2011, comment on “Cow Escapes from Jamaica.”
(57) Katherine A. Park, “Cruelty to Steer Protested,” letter to the editor, *New York Times*, February 17, 1954.
(58) “Abattoir Driver Held for Cruelty: One of Two Men Accused of Mistreating Escaped Steer in Parking Lot Is Freed,” *New York Times*, March 24, 1954, 28.

第八章　サンクチュアリ

地域の名士となる以前、マタ・ハリは商品の地位に追いやられ、いずれ「食肉」に加工され食料品店で売られるべく生を与えられた。が、この雌羊は運命を逃れおおせ、屠殺場を脱して数カ月のあいだ捕獲を免れた。「アン・アーバーの羊」として知られた彼女は、公園や墓地で草を食べ、交通を遮《さえぎ》り、さらにはテニスの試合を妨げるなどして頻繁に目撃された。ブロガーたちは彼女の物語を記録し始めた。フェイスブックのファン・ページも後《おく》れをとらなかった。ある頃から、マタ・ハリは家具屋の後ろの人目につかない場所によく身を寄せるようになった。店の職員は餌を与え、ある夜、彼女が傷を負って現れたのを見て助けを呼んだ。

警察と動物管理局はマタ・ハリを捕まえられなかったが、SASHA農場動物サンクチュアリはうまくやった。ボランティアはお決まりの食事場所に囲いを設けた。マタ・ハリが食事に来たところで、かれらは囲いを閉じ、サンクチュアリの安全地帯へ彼女を運んだ。マタ・ハリの傷は癒《い》えた。そして思いがけないことが起こった。彼女は雄の双子を産んだのである。マタ・ハリの新しい生活は豊かになった。規則正しく健康的な食事の提供、医療ケア、新しい家族の幸福が保証され、その家族と彼女は離れずに暮らした。サンクチュアリの働きによって、彼女が屠殺場へ送り返される心配はなくなった。(1)

サンクチュアリ、特に畜産利用されていた動物たちのそれは、マタ・ハリのような、ほかに安全な暮らしを送る選択肢がない者たちのためにつくられた。サンクチュアリには実際的・象徴的な意識喚起の力がある。アメリカの動物サンクチュアリ運動を調べた多現場民族誌の研究によれば、サンクチュアリは個々の動物たちの生を変えると同時に、「動物たちとの異なる共存が可能である」ことを示す点で、動物擁護の極めて重要な一角を担う。(2) サンクチュアリにたどり着けた動物の抵抗者たちにとって、そこは抑圧から脱する貴重な場というだけでなく、新たな始まりの場でもある。

動物サンクチュアリとは何か

動物サンクチュアリは虐待と放置の場から救われた(もしくはみずから脱した)動物たちを迎え入れる。多種の動物を匿《かくま》うこともあれば単一種を匿うこともある。伴侶動物、野生動物、畜産利用されていた動物、芸を強いられていた動物、実験にかけられていた動物などが、その保護対象となる。サンクチュアリは思いやりある健全な生活スタイルを促す一方、動物事業の搾取機構を白日の下に曝す。住民の動物たちには適切な住居・食料・リハビリ・獣医ケア・社会的交流・伴侶関係が与えられる。社会的次元に目を向けると、サンクチュアリは人道教育のプログラムを設け、動物擁護の主導に努め、質問への回答、ツアーの開催、研究や調査に携わり、改革を始め、直接救助を行ない、野生動物の治療に当たったっている。

畜産利用されていた動物たちのサンクチュアリは通常「農場《ファーム》サンクチュアリ」と称されるが、動物を畜産利用することはない。むしろそれらの施設は、人間以外の動物たちが人間に利用されるためでなく自分自身のために存在するとの認識に立つ。サンクチュアリに来た動物たちはみな必要としているものが違う。他の雄鶏たちに脅《おびや》かされた闘鶏産業の生存者は心休まる共同生活を必要とし、膨張した乳房と脚の衰弱に苦しむ酪農業の生存者は緊急の医療ケアとリハビリを必要とする。家鴨《あひる》は水かきのある足を冷たい池に浸すのが普通であり、屠殺場を逃れた家鴨がサンクチュアリで初めてそれを経験し学習する様子を見れば、こうした施設の重要さが分かる。(3)

農場サンクチュアリが登場する以前は、脱走動物たちがニュースで話題になっても、自然な余生を送れる安全な場所がかれらに提供されることは（あったとしても）稀だった。人道組織もこの点では期待におよばず、脱走した被畜産動物たちを殺すか動物事業に返す形で、その財産としての地位を強化してきた。例えばニューヨーク市によれば、一世紀ほど前にアメリカ動物虐待防止協会（ASPCA）の幹事は三発の銃撃で牛を殺したとされる。牛はボートからニューヨーク食肉社へ搬送されている最中に自由を求めて逃走した一頭だった。(4) しかしニューヨーク州ワトキンズ・グレンにファーム・サンクチュアリが設立されたことで、同州では一部の脱走動物たちが終の棲家を得られるようになった。一九八六年、同サンクチュアリの共同創設者となったローリ・ヒューストンとジーン・バウアーは、家畜置場《ストックヤード》の外に積まれた死体の山から息のある羊を引っぱり出した。彼女は救助者らによってヒルダと名付けられ、サンクチュアリで最初の住民となった。畜産利用されていた動物たちの安全地帯として、ファーム・サンクチュアリは初のものであり、現在はニューヨーク州とカリフォルニア州にシェルターを持ち、豚、牛、鶏、鴨、家鴨、鵞鳥、七面鳥、羊、山羊など、およそ一〇〇〇匹の動物たちに棲家を提供している。現在はニューヨーク動物保護管理局のような人道組織やASPCAも、自分たちの施設では動物たちの物理的支援に限界があることから、サンクチュアリと提携し、救助された被畜産動物たちの住居を探している。

サンクチュアリは動物たちに何をするか

サンクチュアリは動物たちに自然な生涯を全うする場と、健康ケア、生を満喫する空間、種を超えた共同体を与える。エラン・エイブレルいわく、「動物サンクチュアリの主たる存在理由は、そこに暮らす動物たちの世話にあります」[5]。

サンクチュアリの住民らは自身の健康のために医療ケアを受けられる。その身体から利益を得たい所有者のために瀕死状態にとどめ置かれる処置とは違う。儲けを目的としない動物への医療ケアは、ほとんどの獣医にとって未知の領域となる[6]。歳をとった（元）被畜産動物たちには、関節炎や脚の負傷、生殖器の問題、その他の疾患がよく見られるが、これらの治療は、短い生の時間枠でかれらを治療することに慣れた獣医らにとって新しい経験となる。被畜産動物の多くは屠殺される時期を迎えてもなお幼児である。加えて被畜産動物たちの身体は営利目的で育種・操作され、その健康は損なわれて特別な治療を要する状態となっている。例えばパイレートという名のバークシャー種の豚は、ブリティッシュコロンビア州バンクーバー島のシュメイナスにあるＲＡＳＴＡ動物サンクチュアリへ来た時、歩くことができず、特別の整形術を要した。急成長するのでサンクチュアリは特注の義足を毎月取り替えることにした。

サンクチュアリの住民は人間の世話係や仲間の動物住民たちから感情面の支援も受ける。かれらは種として、また個として生を謳歌する機会を得る。動物たちは群れで草を食み、日なたぼっこをし、好きな食べものを満喫できる。自分ならではの社会関係を模索・形成する機会もある。一部の動物たちは孤独を好み、例えばグーシファーと名付けられた鵞鳥《がちょう》はしばしば一羽になりたがって、池の一角を自分の場所と定めた。

これに加え、サンクチュアリの動物たちにはいつ引きこもるかを決め、引きこもれる安全な場所を持てるという自由もある。ロンというチンパンジーは、フロリダ州フォート・ピアスの近くに位置するセーブ・ザ・チンプスのサンクチュアリに来る以前、長きにわたり医学研究の実験台にされ、地面から浮いた五×七フィート〔約一・五×二・一メートル〕の檻でほとんどの時間を過ごした。[7] 彼はニューヨーク霊長類実験医学外科学研究所にて一〇五回にわたりケタミンで無感覚にされたうえ、コールストン財団では五週間のうちに同じ処置を一六回受け、さらに六カ月にわたる研究の一環として研究者に首の椎間板《ついかんばん》を取り除かれ、痛み止めもなしに八日間その状態で置かれた。セーブ・ザ・チンプに来た後、ロンは二〇〇エーカーの土地で数エーカーの空間に暮らす選択肢を与えられたが、写真家ジョー＝アン・マッカーサーが記録したように、彼は室内にいることを選び、毛布を円形に整えて陣地とした。その後の二〇一一年一〇月、ロンは安らかに息を引き取った。まだ若かったが、研究に使われたチンパンジーらはサンクチュアリで余生を送る幸運に恵まれたとしても早世することが多い。[8]

図版45　医学研究所から救出されたチンパンジーのロン、セーブ・ザ・チンプスにて自家製の陣地に座る（Jo-Anne McArthur/We Animals 撮影）。

　野生の祖先たちよろしく、森になった区画を楽しめるのも自由の一つである。VINEサンクチュアリは鶏たちに木や枝や茂み、あるいは小屋や庭地をねぐらとする選択肢を与える。多くの鶏はこの機会を活かし、つまるところ再野生化を遂げる。このLGBTQの人々が営むサンクチュアリは数百の住民を匿い、様々な教育事業や動物擁護事業に携わる。ウェブサイトで述べるように、その一環として「闘鶏を終わらせ、酪農を崩し去り、菜食を広め、ビーガンの農業や園芸を促す努力」もある。VINEは多種共同体であり、羊、七面鳥、鳩、家鴨、牛、鶏、鷲鳥、孔雀、豚、オウム、インコ、エミュー、ホロホロチョウなどを住まわせてきた。住民らは内部争いを解消するために独自の戦略を立て、共同体の中で仲介者・調停者・(新参者を迎える)宿主として振る舞うことを促される。動物たちが行為者性を発揮できるよう様々な機会や支援を提供するVINEの取り組みは、被畜産動物サンクチュアリの住民らが公正な多種交流コミュニティの中で積極的な一員となりうることを見事に例証している。(9)

動物たちの多くはサンクチュアリで重要な仕事を見つけ、本性からしたいと思う作業に惹かれる。サンクチュアリは住民らの貢献を認識して共同体生活への参入を応援する。仕事は社会的な役割を含むことが多く、世話係の導きに支えられる。サンクチュアリの動物住民たちは親の仕事(しばしば代理の親としてのそれ)や教育(特に新参者との知識共有)、および友や親やその他の共同体成員の見張りと世話に忙しい。この共同体では誰もが誰かを失っており、結束は時に種の壁を超える。かつての被畜産動物たちが、嘆きや病に苦しむ仲間、あるいは助けと励ましを必要とする仲間に寄り添う逸話は尽きない。

例えば第三章では共同体思いのジャスティスという牛の物語を学んだ。彼は新たな住民を迎え、自分が初めてピースフル・プレーリー動物サンクチュアリへ来た際に享受したのと同じ慰めを新参者たちに与える役を引き受けた。のみならず、ジャスティスは他の仕事も見つけ、仲間がそれを見習いもした。彼はルーカスという黒い子豚——屠殺場行きトラックから飛び降りデンバーで見つかった一頭——の保護者になった。ルーカスは生まれつきの好奇心からサンクチュアリで沢山の冒険をした。例えばある日は絵具バケツをひっくり返してそこに潜り込み、続いてボランティアたちを追い回すなどということもあった。(10) こうした悪戯《いたずら》の後、ルーカスはジャスティスの後ろに隠れて全てが忘れ去られるのを待った。ジャスティスの別の友はジュリエットという雌牛で、子牛とともに農場を逃れ、サンクチュアリにたどり着いた。これは簡単なことではなかった。親子はいくつもの柵を越え、数マイルを走ったのである。が、この物語には悲しい結末があった。農家は法律上財産とされる子牛の返却を求めた。ジュリエットはサンクチュアリにとどまることを許されたが、彼女は子を奪われて悲しんだ。(11) このほか、どうしてもジャスティスのそばにいたがるローレルという白鳥や、「人に忍び寄って」ドン(!)と体当たりするのを好んだバンパーという赤茶色の若牛もいた。(12) ジャスティスは二〇一六年に世を去ったが、生前にはその思いやり深い性分《しょうぶん》で多くの者たちの心に触れた。

ジャスティスと同じく、チャーリー・パーカーという雄鶏も、新たに訪れた住民を慰める心得《こころえ》を持っていた。チャーリーは雛の頃、東海岸鶏サンクチュアリ(現VINEサンクチュアリ)に救助された。サンクチュアリにやって来た当初、チャーリーは他の鶏たちよりも施設の共同創設者であるパトリス・ジョーンズに興味を持った。ジョーンズは彼を養護エリアの小グループに入れて社会化の手助けをした。障害を持った年上の雄鶏チェ・ゲバラは、そこで彼をなだめ、「文字通りチャーリーを翼の下にかばった」。(13) 数年が経ってチェ・ゲバラが亡くなった後、チャーリーは養護エリアに再び戻った。体は歳をとり、独自の病気も抱えていたが、今度はチャーリーが新たな住民を迎え、翼の下にかばって安心を与える番だった。鶏は文化的知識を継承する、という研究知見を証明するように、彼は年上

図版46　ミッキーとジョー、ウッドストック・ファーム・サンクチュアリにて（Sharon Lee Hart 撮影）。

の友から思いやりの伝統を受け継いだ。

フォアグラ産業から脱走したバリケンのミッキーとジョーは、艱難《かんなん》の中、互いを支え合った。外が寒い時にはミッキーがジョーを羽に包んで温めた。[14] 二羽は凍てつく冬、ニューヨーク市のインウッド・ヒル公園で、栄養失調に陥り傷を負った状態で発見された。上の嘴《くちばし》はフォアグラ産業の慣行によって切り落とされていた。ミッキーとジョーは別々の時に救助されたが、深い結び付きを失うことはなかった。ウッドストック農場動物サンクチュアリで再会した時、二羽は喜びに包まれた。「かれらは興奮しながらも穏やかな声を上げて駆け寄り、抱き合うように互いの首を相手にもたせ掛けた」[15]。ミッキーとジョーは親密な繋がりを保つことができた。以来、二羽はサンクチュアリでともに暮らした。

強く思いやりのある社会的結束は、ファーム・サンクチュアリに救われた雌牛のフィービーと、彼女が身内にした高齢の羊デビッドのあいだにも育った。デビッドが歳をとると、フィービーはずっとそばにいるようになった。彼女は友を舐めてなだめようとした。医療ケアのためにデビッドが連れ去られるとフィービーは落ち込んだが、彼が戻ると「世紀の再会」を果たした。[16] これに似て、ニューヨーク州ソーガティーズのキャットスキル動物サンクチュアリでは、ヘレフォード種のヘレンという牛が、ルディと名付けられた小さな若牛と思いやりある関係を築いた。ヘレンの命が救われたのは、彼女が盲目で生まれたと知った農家の娘がその命乞いをしたからだった。サンクチュアリに着いたヘレンは怯えていたので、創設者のケイシー・スティーブンスは彼女をルディに引き合わせようと決めた。二頭はすぐに打ち解け、ルディは目の代わりになった。ヘレンはお礼にルディの毛づくろいをし、障害を持った馬や人間の友にもそれをした。[17]

ポプラ・スプリング動物サンクチュアリでは、ハイジと名付けられたジャージー牛が生まれたての子牛らの代理母と、エミリーという盲目の牛のガイド役になった。が、それ以前に彼女は三度、死を逃れていた。ハイジはジョージア州で酪農場に生まれた。酪農業の「副産物」であった彼女は、生後すぐに殺される予定だった。ところが彼女はほか三頭の牛たちとともに、たまたま農場で講義をしていた別の農家に譲渡された。バージニア州に位置する引き取り先の農場で、ハイジは再び屠殺されようとしていた。しかし当日、彼女は不穏なものを察知して牧草地へ逃れた。農家は諦めず、彼女を納屋に閉じ込めて扉の前に搬送用のトレーラーを寄せた。するとハイジは窓から飛び出し駆け去った。これからハイジが農場で殺されると耳にしたある近隣住民は、彼女を買い取ってサンクチュアリに電話をかけた。ハイジの鋭い感性が明らかになったのは、ボランティアらが救助のためにトラックでやって来た時だった。この捕らえにくい牛を捕らえることができるかと危惧していたボランティアたちは、彼女が草地から現れ、そのままトレーラーに乗り込んだのを見て驚いた。[18] ハイジはそれ以前のあらゆる接触を通し人間への強い不安を育ててきたはずであり、それを思えばこの信頼は注目すべきものだった。

サンクチュアリの住民は仲間の住民らに脅威の可能性を警告することでも知られている。普通は犬がその役を担うが、鍵のかかった納屋から救出されたシチリアの小型ロバ、ディーディーもそうだった。住居であるメリーランド州リスボンのデイズ・エンド農場ホース・レスキューで、ディーディーは住民の羊と山羊らを守ろうと決め、見知らぬ訪問者がいれば草地から追い出し、問題を察知した時には警告のいななき声を発した。[19]

これらの例が示すように、サンクチュアリは繁栄の基盤となる健全で助力に満ちた環境を与えることで、動物の住民たちが互いを支え、有意義な活動を探す余地をつくり出す。加えてサンクチュアリは、住民たちの世話と後援を通し、動物擁護の一モデルを示すとともに、人間以外の動物たちが思いやりと敬いをもって扱われるべき存在であることを伝える。

サンクチュアリは世界のために何をするか

サンクチュアリは定期的に教育活動や啓蒙活動を行なう。これには非常に大きな効果がある。サンクチュアリは動物たちが内在的価値を有すること、商品や財産ではないことを実証する。訪問客らに動物の住民たちと接する機会を与えるのは意識啓発の一環をなす。この対面は見学を通して直《じか》になされることも、ソーシャルメディアで住民の物語を共有してなされることもある。サンクチュアリに来た訪問客らは、鶏の繊細な羽や羊の独特な毛並み、豚の柔らかい腹に触《さわ》れることがある（運が良ければ鶏が膝に座ってくれる）。山羊が跳ねたり遊んだりするさまを眺め、七面鳥の愛を感じ、しばしば数千ポンドもする牛に鼻を摺《す》り寄せられることもある。オンラインの閲覧者は、動物救助の物語を読むことのほか、寄付や進捗最新情報の受信申し込みを通して住民の支援を行なうこともできる。多くの人は一部の動物が人間の伴侶で、他の動物が食用であると信じるように社会化されているが、サンクチュアリはこの分割線を切り崩す。自分自身でいる機会を与えられれば、豚は（あるいは鶏、山羊、家鴨は）

一般に人の家に暮らす動物伴侶らと同等の愛《いと》おしさを感じさせる。

今と異なる人間動物関係の形を示し、動物たちの繁栄を叶える環境をつくることで、サンクチュアリは私たちの動物観に影響を与える。動物たちには好みの活動や食べものがあり、社会生活・感情生活があり、好奇心や独特の気性がある。訪問客らはかれらに会ってその生活を学ぶことを楽しむのに加え、産業化した飼養と屠殺の工程について知識を得る。救助した動物たちの物語が共有されると、動物アグリビジネスの恐怖と動物の権利擁護はより伝わりやすくなる。[20] 個としての動物たちに出会った訪問客らは、畜産業の日常慣行が与える精神的・感情的・肉体的外傷を目にする。それらの慣行を映した動画や狭い檻の展示モデルはさらにメッセージを増幅する。

サンクチュアリの活動でもう一つ鍵をなすのはビーガン教育であり、そこでは動物の権利と健康な生活に焦点が置かれる。未加工食材を中心とするビーガン食の研究では、この食生活が血圧を抑え、糖尿病や癌のリスクを減らし、脳と心臓を守り、骨の健康を高めることが示されている。[21] ファーム・サンクチュアリの最初の資金調達企画は、バンドグループ、グレイトフル・デッドのコンサートに合わせ、サンクチュアリ創設者らのフォルクスワーゲン前でベジ・ホットドッグを販売したことだった。この各地を回る祭典風コンサートの後援者らはおおよそ思いやりのメッセージに肯定的だった。あるコンサートではファンの一人がサンクチュアリ初のバンパーステッカーの案を提供した。いわく「ペットと呼ばれる動物を愛するなら、ディナーと呼ばれる動物を食べるのはなぜ？」。[22] この言葉は動物たちが情感を具え、その各々が「誰か」として理解されるべきことを強く訴えた。実際、サンクチュアリを訪れる人々はこのメッセージに込められた真理を直接体験する。人々は自分がすぐに動物たちと繋がることにしばしば驚き、その深い感銘からビーガンになる。

脱走した動物たちの物語は独特な形で人々の心に響く。ファーム・サンクチュアリのスタッフ、ソフィア・リバースの説明によると、かつて幽閉を脱した住民の話をサンクチュアリが発信すると、その物語は人心を強く揺さぶる。「人々は動物たちの各々が等しく自身の生きる意志を示すことに目を向けます」。[23] リバースはクイーニーの脱走に触れ、サンクチュアリを訪れた人々は「彼女が草原で自由に友達と走り回っているのを見て深く感動します」と語る。[24] 同じく、ある人々は「脱走した若牛」などに会いたいがためにウッドストック・ファーム・サンクチュアリを訪れる。[25] こうした訪問客は動物を愛し、既に倫理的理由からビーガンになっていることも珍しくなく、「時にはただ、ある動物に心から同情した人」ということもある。[26]

クイーニーほか、街路を逃げ回った動物たちの存在は、彼らが個であること、私たちと家を共にする伴侶動物ら（犬や猫など）とほとんど何も変わらないことを証明している。同じく、伝統的に「畜産動物」と考えられてきた豚や牛や鶏などが、都市の空間に伴侶として存在すると、かれらの帰属場所をめぐる規範化された通念が乱される。[27] 小サンクチュアリ運動（Microsanctuary Movement）は都市や地方の環境で被畜産動物たちに避難所を与え、この効果を生み出す。古くから自然愛好家たちは裏庭を野生動物の避難所としてきたが、小サンクチュアリは伝統的によりないがしろにされてきた、しかし同等に愛すべき鳥、すなわち鶏たちに重点を置く。「裏庭のサンクチュアリ」という記事で、ジャスティン・ヴァン・クリークは小サンクチュアリが「被畜産動物たちを脱神話化する」機能を持つと論じる。[28] ビーガンらが営む小サンクチュアリは、個々の伴侶を人格として扱い、鶏たちに生殖関係の健康ケアを施し、一〇羽からそれ以下の動物たちを同じ屋根のもとに匿う取り組みを通して、人々の教育に注力する傾向がある。

サンクチュアリでは全ての成員が「新たな共有された多種交流社会」の中、自己決定を行なう参加者や牽引者となる可能性を持つ。[29] 動物たちの声を聞くこと、かれらを意思決定に加えようと試みること、みずからの関心を育て追い求める自律性をかれらに備わらせること、空間とプライバシーをかれらに与えることが、この構想の中核をなす。[30] 例えばＶＩＮＥサンクチュアリは、人間以外の種に耳を傾け応じる意志決定をどう実現するかについて、一つのモデルを示している。著書『交差点上の雄牛たち』で、パトリス・ジョーンズは多くの住民らが参加するＶＩＮＥの集会を描写する。

私たちは納屋に立ち、サンクチュアリの住民らに囲まれていた。重要な決定を下す際はこうしたい（ミリアム［ＶＩＮＥの共同創設者］と私が常に信じてきたのは、動物たちに関する決定は可能なかぎり動物たちに相談しつつ行なうべきだということだった。それができないなら、次善の策は今問題にしている動物たちと物理的な近接性を保ち、かれらを抽象概念として扱う過ちを避けることである）。[31]

この集会には雄鶏、家鴨、羊、牛たちが混ざり、ある者は参加して、ある者は覗き込み、ある者はそばで別のことに勤《いそ》しむ。サンクチュアリの住民らがその場にいることは、かれらが共同体に包含された成員である事実を強く意識させる。

サンクチュアリでみられる動物の行為者性

本章の諸事例から分かるように、サンクチュアリの動物住民らはしばしば共同体で活動的になり、様々な日課や役割に携わって、自身の行為者性を示す意思決定を行なう。サンクチュアリでかれらの行為者性がみられるもう一つの場面は、動物たちが意図的に施設内の分割線を押しのけ、自身の環境を超え出る時である。ボランティアらも認めるに違いないが、動物たちはサンクチュアリにやって来ても抵抗気質をなくすとはかぎらない。サンクチュアリに来れば有害な抑圧に対する抵抗は終わるかもしれないが、それは動物たちにとって自由にみずからの行為者性を表現する始まりの場でもあり、世話係らはその求めと望みに合わせてサンクチュアリの空間を変えていく。

大きなレグホン種の雄鶏、レアは、庭地に入ってきた訪問者が気に入らなければ空手流の蹴りを浴びせる。サーカスから救助した象のビリーは医療処置を拒み、機材をいじり回して壊すことがある。山羊のオリビアは恐い徒党を組んで敷地を見回り、食べられるものがあれば何でも堪能する。レアやビリーやオリビアのようなサンクチュアリ住民の抵抗は様々な理由で起こる。かつての農場生活やサーカス生活で負った虐待のトラウマが残っていることもある。境界を確かめている、あるいは安全圏にいると知って行為者性の発揮を楽しんでいることもある。サンクチュアリにある境界線を（それが自分の幸福のために設けられたものであれ）破るのが有益だと思っていることもある。また場合によっては、ただルール破りを喜んでいることもある。サンクチュアリでみられる動物たちの行為者性としてよく言及されるのは、割り当てられた空間を踏み越える際のそれである。自分のために愛情をこめてつくられた空間にとどまっていることを拒む、もしくはそれを掻き乱す動物たちの行動に、本節では光を当てたい。

二羽の家鴨《あひる》、スノーウィーとショッツィーは、町中に捨てられファーム・サンクチュアリに運び込まれたが、その後も困難な時期を生き抜いた際の忍耐を捨てなかった。二羽はニューヨーク中部に暮らすファーム・サンクチュアリのメンバー、カレンとドリーに引き取られた。スノーウィーとショッツィーは、二人の家と隣家の境にある池に目を付け、心を決めた。二羽は池にとどまり動こうとしなかった。カレンとドリーは庭の家鴨小屋にかれらを誘い戻そうと、手づくりの食事を差し出すなどあらゆる方法を試した。が、二羽は逆らった。新しい世話係の二人はそれを聞き入れた。心を固めた二羽の主導にしたがい、カレンとドリーは池の縁に新しい家鴨小屋を建てた。スノーウィーとショッツィーはこうして、生を最大限に満喫するための全てを手に入れた。(32)

同じく、VINEサンクチュアリの三羽のエミュー、ティキ、ブリーズ、アデルは、自分たちのために建てられた宿にほとんど寄り付かなかった。代わりに三羽は渓谷を寝泊まりの場とした。さらに雌鶏のギリーがいる。世話係は血気盛んな彼女を新しい群れに徐々になじませようとした。ところがギリーはそれを認めず、結局他の雌鶏たちのもとへ「走り寄って突進」し、そこで温かく迎え入れられた。(33) ファラーとダミアンという、生体動物市場から救出された二匹の元気な兎たちの例もある。二匹は毎晩、人間の世話係が入念に配置したあれやこれや——水皿、ゴミ箱、玩具など——を並べ替えた。朝は望みの時間に外へ出してもらえなければ玩具をケージに叩きつけ、時には棚の全てをひっくり返した。(34)

あてがわれた場にとどまることを拒むという点では、サンクチュアリの住民らは時に種の壁をも越える。豚のセリックはペンシルベニア州メフーパニーのインドラロカ・ファーム・サンクチュアリに引き取られる以前、生まれた時からつらい生活を送っていた。インドラロカでは納屋で他の豚たちと暮らすことになったが、彼は変更を求めた。ある晩、セリックは納屋を逃れた。そしてサンクチュアリの敷地を放浪しているうちに、ヘニーとジェイクとトムの住居に通じる納屋の扉を見つけた。年を取った三羽の七面鳥はセリックを中へ迎え入れ、セリックはいくらかの穀物を平らげて眠り込んだ。

彼が関係を結ぼうと考えたのはこの鳥たちだった。世話係らによって豚用の草原に戻された後、セリックは再び抜け出して七面鳥たちの納屋へ直行した。この日課は一週間続き、サンクチュアリのボランティアが彼を豚たちのもとへ戻しても、彼はやはり抜け出して七面鳥たちと一緒に過ごし、あげく七面鳥たちも昼にこの新たな友のもとを訪れだした。最終的に、生活形態の変更が決定された。セリックは七面鳥たちと暮らすことになった。数年後、彼は心臓発作を患《わずら》った。かろうじて死を免れた彼は、それからさらに心を開いてサンクチュアリを散策するようになった。鳥や山羊のような他の動物たち、さらには人間とも友情を育んだ。セリックは亡くなったが、生前の彼がサンクチュアリを訪れた多数の人々の心に触れたことは間違いなかった。(35)

盲目の雌羊マーシーは山羊たちに惹かれた。ピースフル・プレーリー動物サンクチュアリにやって来た彼女は甚だしい悲嘆を経験していた。当初、彼女はサンクチュアリでも人間を完全に避けていた。世話係らは理解があり、マーシーに広い空間を与えた。「彼女の不安が分かりましたので、安全地帯に踏み入らないよう努めました」と係らはいう。(36) しかしその後、マーシーは世話係たちと打ち解け、かれらをみずから探し始めた。ジョアンナ・ルーカスは説明する。「もし私たちが長居をし過ぎていると思えば、彼女は蹄《ひづめ》で戸を叩いて私たちを追い出しました」。(37) しかしその後、マーシーは一日に何度かポーチを訪れて懇意の人々の様子を確かめるようになり、生涯最後の年にはそこで夜までの数時間を過ごした。

アリアラとロージルンも仲間の人間のそばにいることを好んだ。白い羽をまとうこの姉妹は悲惨な生い立ちを持っていた。彼女らは一万五〇〇〇羽の七面鳥を詰めたコンテナでデトロイトからカリフォルニア州まで運ばれた。一万三〇〇〇羽を超す七面鳥が夏の猛暑に包まれ窒息死した。アリアラとロージルンは地元の人道組織に救われた一一羽の生き残りに含まれる二羽だった。サンフランシスコ郊外の小さな町で姉妹を引き取ったカレンとマイクは、この二羽が鶏の友よりも沢山のキスやタッチをする人間らといたがることに気づいた。姉妹は庭を歩き回ったり、誰もいない時に家へ忍び入ったりすることも楽しんだ。(38)

動物たちは人間の世話係の居宅へ忍び入るだけでなく、サンクチュアリ自体に忍び入ることもある——かれらの行為者性はこうして安全地帯に逃げ込むことにも表れている。二〇〇四年、フロリダ州が巨大ハリケーン(の一つ)に襲われた後のある朝、キンドレッド・スピリッツ・サンクチュアリのスタッフは、住民の数を数えていた際に驚くべき発見をした。みなが無事で行方不明になっていないか見回りをしていたところ、牛の草原にいる住民の数が普段よりも二頭分多かった。正体は後にアインチョ、ナチョと名付けられる牛のペアだった。キンドレッド・スピリッツのそばに農場はないので、二頭は嵐の中、長い距離を歩いてきたものと思われた。アインチョとナチョはサンクチュアリにとどまり、アインチョのほうは自身の群れを率いるまでになった。(39)

二〇一八年、牛の母と子がやはり痛ましい放浪を経て避難所を探し求めた。農家に買い取られて間もなく、母子は農場を逃れ、池を渡って数時間、森を駆け抜けた。たどり着いたのはテキサス州北部のシカモア・ツリー牧場だった。到着直後に撮られた写真には、母子が牧場の馬の後ろに隠れている様子が映っている。木々の茂る場所に用心してとどまること二週間の後、母牛は同サンクチュアリの共同創設者コビー・ウェッジを信頼し始め、その手から食べものをも受け取りだした。しかし先行きは分からなかった。親子が逃げ出してきた農場は現在の居場所を把握し、二頭を(「野生的」過ぎてとどめておけないとの理由から)屠殺に送ろうとしていた。カウボーイらは母牛と子牛に縄をかけて屠殺場行きトラックまで引きずっていこうと考えていた。危機的状況を前に、シカモア・ツリー牧場は資金調達を行なって母子を購入し、二頭は牧場にいられることとなった。

サンクチュアリ住民の行動には、時として過去の虐待によるトラウマが表れる。例えば人工授精と生後間もない母子隔離と集中的搾乳のサイクルによるトラウマは甚だしく、農場サンクチュアリにやって来た牛たちでさえ、再び子が盗まれることを恐れ、わが子を隠そうとする。オーストラリアのエドガーズ・ミッション・サンクチュアリに救われたクララベルという牛を例に挙げたい。彼女は酪農場で屠殺される予定だったが、その数時間前に救出された。何年ものあいだ、彼女の子らは生後数日でことごとく奪われていたため、サンクチュアリに来てもクララベルはなお人間を恐れていた。職員らはクララベルの様子がおかしいことに気づき、そこで初めて、彼女が数日前から何か――実は誰か――を隠していたと知った。サンクチュアリに来た後、クララベルは子を産んでいたのだった。そして彼女は新しく生まれた子を敷地内に隠した。誰も彼女の子を奪わないという、これまでになかった状況を理解していなかったからである。クララベルが救われていなければ、サンクチュアリでバレンタインと名付けられた娘の子牛は酪農場に生まれ落ち、殺される運命だった。

象のビリーも、行為者性を発揮して過去のトラウマから身を守ろうとし続けたサンクチュアリの住民に数えられる。子どもの頃にアジアで捕らえられ、買い取られてアメリカに渡ったビリーは、世界の転倒を経験した。若い彼女はサーカスで片手逆立ちをはじめとする芸を強いられた。舞台の裏には悲惨な生活があった。何時間も鎖に繋がれ、国中を連れ回され、恐ろしい環境に置かれ、暴力的な調教に従わされる日々だった。[40] この扱いに数年間耐えた後のある日、ビリーは反撃して調教師を負傷させた。反逆の結果、彼女は舞台生活から外され、古びた倉庫に一〇年間閉じ込められた。ようや

図版 47　クララベルと娘のバレンタイン、オーストラリアのエドガーズ・ミッション・サンクチュアリにて（Edgar's Mission 提供）。

図版 48　ビリーとロニー（前方）およびミニーとデビー（後方）、テネシー州エレファント・サンクチュアリにて（The Elephant Sanctuary in Tennessee 提供）。

く彼女が幽閉を脱したのは、テネシー州エレファント・サンクチュアリに助けられ、買い取られた時だった。ビリーの安全は確保されたが、心身に加えられた危害は彼女に深いトラウマを負わせていた。脚に巻かれた鎖を、ビリーは五年のあいだ誰にもほどかせようとせず、それは彼女のトラウマと砕かれた心を物語る象徴になった。

サンクチュアリの動物たちに医療ケアを施すべく、世話係らはしばしば特別な訓練を受ける。患者が処置に協力した際にごちそうや沢山の励ましを与えることもその一環である。住民らはケアを楽しむことが多く、これは訓練の後で得られる大量の好物（果物と野菜、砂糖菓子、シリアル、その他）によるところが大きい。ビリーはゼリービーンズや他の菓子類を好んだ。しかしビリーを相手にする世話係らは常に神経を使った。彼女は疑い深く、鼻を振る、突進する、不意に体の向きを変える、近くの人間を摑もうとするなどして、立ち会う人々全てを緊張させた。足や鼻や耳を触られる際にビリーが取り乱すのは、彼女が長年味わってきた絶望の名残りだった。ビリーの世話係を務める一人、ラウレは、ビリーが予測不可能なのは彼女を虐《しいた》げ、長いあいだその生を奪い、常に殴られる恐怖を彼女に与えてきた者たちへの怒りによると考えた。[41] ビリーの物語から分かる通り、動物たちに様々な医療処置を気持ちよく受けてもらうには可能なかぎりかれらの自律性を認めなければならず、それでも難題は常に付きまとう。著書『ビリーを縛った最後の鎖』で、キャロル・ブラッドリーはビリーの物語を紹介するが、そこには世話係らが例の鎖を除去できた心温まる一時もある。これには入念な準備が要され、係らはビリーが足を上げたら褒めて励ましたほか、鎖の切断に使うボルトカッターに彼女を慣れさせもした。除去作業の時が来ると、作業の補助として好物の菓子を詰めたバケツが用意された。立ち会った友の人々はみな、鎖が地面に落ちた時、大いに安堵した。しかしビリーはさして関心がないようだった。ブラッドリーによれば、脚から鎖が落ちた時、彼女は「鼻でそれを拾い上げたかと思うと、落としてその場を立ち去った。……［ビリーには］もっとしたいことがあった」[42]。

サンクチュアリは救助した動物たちに必要なケアを提供するほか、多くの重要な機能を担う。サンクチュアリは住民たちの健康ケア、法的擁護、繁栄機会の提供を行なう。より広い社会の中では、教育と意識喚起の面で重要な役回りを演じる。サンクチュアリの健康的・非暴力的な生活モデルは、訪問客らにより健全な生活を促しもする。伝統的な枠組みを超え、サンクチュアリは動物たちの声によって形づくられる公正な多種共同体のモデルとなりうる（いくつかの施設は既にそうなっている）。そこにみられる動物の行為者性が示すように、住民たちは棲家の分割線を破り、乗り越え、時に押し広げる。サンクチュアリは動物たちの行為者性に応じる中で絶えずつくり変えられていく。支配的な社会規範と人間動物序列に挑み、種の線引きを超える新たな関係の構想と実践に取り組むサンクチュアリは、抵抗と多種連帯の空間にほかならない。

注

（1）Amanda, "Mata Hari," in *Sanctuary: Portraits of Rescued Farm Animals*, ed. Sharon Lee Hart (Milan: Edizioni Charta, 2012).
（2）Elan L. Abrell, "Saving Animals: Everyday Practices of Care and Rescue in the US Animal Sanctuary Movement" (PhD diss., City University of New York, 2016), vi–vii.
（3）Stephen Messenger, "Duck Escaped from Slaughterhouse Will Live Out Her Days on Sanctuary," *The Dodo*, January 21, 2014, https://www.thedodo.com.
（4）"Steer Runs Wild in Broadway and Herald Sq.; Fells Pedestrians, Enters Tailor Shop, Is Shot," *New York Times*, May 7, 1930, 29.
（5）Abrell, "Saving Animals," 217.
（6）支配的パラダイムは被畜産動物たちを、医療ケアに値する情感ある存在ではなく「商品たる動物」という観点から認識してきた伝統を持つ。獣医のほとんどはこのモデルのもとに訓練を受けるが、そこでは消費されるために生まれた動物を生涯にわたり健康管理するのは不経済とされるため、適切な医療処置は容易に分からないことがある。
（7）McArthur, *We Animals*, 186.
（8）McArthur, *We Animals*, 186.
（9）Sue Donaldson and Will Kymlicka, "Farmed Animal Sanctuaries: The Heart of the Movement? A Socio-Political Perspective," *Politics and Animals* 1, no. 1 (2015): 50–74.
（10）Joanna Lucas, "Lucas: Pig Love," in *Ninety-Five: Meeting America's Farmed Animals in Stories and Photographs*, ed. No Voice Unheard, 32.
（11）No Voice Unheard, *Ninety-Five: Meeting America's Farmed Animals in Stories and Photographs* (Santa Cruz, CA: No Voice Unheard, 2010), 139.
（12）Davida G. Breier, "Sanctuary: A Day in Their Lives," in *Ninety-Five: Meeting America's Farmed Animals in Stories and Photographs*, ed., No Voice Unheard, 125.
（13）Hatkoff, *The Inner World of Farm Animals*, 28.
（14）Brown, *The Lucky Ones*, xiv.
（15）Jenny Brown, "Mickey and Jo," in *Sanctuary: Portraits of Rescued Farm Animals*, ed. Sharon Lee Hart (Milan: Edizioni Charta, 2012), 80.
（16）Hatkoff, *The Inner World of Farm Animals*, 74.
（17）Kathy Keefe, "Saying Goodbye to Helen: The Price of Love," All-Creatures.org, March 2015, https://all-creatures.org.
（18）Terry Cummings, "Heidi," in *Sanctuary: Portraits of Rescued Farm Animals*, ed. Sharon Lee Hart (Milan: Edizioni Charta,

2012).
(19) Farmer Anne, "Dee Dee Donkey." In *Sanctuary: Portraits of Rescued Farm Animals*, ed. Sharon Lee Hart (Milan: Edizioni Charta, 2012).
(20) Baur and Stone, *Living the Farm Sanctuary Life*, 8.
(21) Baur and Stone, *Living the Farm Sanctuary Life*, 60.
(22) Baur and Stone, *Living the Farm Sanctuary Life*, 8–9.
(23) ソフィア・リバースとの対談より。二〇一三年三月。
(24) ソフィア・リバースとの対談より。二〇一三年三月。
(25) ジェニー・ブラウンとの対談より。二〇一三年三月。
(26) ジェニー・ブラウンとの対談より。二〇一三年三月。
(27) Darren Chang, "Organize and Resist with Farmed Animals: Prefiguring Anti-speciesist/Anti-Anthropocentric Cities" (MA paper, Queen's University, 2017).
(28) Justin Van Kleek, "The Sanctuary in Your Backyard: A New Model for Rescuing Farmed Animals," Our Hen House, June 24, 2014, https://www.ourhenhouse.org.
(29) Donaldson and Kymlicka, "Farmed Animal Sanctuaries," 2.
(30) Donaldson and Kymlicka, "Farmed Animal Sanctuaries," 56–57.
(31) pattrice jones, *The Oxen at the Intersection: A Collision* (Herndon, VA: Lantern Books, 2014), 73.
(32) Baur and Stone, *Living the Farm Sanctuary Life*, 28.
(33) Marilee Geyer, "Gilly's Story," in *Ninety-Five: Meeting America's Farmed Animals in Stories and Photographs*, ed. No Voice Unheard, 3.
(34) Diane Leigh, "Farrah and Damien: The Gift of Their Presence," in *Ninety-Five: Meeting America's Farmed Animals in Stories and Photographs*, ed. No Voice Unheard, 119.
(35) Indra Lahiri, "The Smile," Stories from Indraloka Animal Sanctuary, January 8, 2017, https://indralokaanimalsanctuary.wordpress.com.
(36) Joanna Lucas, "Marcie: Portrait of a Beautiful Soul," in *Ninety-Five: Meeting America's Farmed Animals in Stories and Photographs*, ed. No Voice Unheard, 98–99.
(37) Joanna Lucas, "Marcie: Portrait of a Beautiful Soul," in *Ninety-Five: Meeting America's Farmed Animals in Stories and Photographs*, ed. No Voice Unheard, 98–99.
(38) Kit Salisbury, "Ariala and Rhosyln: Beating the Odds," in *Ninety-Five: Meeting America's Farmed Animals in Stories and Photographs*, ed. No Voice Unheard, 73.

(39) Logan Vindett, “Aintcho,” in *Sanctuary: Portraits of Rescued Farm Animals*, ed. Sharon Lee Hart (Milan: Edizioni Charta, 2012).

(40) Carol Bradley, *Last Chain on Billie: How One Extraordinary Elephant Escaped the Big Top* (New York: St. Martin’s Press, 2014).

(41) Bradley, *Last Chain on Billie*, 252.

(42) Bradley, *Last Chain on Billie*, 254.

第九章　成果と多種連帯

本章では動物たちの抵抗を検証して見えてきたいくつかの考え方と今後の道を吟味する。人間が他の動物たちと真に連帯して活動するとはどのようなことを意味するのか。また、動物たちの抵抗は多種闘争の中で何を意味するのか。第七章では抵抗に対する人々の反応を確かめ、動物の反逆者たちが社会変革の形成において担う独自の役割を認めた。第八章ではサンクチュアリが動物の抵抗者たちの生活において重要な（命を救う）役割を果たし、かれらを支える強力な媒体となることに光を当てた。本章では動物たちが周りの環境にどのような仕方で影響をおよぼすかを見つめ、この反逆者たちと効果的な連帯を築くにはどうすればよいかを考える。

相互連結した闘争を認識する

二一世紀の初め、ギリシャで大規模な金融支援に次ぐ財政危機が起こり、多くの市民が仕事や家を失った。二〇〇八年一二月、警官がアレクサンドロス・グリゴロポウロスという一五歳の学生を射殺したことを受け、アテネで大きなデモンストレーションが始まった。少年の死が引き金となったこのデモは、やがてギリシャの諸都市に広がり、人々は政府の腐敗と経済危機に抗議した。この騒乱のさなか、カネッロスという名の犬（ギリシャ語で「シナモン」の意）が抗議に加わり、後にその衣鉢《いはつ》を継《つ》いでロウカニコスという犬（世話役からはテオドールとも呼ばれていた）が加わった。彼らは写真を通して世界に知られ、「暴動犬」の異名を与えられた。忠実な革命家だったカネッロスとロウカニコスは、いつでも国家に挑む抗議者たちの味方をすることで悪名高かった。重装備した警察に咆哮《ほうこう》を浴びせ、前線に立つ犬の姿は、革命の日常風景と化した。二頭はみずからの意志で闘争に加わり、放水砲や催涙ガスにも動じなかった。ロウカニコスに至っては「催涙ガスのボンベを摑《つか》んで払いのけ、人々を守る」ことで知られたほどだった。(1) 二頭の犬は、政府の腐敗と国際通貨基金が強いる緊縮財政に対抗する労働者たちの闘いの象徴となった。

カネッロスは二〇〇八年、アテネ国立工科大学で学生総会が開かれていた折に写真に撮られたことで知られた。この時期に行なわれていた抗議の最中、カネッロスは常に抗議者の味方をした。彼が他界した時、遺体は革命にちなむ同大学の構内に埋葬された。カネッロスの世話をしていた女性は、「彼は全ての抗議に出向き、誰かが逮捕されたら裁判所にまで詰め寄りました」と証言する。(2) 晩年のカネッロスは関節炎に苦しんでいたため、学生たちは彼が余生を室内で過ごせるよう、車椅子を購入するための資金を集めた。

二〇一一年、様々な集団からなる抗議者と市民が、アテネ中心部のシンタグマ広場を占拠し、政策の見直しを求めた。中心街のデモは大きくなり、緊縮政策が発表されると政治的混乱が高まった。ロウカニコスはシンタグマ広場のほとんどの抗議に姿を現す暴動犬だった。前任者のカネッロスと同じく、ロウカニコスも催涙ガスや重装備した警察に物怖《ものお》じしなかった。写真には彼が警官らに吠え、危うく蹴られそうになっている光景が写っている。メディアの発信を通して人気者になったロウカニコスの名声は世界に広まった。彼が一貫して革命に連帯していることは、二〇一一年九月に行なわれた警察組合行進の際に明らかとなった。ストライキを始めた警官らがアテネ中心部を行進した際、ロウカニコスは初め、どう応じるべきか分からなかった。すると向かい側に制服を着た警察が現れた。ストライキに出た警官らを機動隊が攻撃したところ、ロウカニコスはやられる側の味方をした。その忠実さと種を超える連帯はニュースになった。のみならず、彼は『タイム』誌の「今年の人物」にまでノミネートされた。二〇一一年六月二九日、政府はアテネの繁華街で三〇〇〇本以上の催涙ガスボンベを使った（デモ隊を散らすために通常使われるのは一〇〇本）。一二歳で亡くなったロウカニコスにメディアが注目したのは、この時が最後だった。ロウカニコスの健康状態を看ていた獣医によれば、彼は空気中に撒かれた催涙ガスや他の化学物質による影響で命を落としたという。彼は二〇一四年まで生き、最期は世話役の家で安らかに息を引き取った。その死は世界中で重く受け止められた。あるライターは、ロウカニコスがメディアを引き付けておく役割を果たしたと述べ、その一生は「ギリシャの創造的な激動における時の移り変わりを、おそらく永遠に映し出すメタファー」だと評した。[3]

図版49　ブラッドリー・C・ワトソン「暴動犬ロウカニコス」(brad@watsonswanderings.com)。

ロウカニコスがギリシャの反緊縮抗議に参加していた年、ニューヨーク市ウォール街の金融地区に位置するズコッティ公園に活動家たちが集まっていた。ウォール街占拠運動の抗議は二〇一一年九月一七日に始まり、腐敗と政府におよぶ企業の非倫理的影響（特に金融部門からのそれ）に対する意識喚起を行なった。この社会政治状況の中、二〇一二年一一月にゴールドマン・サックス占拠運動が行なわれた際に、雄鶏のハーヴェイが発見された。抗議者らは二〇〇七年金融危機の中心核であったゴールドマン・サックス社を糾弾していたが、その時、コロンバスサークルを囲む茂みに誰かが隠れているのに気づいた。黒と白のまだら模様の雄鶏だった。運動参加者らは脱水した雄鶏を毛布に包み、夜は室内に匿った。メンバーの一人は、鳥の声音《こわね》でハーヴェイにささやきかけると、ハーヴェイもそれに応えることに気づいた。翌日、ウッドストック・ファーム・サンクチュアリがハーヴェイを引き取った。スタッフのブラウンいわく、到着したハーヴェイは「初めのうちはとても内気で臆病でしたが、それから元気になって、今では新しい住居に心から満足している様子です。彼は全ての住民が食べる毎日の『マッシュ』(バナナ、林檎ソース、ビーガン原料の缶詰ドッグフード、ビタミン類を混ぜた特別なマッシュ)を喜びます。それにとても気立てがよくて、まずは雌鶏《レディー》たちに食べさせるんです」。(4)

ハーヴェイが占拠運動と接点を持ち、二頭の暴動犬が緊縮政策に逆らう抗議者たちと手を組んだことは、人間と他の動物らが同じ法人システムのもとで抑圧されてきた事実を思えば理に適う。両者は新自由主義経済の終焉を共通の利益とする。占拠運動の公式宣言が発表された時、そこで指摘された懸念事項には、動物たちに対する資本主義の不正も含まれていた。すなわち「無数の人間以外の動物たちに対する拷問・監禁・虐待」の資本化と隠蔽である。ハーヴェイの脱走はより大きな体の動物革命家たちほどメディアの注目を集めなかったが、彼も力強い抵抗者には違いなく、その物語は脱走元の恐ろしい環境に人々の目を引き寄せる。

企業ジャングルの只中で発見されたハーヴェイは例外的存在ではない。サンクチュアリが受ける電話のほとんどは、都市の裏庭養鶏場で不要とされた雄鶏や、都市の「生体屠殺市場」から脱走した鶏

図版50　農場のフェンスを飛び越す鶏（Tatyana Kuznetsova 撮影）。

の引き取り依頼である。ニューヨーク市で最も聞かれる脱走動物の報道は鶏のそれが占める。動物保護管理局のマイク・パストアは、鳥に関する電話が毎年三〇～五〇件、より大型の脱走動物に関するそれが二～三件と見積もる。また、ファーム・サンクチュアリの報道発表によれば、「大量の動物が商業で扱われる中、脱走は茶飯事と化しており、施設近辺の街路には鳥たちが彷徨っている」という。[5] 多くの鶏が町に逃げ出しているにもかかわらず、その追跡がさしてなされないのは、鶏たちの経済的価値が低くみられていることによる。鶏たちは路地や使われなくなった駐車場に人知れず忍び込むが、脱走した牛や豚や山羊ほどの関心を引くことは少ない。主流メディアが脱走した鶏のニュースを報じるのは稀である代わりに、他の報道から鶏たちの面影《おもかげ》が窺えることはある。例えばブルックリンで新しい分譲アパートの所有者と近郊の屠殺場が衝突した事件を報じた記事では、傍観者のコーツ氏という女性が、脱走した鳥たちを追う労働者らを見たと振り返る。ある朝、コーツ氏が降雪後の道を犬と歩いていると、「雪の中に小さな鶏の足跡」があることに気づいたという。(6)

人間と動物の相互連結した闘争は、産業的屠殺場における搾取と抵抗に見て取れる。何世紀にもおよぶ生命の殺戮と侵略の極致は、屠殺場において被抑圧者たる人々の労働が商品化され、他の動物の商品化に用いられることだった。そしてくだんの動物商品は根底にある悪夢的な暴力を覆い隠す形で売り広められる。動物アグリビジネスが移民と移住者を搾取してきた歴史は長い。資本家連がシカゴのユニオン・ストックヤード開設を祝した一八六五年以来、この産業は労働者たちを消耗品として扱ってきた。その扱いを記した最初期の記録の一部は、アプトン・シンクレアの小説『ジャングル』(初版一九〇六年)にみられる。家族を支えようとするリトアニア系移民ユルギス・ラドカスの目を通して、『ジャングル』は屠殺場に広がる耐えがたい労働環境、劣悪な衛生規則、そして動物虐待を告発する。調査のためにシカゴのストックヤードで働いたシンクレアは、被畜産動物たちの苦境を介して資本主義下における労働者たちの苦境を描いた。

この時期、東欧出身の移民たちは貧困からの脱出を約束する企業によってアメリカに惹かれた。移民たちは食肉処理業界での仕事を求めたが、やって来た途端に産業資本主義を駆動する搾取の犠牲となった。業界はかれらの弱い立場に目を付け、危険な労働環境と低賃金によってその希望を打ち砕いた。屠殺場労働者たちは昔も今も、火傷《やけど》や刺し傷や反復運動損傷を被り、休憩を認められずに疲弊し果て、危険な機械に巻き込まれるか暴れる動物の攻撃を受けるなどして手足を失う。シンクレアの観察では、絶えず列車で送り届けられる被畜産動物たちと、雇用を求める移民たちは、ともに終わりなく「処理」される行列をなしていた。(7)牛たちは日々貨物列車で届けられるが、その何割かは足の骨折や深手を負い、何割かは危うい旅路が原因で既に力尽きていた。[8] 労働者らがストライキを起こせば、解放されたばかりのアフリカ系アメリカ人たちが南部から呼ばれて穴埋めに使われた。

動物殺しの汚れ仕事を任せるために脆弱な移住労働者を募集する習慣は今日まで続いている。二〇世紀後半に「家畜」施設の数は増え、それに要される土地面積も広がった。牛の監禁飼養は、現在ならどこででもできる――が、この事業は悪臭と汚染を伴うため、大部分が低所得地帯に追いやられてきた。中米では土地を追われる農家たちが応戦したが、CIAを後ろ盾とする独裁者らはその運動を暴力的に鎮圧し、何千人もの犠牲者を生んだ。[9] ファストフード産業が成長する中、アメリカはメキシコ産や中米産の安い「食肉」を求めた。私営の牧場事業は低コストの牛の肉塊（「牛肉」）を資金源に、一九六〇年代以降ますますアメリカの統制下に置かれつつあったラテンアメリカ経済圏に広がっていった。アメリカ政府と世界銀行は、小さな村落や共同体から奪った土地で行なわれる私営牧場事業に何億ドルもの資金を投じ、ファストフードと「ハンバーガー文化」の台頭（ならびに肉消費を増大させる思想の教化）を促した。[10]

一九九四年には北米自由貿易協定（NAFTA）が敷かれ、メキシコの産物が関税なしでアメリカに輸入できるようになる一方、メキシコもアメリカの産物に開かれた。アメリカ政府は世界銀行とNAFTAを後ろ盾にメキシコ農業を破壊し、同国で自由に操業しだしたアメリカ企業に多くの農家が太刀打ちできなくなった結果、何千人もの人々が貧困に陥った。メキシコに根を下ろした産業アグリビジネスによって生活共同体の暮らしが不安定となり、それに伴って環境汚染も進んだため、最貧層の人々は生きて家族を支える機会を得ようと、国境を越えて北米へと移住した。そうした移民の多くを即座に捕らえたのが、労働階層の底辺を埋めるべく脆弱な人々を必要とする（かつ餌食とする）アメリカ屠殺産業である。

動物アグリビジネスによる移民労働者の搾取は一九八〇年代以降加速した。移民は最も嫌がられる仕事のために募集され、その中には集中動物飼養施設（ＣＡＦＯ）と呼ばれる畜産場での仕事もある。今日、移民コミュニティが膨らむ一方、アメリカ政府はテロ対策の名目で人種差別的な犯罪者の絞り込みを正当化している。移民を対象とする拘置所の設置や国外追放は二〇〇八年の金融危機以降に増加した。より近年では、右翼の白人ナショナリズムが盛り上がり、一部アメリカ市民らのあいだで「よそ者」への恐怖が高まった。リリア・トレンコヴァの論文「国境なき食料――アメリカ・メキシコ間農業貿易における外部者嫌悪とグローバル・コーポラティズム」（ロドリゲス『食の正義入門』所収）は、現在のアメリカとメキシコにみられる新植民地主義的関係と、国境の両側でメキシコの共同体に対する食の不正義を生んだ植民地主義・資本主義の術策、およびそこで中心をなした畜産業について知るための有用な資料である。(11)

多数の国をまたぐ屠殺場資本の経脈に、被畜産動物たち自身も絡め取られている。シンクレアはシカゴのユニオン・ストックヤードに送られてきた動物たちが、屠殺場で抵抗するさまを描いた。牛、豚、羊たちは、掛け金《がね》に吊るされ宙に持ち上げられながら格闘した。恐怖の中でもがく豚たちについて、シンクレアは書きつづる。

従業員は一番近くにいる豚の脚に鎖を巻き付け、そのもう一端を滑車に付いた輪の一つに掛けた。滑車が回ると豚はひょいと浮いて宙吊りになる。……この工程に乗せられると豚は二度と戻ってこなかった。滑車の上部で豚は高架移動滑車に移り、室内を流れていく。かたや次の一頭が吊るされ、また次が、また次がと吊るされていき、二つの列をなした豚たちは、各々片足でぶら下がったまま、狂ったように宙を蹴り、甲高い悲鳴を鳴り響かせた。[12]

労働者たちが素速く動く機械システムに遅れじとするかたわら、時に一頭の動物が「地に降りて怒り狂う」。[13] 半端な失神処理を受けた動物が死に物狂いで逃げようとすると混乱が巻き起こった。男たちは（彼らも消耗品だったので）必死に追いかけ、ボスは支配しようと思った者たちをためらいなく銃で脅した。

二一世紀の産業的屠殺場では、統制と暴力の装置は隠されている。が、脱走する動物たちはその境界線の力関係に光を投げかける。例えば二〇〇四年八月、脱走した牛がオマハの警察によって殺された時には、人々——牛を逃した屠殺場の労働者たちも含む——を殺しから隔てる距離が乱された。屠殺場からは六頭の牛が逃げ、四頭は近くにあった教会の駐車場ですぐに再捕獲された一方、残り二頭は廃墟となった鉄道駅構内に向かった。一頭は別の屠殺場へ通じる脇道に逸れたが、重装備した警察によってフェンスの張られた一角に追い込まれ、数発の銃弾を浴びせられた。死を目前に彼女は生きようとあがき、痛みに唸《うな》りながら走ろうとした。[14]

屠殺場労働者の数名はたまたま休憩中で、脱走とそれに続く射殺を目の当たりにした。後にその一人は牛が殺される瞬間を振り返った。「警察はあの牛を一〇発ほども撃ったんです」。続いて彼女は警察がかつてメキシコ出身の無防備な男性を撃ったことに触れ、男性がメキシコ人だった（白人ではなかった）がゆえに「警察は牛を撃つように彼を撃ちました」と語った。[15] 牛たちの抵抗は現代の産業的屠殺場における暴力の隠蔽を明るみに出した。事実、屠殺場の衛生エリア（食肉処理のそれなど）で働く人々ですら、牛が公の場で射殺されるのを見て驚愕した。屠殺場は動物殺しに直接関与する労働者や、屠殺前の生きている動物たちを見る労働者を最少人数に抑えるよう設計されている。[16] 設計による種々の切り分けは分断と征服に資するもので、異なる背景を持つ貧しい人々を互いに敵対させ、工場式畜産場の労働者を人種の線に沿って分割し、被畜産動物たちの排除と苦痛を日常化する。屠殺場を仕切る境界線の巡視と強化は、高い地位の職員ら（管理者、CEO、ならびに業界上層の立役者）を陰惨な畜殺室から隔てておくのに役立つ。

労働者階級は動物たちと一体になろうとすることがあり、暴動犬の場合は別の種が、ガスボンベや催涙弾の脅威に面しながらも、剥奪された人々に味方しようとした。これは集合的解放の機会が訪れうることとの証明にほかならない。労働者たちはしばしば率先して動物たちの権利やその思いやりある扱いを実現してきた。一九世紀初頭の労働活動家・職工・詩人だったサミュエル・バンフォードは「犬、牛、馬」の権利を支持し、チャーティスト運動に加わったトマス・クーパーも同じ立場をとった。[17] 労働者階級の人々は動物たちの悲惨な境遇にみずからを重ね、動物実験に強く反対した。[18] そもそも、一九世紀の白人有産階級は事あるごとに無産階級を獣的で動物に近い存在と描いていた。無政府主義者のピエール・ジョゼフ・プルードンも労働者階級の政治構想に他種の動物たちを含めた。プルードンは雄牛や馬が人間のために働きながら何の報酬も受けていないとの見解を示した。[19] 二〇世紀初頭のイングランドでオールド・ブラウン・ドッグ事件〔後述〕に関与した労働者たちは、他の動物たちとの繋がりを認識した。資本家階級が種差別イデオロギーの宣伝にさらなる力を注がなければならなくなったのも、この認識が生まれたためである。[20] 同じく、屠殺場の分業体制もこのような連帯を生じさせる契機となる。

脱搾取による脱植民地化

植民地資本主義体制は植民地主義的食習慣に根差す。食はヨーロッパの植民地政策において主要な道具であり続けた。[21] 植民地化はそれまで畜産業に依存していなかった先住民社会に動物製品を持ち込み、グローバル資本主義が畜産物に偏重した食生活を世界に広める道を整えた。のみならず、植民地化は広大な土地を牧場経営のために横領した。抑圧的な食習慣がこの暴力体制の中核を担う一方、食の正義は植民地化の解体において中核を担う。生きた政治としての倫理的菜食と脱搾取《ビーガニズム》は、グローバル資本主義の破壊活動に対抗する他の革命的取り組みの欠落を埋める。多くの有色人種にとって、脱搾取は非効率かつ抑圧的な食のシステムに対抗する急進的な脱植民地化の実践となる。

地域保健教育者のクラウディア・セラートは、脱搾取を中心とする批判的な脱植民地化の議論を始めた著述家の一人に数えられる。チカーナ先住民の観点に立つセラートの著作は、自身の先住民家系のルーツをさかのぼり、祖先の料理を振り返るが、それは三姉妹の食物とされる豆・トウモロコシ・カボチャを含むものだった。[22] マーガレット・ロビンソンはミクマク先住民の祖先と動物観の関わりを探究してきた。ロビンソンはミクマク族の植民地化が、市販食品と工場式畜産に依存する生活への移行を伴っていたと分析する。この変遷《へんせん》はミクマクの歴史的価値観に反していた。他方、先住民の脱搾取はよりこの価値観に適合する。[23] シスター・ビーガン・プロジェクトのブリーズ・ハーパーは、食の脱植民地化がアフリカ系アメリカ人にとって重要な脱植民地化の実践であることを論じてきた。ハーパーは食の正義と脱搾取が絡む文脈での人種差別と白人性を検証し、アフリカ系アメリカ人の共同体が長きにわたる植民地主義的な食のシステムの暴力にさらされてきた実態を明らかにする。アフ・コーとシル・コーは脱搾取にもとづく反植民地主義実践の一環として、植民地主義の精神構造に向き合い、アフリカ未来主義の枠組みにおいて植民地主義的白人至上主義を解体する。

活動家にして研究者のアンジェラ・デイビスは、社会正義運動に動物たちを含めることについて考えを問われた時、鶏を具体例に挙げつつ、抑圧される人間と動物には重要な繋がりがあると答えた。「私たちが食べる食物には膨大な残虐が隠されています。この国で産業的に生み出される鶏たちの恐ろしい飼育環境について考えることなく、私たちが食卓に就《つ》いて一切れの鶏肉を食べていられるという事実が、資本主義の危険性をほのめかしています」。二〇一二年のインタビューで、デイビスは今こそ脱搾取について話す時だと述べた——脱搾取は「革命的展望」の一環であるのに加え、「大半の人々は自分が動物たちを食べているという事実について考えていない」からである。デイビスは「私たちの環境を構成するあらゆるものについて、その背景にある人間関係や人間以外の関係を想像するという習慣を育てることは、実に革命的でしょう」と語った。[24] 世界をもっぱら商品の観点から理解する資本主義社会の中では、鶏も人間も抑圧される。デイビスがビーガンであることは、彼女が鶏たちの置かれている条件以上のものに対抗していることの表れである。ここからは、彼女の思想がより根本のところでマルクス的な商品物神崇拝の解釈を土台としていることが窺える。

農場労働者と周縁化された人民の擁護者として有名なセザール・チャベスは、社会正義闘争における動物の権利の重要性も認識していた。チャベスは菜食を実践し、人間以外の動物たちが生の主体であることを認めていた。彼はかつて述べている。「他の情感ある動物たちを食べる人間の権利について私に疑問を抱かせたのは、ボイコットという飼い犬でした」[25]。チャベスを大叔父に持つジェネシス・バトラーは六歳でビーガンになり、動物の権利擁護者になった。二〇一七年四月、一〇歳のバトラーはＴＥＤトークを行ない、脱搾取が畜産業の生態系破壊に対抗できる次第を語った。

未加工食材の菜食で豊かに暮らす共同体は世界中に存在し、その多くは数世紀の歴史を持つが、今日の序列的な階級社会では食品の入手機会（および動物消費の文化的・社会的利害）に不平等がある。脱搾取への移行が最も容易なのは、食の選択に関し自由裁量権を持つ人々である。植物性の選択肢は今や広く入手可能で種類も豊富であるが、生鮮な未加工食材を手に入れにくいコミュニティには支援が要される。この点に関し状況改善を進めているのがフード・ノット・ボムズであり、この運動は一九八〇年以来、世界でビーガン料理の無料提供と食品ゴミの削減に取り組んでいる。チリズ・オン・ホイールズは全米の諸地域にビーガン・チリの料理を提供する。そしてフード・エンパワメント・プロジェクトは、相互連関する人間と動物への不正に立ち向かうべく、多くの資料と行動計画を提供する。[26]

資本主義の消費者イデオロギーは継続的な成長と生命支配を要請する。グローバル資本主義は植民地化の延長線上にあり、世界中に大規模な畜産業を広めた。「ビーガン」ではなく「ベジタリアン」を銘打ち、依然として動物搾取に依拠する食品を生産することもその一環に含まれる。牛乳目当てに飼養される牛たち、卵目当てに飼養される雌鶏たちは、ただ肉のためだけに飼養される動物たちと同等（かそれ以下）の境遇を生き、同じ慣行にさらされる（焼き印や嘴《くちばし》の切断、監禁、水も食料も与えられない屠殺場への移送など）。牛の乳は子牛に与えるためのものであるが、酪農業では農家の役に立たない無数の雄子牛が殺され、肉用の雄は「子牛肉用檻」に閉じ込められ、泌乳量の落ちた雌牛たちは若くして屠殺を迎える。酪農場の記録映像にはしばしば、雌牛たちが機械式のシャベルで掬《すく》い取られ、屠殺場行きトラックへ押し込まれる、あるいはそこから降ろされる様子が映っている。採卵業ではいわゆる放牧卵の生産であっても、望まれざる雄ひよこたちが生後一日でガスや窒息により殺されるか、生

図版51　母牛から隔離されて間もない子牛、単頭用の檻を農家が整えるあいだ、手押し車に置かれる（Jo-Anne McArthur/Animal Equality 撮影）。

きたままミンチにされる。鶏はアフリカの野鶏《やけい》を祖先に持ち、野鶏たちは通常、年に一〇個未満の卵しか産まない。が、今日の鶏は痛ましいほど不自然な数の卵（年に三六五個近く）を産むよう育種されている。屠殺されるのでなければ、鶏たちは祖先の寿命よりも遥かに若くして、生殖器系疾患や産卵の合併症により命を落とすことが珍しくない。

幸い、動物製品の代替品は豊富にある。ありあまる植物性食品の選択肢に加え、今日では「毛皮」「皮革」「羊毛」「絹」「ダウン」、および動物実験を経た製品、動物を閉じ込める娯楽、動物たちの生息地に立ち入る活動などとは異なる、動物にやさしい代替選択肢が存在する。多くのビーガンは実践の枠を広げ、社会的・環境的な弊害が大きな商品、例えばパーム油や（フェアトレードではない）コーヒーやカカオ、過剰包装・過剰加工された食品などを避ける。動物の投入を排したビーガン有機（ビーガニック）

の園芸や農業も人気を高めている。

多くの国で植物性の食生活が締め出されている結果、同じ面積の土地で生産される食料が減っている。国連による二〇〇六年の報告書が明らかにしたように、菜食は畜産物中心の食生活よりも遥かに多くの人々を養える。[27] 食物連鎖の下位にあるものを食べるのは、炭素排出量を減らす方法として最も実行がたやすく効果が大きい。なんとなれば、植物性の食生活を支えるために必要な作物・水・土地の量はごく少なくて済むからである。もしも人類が「肉」「乳」「卵」のために何百億もの動物を繁殖することをやめれば、動物用の飼料栽培も土地や水の確保も不要になるので、地球の貴重な資源にのしかかる深刻な枯渇の危機は過ぎ去るだろう。すると広大な土地が空き、森は蘇って野生動物は畜産業に滅ぼされた場所へ戻る機会を得られる。温室効果ガスの排出、水と大気の汚染、および（何十億ガロンもの水を被畜産動物のために費やすことがなくなるので）破滅的な淡水危機は大幅に抑えられるに違いない。[28] 海の「酸欠水域」を減らし、海洋生物に回復の余地を与える希望もみえてくる。すなわち、脱搾取は再野生化と多様な動物種のための空間創出と両立し、その必要条件にもなる。

動物たちのための再野生化

動物たちは、飛び、さすらい、這い、歩き、泳ぐための空間、そしてみずからの身体的・感情的・社会的な必要を満たすための空間を必要とする。現在の生態学的・社会的危機の中、どうすれば私たちはかれらが繁栄できる空間を尊重し提供できるのか。サンクチュアリは人間以外の動物たちが生きる空間をつくりだす点で意義深い企てであるが、ほかにも方法はある。

大規模な森林伐採と生態系破壊を振り返るに、現在ほど再野生化の概念が重要だった時代はない。

再野生化という語は当初、人間を野生の起源に回帰させる生活様式を指すものだった。[29] それは一般に自然の景観を再現・復興させることと解釈される。この語がそうした意味で人間文化に適用される以前、再野生化は幽閉下の動物たちを野生に放つという意味で用いられていた。その後、再野生化は動植物——時には一つの生態系全体——を、それが滅ぼされた地域に再導入することをも意味するようになった。ジョージ・モンビオットは、菜食への移行と資本主義の解体が森の再生地を設けるために不可欠だと論じてきた。再生した森は大気中に排出された炭素を吸収し、気候崩壊の甚大な影響を効果的に消し去っていくと期待される。モンビオットが折に触れ論じているところによれば、理想的な再野生化とは生態系に自然の過程を取り戻させること、つまり新たな自然統制の方法を探すのではなく、自然界の自発的な歩みを認めることをいう。[30] 再野生化は種を再導入し、柵をはじめとする障壁を解体し、生態系を搾取する有害な事業を撤廃する。できあがるのは自治的な野生である。この観点からすると「再野生化の管理」というのは矛盾しているように思えるが、人間は自然の自治に理想的な条件を保ち、再野生化を手助けすることができる。

生態系を潤《うるお》す再野生化の可能性は、イングランドにおける猪集団の再形成に見て取れる。イングランドの猪農場では昔から猪たちの脱走が生じていた。最初の有名な脱走事件は一九八七年、強風で木々が柵の上に倒れかかった時に起こった。今日、猪たちはワイヤーと電気柵の囲いに囚われている。国内には目下、最低でも四つの猪集団が棲息し、森をかつての美しさへと戻すことに貢献している。猪たちは単一栽培地を解体し、様々な種が脚光を分かち合うことを可能とする。かつて猪たちが野生から除去されたことは景観生態系に害をおよぼした疑いが強い。モンビオットが説明するように、「イギリスの林床は独特で、ヤマアイ、ラムソン、ホタルブクロ、ワラビ、コタニワタリ、オ

図版52　野生の猪、グロスターシャーのデーンの森を散策する。2018年2月（Emi撮影）。

シダ、キイチゴなどの単一種に占められていることが多い。……［これは］人間の介入に由来する場合もあり、猪の駆逐がその一因に数えられる」[31]。猪が環境に好影響を与えることはヨーロッパコマドリが証明している。この鳥は土を掘る人間の庭師にも付いて行くが、猪たちが食物を探して地面を掘り、森中に小さな池や湿地をつくっていく後も追う。再野生化の展望が持つ創成の可能性は計り知れない。ただし、人間が自然の生態系と協働せず、自然への押し付けを行なえば危険が生じうる。[32]そもそもの大問題を引き起こした行ないを避け、自然の生態学的過程を後援することが、生命の繁栄を叶える再野生化の鍵となる。

危うい野生事業の一例として、オランダのアムステルダム北東、フレボランド州に存在するオーストヴァーダースプラッセンがある。これは巨大な自然保護区であり、湿地・沼沢地・林地からなる。ここは野生牛オーロックに最も近い親戚にあたる飼い馴らされた牛、ヘック牛の棲家であり、かれらは再野生化されたが柵に囲われている。事業は重要な鳥の生息環境が乾燥地に茂る柳の木や苗木に脅かされていたため、その保護を目的として始められた。摂餌《せつじ》行動によって木々の繁茂を防ぐだろうという期待から、保護区には大型の草食動物も導入された。捕食動物がいなかったため（この地域で遥か以前に人間が土着の捕食動物を絶やしたため）、事業の開始以降、反芻《はんすう》動物の数は増加した。土地が維持できる動物数には限りがあり、多数の草食動物がいることは景観生態系に害をおよぼす。結果、再野生化された景観は生態系のバランスを欠き、人間の管理と介入が必要となって、事業の目的は立ち行かなくなっている。捕食動物と避難所が存在しないせいで、多くの草食動物（牛、アカシカ、ポーランドコニック種の馬など）は冬が来るたびに餓死する。晩霜《ばんそう》と降雪は特に災難で、地理的に拘束・幽閉された動物たちは、フェンスで囲われた土地のものを食べ尽くしたが最後、代わりの棲場《すみば》と食料源を探し求めることができない。二〇〇五年の冬、大量の動物たちが餓死することに人々は胸を痛めた。そこで個体数調整の措置がとられ、最も病弱な動物たち（全体の三〇～六〇パーセント）を「狼の目」で撃ち殺す、つまり人間が捕食動物の代わりを務めて個体数の均衡を保つという試みが行なわれた。

動物たちの求めに公共空間が対応・適合できている好ましい事例としては、カリフォルニア州のポイント・レイズ国立海浜公園沿いに当たる、スタッフの少ないドレイク湾の砂浜が、一〇〇頭近くのゾウアザラシとその子らに占拠された時のことが挙げられる。政府の見張りがないあいだ、ゾウアザラシたちは浜への上陸をフェンスに阻まれたままではいなかった。フェンスを壊した後、集団は海岸線に上がった。スタッフが少ないので押しかけ客を止める者はいない。アリッサ・グリーンバーグは愉快な光景を書き留めた。「近くで波が打ち寄せ、カモメが舞う中、浜に来たばかりの数十頭の

図版 53　ゾウアザラシ、ポイント・レイズ国立海浜公園のゾウアザラシ用保護区画に寝そべる（Yurim 撮影）。

住民らは日光を浴び、鼻やら喉やらを鳴らしたり、吠えたり唸ったりする声で辺りを満たした。子らは母の乳をもらったり、小石や海草の散った浜を這って新しい世界を散策したりした。離れ過ぎて迷子になるとパニックでキューキュー鳴いてもいた。大きな体をした数頭の乱暴な雄たちは時にもめ合うやら取っ組み合うやらして砂をまき散らした」[33]。ゾウアザラシたちは駐車場の土地も取り戻し、数頭の雄はピクニックテーブルを雨よけにした。子アザラシが乳をもらっているので、ポイント・レイズ教育センターは邪魔をするまいとした。カリフォルニア州ではかつて、狩りによってゾウアザラシが絶滅の危機に瀕し、救済のために保全計画が敷かれた。浜のアザラシたちはその後も増え続けたが、数週間が経つと移動を始めた。

再野生化に必要なのは、道や橋の設置、柵の修正、道路の閉鎖、動物たちが邪魔をされずに移動できる回廊の創設などとなる。緑地や多種が住みよい空間を都市に設け、共同体に支えられたビーガニック農業を営み、移動ルートを壊す開発をやめ、動物たちの地理的周縁化（によって文化的知識やメンタルマップの継承を妨げること）を終わらせる取り組みも要される。大きな視野に立つと、畜産業や牧場経営を廃し、多国籍企業の食料生産支配をなくせば、目下動物の放牧や動物飼料の栽培に使われている広大な土地が使えるようになる。この土地は森の再生とともに、ビーガニック食材の栽培にも使え、畑地・菜園・果樹園・温室など、人工的に繁殖された無数の動物たちではなく人間を養うために用いることができる。あるいは野生動物その他のサンクチュアリに変える案もあるだろう。市街地の環境では、再野生化都市がより包摂的な多種共同体を育てていくと考えられる。

動物の抵抗者たちに加勢する

動物の抵抗者たちは社会正義闘争の立役者であり、システムを内側から変えていく。抑圧される動物たちが抵抗する時、動物擁護者は戦略的な行動を起こし、早急に自由と解放を要する動物たちの支援ネットワークをつくることができる。戦略的に選ばれた場所で抵抗者に連帯しつつ抗議を起こし、サンクチュアリ生活の保証など、自由を要求する手も考えられる。動物の抵抗者に代わってソーシャルメディアでキャンペーンを行ない、応援者に動物のための電話抗議を促す、あるいは抗議行動のスケジュールを知らせる手も考えられる。あるいは、猿が逃げた実験施設の前で抗議を起こす、牛が逃げた屠殺場を占拠するといった動員もあるだろう。これらのキャンペーンは闘争に軸を置き、抵抗する動物たちの声を増幅する。社会的関心の高い市民は普通、その時点で既にそうした動物たちに共感を寄せている。

動物たちの声を増幅することは、反資本主義・反植民地主義闘争の共闘者として、かれらとともに行動するための重要な一歩となる。人間以外の動物たちが独自の文化・知識・言語を持つことは広く知られているが、かれらの物語を人間の社会で広く伝えるためには、人間の支援者がその声を増幅する必要がある。サンクチュアリのスタッフは住民たちの物語を人々に伝える。視覚アーティスト、写真家、ドキュメンタリー製作者は、人目を引く印象的な画像や映像を伝える。研究者は物語を伝え、その歴史的・社会的背景を説く。作家や芸術家は異なる動物種の思考・感情・主張を想像し、その視点に立った生を描き出す。ソーシャルメディアの活動家は自身の発信源を駆使して、話題となっている脱走動物の動画、ティリクムやタイクのような個々の動物を扱ったドキュメンタリーを広める。物語を伝えることは動物たちの声を増幅する強力な方法であり、それは一部の動物行動学者によっても証明されている。かれらは動物たちの行動の機微が数やグラフに収まらない時、その言語を解読することに努めてきた。「語りは解釈行為」であり、種の線引きを超える。[34]

社会的・政治的抑圧を背景とする動物の抵抗表象と、動物を暴力的・「悪魔的」な殺し屋と描くそれには違いがある。大衆文化の「動物襲来」ジャンルを手がける作家たちは、自作が引き起こした予期せざる結果を認めてきた。大型殺人魚を描いた悪名高い小説の作者ピーター・ベンチリーは、同作がバカげた文化現象の火付け役となったことを認めてこう述べた。「今なら『ジョーズ』はとても書けそうにありません。……魚を悪魔化するという発想はどうかしていると感じます」[35]。『ジョーズ』現象は鮫《さめ》への恐怖を高めた。しかし鮫は一年に一人ほどの人間しか殺さず、それも見間違いの可能性が否めない。黒いウェットスーツを着たダイバーは、鮫本来の獲物であるアザラシに似ているからである。他方、人間は毎年何百万尾、試算によっては一億尾もの鮫を、主としてフカヒレのために殺す。

この大虐殺を鮫による稀な危害のリスクと見比べれば、人間こそが最も恐ろしい捕食者であることは一目瞭然である。

動物たちの抵抗と行為者性の物語を伝えることは連帯の一形態をなす。バラード（アレン・デニス・ガーステン作「ケン・アレンのバラード」など）、映画（マーク・スミス脚本『タムワースの二頭の伝説』など）、讃歌（デビッド・ロビッチ作「暴動犬」など）、ノンフィクション文学（ジョン・バイヤン著『虎――復讐と生存の実録』など）、その他多くの作品で、反逆者の動物たちは重要な役を演じる。フェイスブックの「動物の抵抗（The Animal Resistance）」というページは万人に開かれた情報源で、動物たちを解放運動の中心に据え、かれらの声を高めるという目標のもと、動物の反逆者に関する物語を盛んに共有・解説する。動物たちのしかるべき扱いに関し発言権を持つのは、もはや人間だけではない。[36] 小説・映画・芸術・芝居・詩によるフィクションの表現は、動物たちの内面経験を想像する助けとなる。これらは伝記と並び、舞台・登場者・敵対勢力・その他の外部要因を用いて動物の抵抗を包括的に理解する助けとなる。二頭の犬が実験施設を逃れること、脅威を感じた鳥や家族を守ろうとした鳥が攻撃を仕掛けることはありえる。しかし動物の抵抗者たちがみずからの行動を通して一つの物語を伝えるとしても、その幽閉下の経歴について私たちが知りえることには不足がある。

ティリクムとタイクの物語は、人間が動物たちの闘争に連帯した時、大きな成果が生まれうることを証明している。二〇一〇年三月四日、ティリクムに連帯するクィアの無政府主義解放ネットワーク「バッシュ・バック！」は、動物たちがみずからの解放運動における行為主体であると認めた。「バッシュ・バック！」は「スプラッシュ・バック」と題する諷刺的な声明を出し、「動物の自律性と抵抗を支える全国的なティリクムとの連帯行動」ならびに急進的な人間と人間以外の立役者を結ぶ「総合的連帯」を呼びかけた。(37) マイケル・ローデンタールは事件の分析に救世主言説の批判を絡め、「バッシュ・バック！」の枠組みは「強い者（人間）が弱い者（動物）を救う」という一般的な考え方から距離を置き、「『強い』関係者（人間）が『弱い』関係者（動物）の主たる抑圧者であることを認めたうえで解放を問題化する」のに資すると論じた。(38)

映画『ブラックフィッシュ』がティリクムの名を世に知らしめ、シーワールドに広い注目を集めるとともに幽閉下のシャチに対する懸念を高めると、ティリクムの抵抗に連帯する人々はシーワールドの方針転換と減収をもたらした。映画の封切り後、同社の株価は急落した。ミュージシャンはコンサートを取り消し、人々はシーワールドに対するボイコットと抗議を行なった。二〇一六年三月、シーワールドは以下の変更を発表した。（一）シャチの繁殖計画は中止する。（二）シャチは今後外部から仕入れない。（三）劇場でのシャチショーは鯨類の自然な行動を見せるものに変える。（四）繁殖計画を打ち切るため、シャチは新しい施設では一切見られないものとなる。加えてシーワールドは海洋動物の救助事業に大金を投じる計画も発表した。(39) しかし同社は当時園内に幽閉されていたシャチを海洋サンクチュアリに移すことは提案しなかった。シャチは最大五〇年を生きるので、この決定は目下シーワールドに所有されているシャチらがその後も長く剥奪状態に耐えなければならないであろうことを意味した。現在、ホエール・サンクチュアリ・プロジェクトは海洋哺乳類の幽閉を漸次撤《ぜんじ》廃するために、「鯨類（イルカと鯨）が可能なかぎり自然の生息環境に近く、幸福と自律性を最大限に得られる環境でいつまでも暮らせる臨海サンクチュアリのモデルをつくる」ことに取り組んでいる。(40) ホエール・サンクチュアリ・プロジェクトはロシア政府と共同で、幽閉下のシャチとシロイルカ、計九七頭を海に戻そうとしている。少なくともその一頭は、解放後に無事野生の群れに加わった姿を撮影されている。

　タイクの抵抗が世界に放送されると、その物語は国際的注目を集め、動物たちのための大きな実体的変化をもたらした。タイクの生命は彼女がサーカスから離れた暮らしを経験する前に終わったが、その抵抗は他の動物たちを幽閉から救い、社会変革を促し、社会を改めた。タイクの死が世界で報じられた後、サーカスに対する抗議・訴訟・ボイコットが巻き起こった。訴訟はサーカス団、タイクの「所有者」、ホーソーン株式会社（サーカスの黒幕）、さらにホノルル市やハワイ州を相手取った。タイクに殺された調教師は、象売りやラクダ乗りの前職で動物虐待をしていたとして、既に訴えられていたことが判明した。タイクの事件はハワイ州とカリフォルニア州で条例が設けられるきっかけとなった。サーカスでの野生動物使用を禁じるホノルル市の法案は一票差で通らなかったものの、今日まで他のサーカス団が野生動物や象を連れて同市に来たためしはない。二〇〇三年、最初の象、デリーがホーソーン株式会社から押収された。二〇〇四年には残る一六頭のアジアゾウとアフリカゾウが農務省承認の施設へ譲渡され、ホーソーン社には二〇万ドルの罰金が科された。象たちを引き取った施設の一つはテネシー州エレファント・サンクチュアリで、ここはサーカスや動物園から解放された象たちの引退コミュニティとなっている。タイクの事件は一九九五年に同サンクチュアリが開設されるきっかけでもあった。[41] 二〇〇三年から二〇〇六年のあいだに、テネシー州エレファント・サンクチュアリはホーソーン株式会社から（デリーを皮切りに）八頭の象を引き取った。現在、同サンクチュアリのほかに複数の組織が、幽閉されていた象への住居提供と人々の教育を通し、象飼育の廃止に取り組んでいる。

　人間以外の動物たちの有名な闘争事件をめぐり人々が動いた例は古くから存在する。二〇世紀初頭のイングランドを舞台とするオールド・ブラウン・ドッグ事件では、社会正義運動の様々な党派が動物抑圧に抗議すべく集まった。一九〇三年二月二日、心理学のクラスに在籍していた二人の反動物実験活動家が、茶色い犬に対する拷問を確認した。二人の女性、リジー・リデイ・エフ・ヘイグビーとレイサ・シャータウは、ユニバーシティ・カレッジ・ロンドンの生体動物実験を告発しようと、ほか全員が男子のクラスに入り、目にした実験を日記に書き留めた。ある日、ウィリアム・ベイリスという心理学者が、手術台に茶色い犬を縛り付けて教壇に立った。二人は記す。「犬は生きたまま仰向けにされ、後ろ脚を大きく広げられ、前脚を横に留められ、きつい口輪を嵌《は》められていた。ベイリスはメスで切り込みを入れた」。ベイリスが切り込むと、麻酔のかかっていない犠牲者は痛みに悲鳴を上げて逃げようとした。リデイ・エフ・ヘイグビーとシャータウは、犬がとてつもなく苦しみ、「必死に逃れようと」していたと記録する。[42] さらに二人は、犬の腹にこれ以前の実験による切り傷があったとも指摘する。が、犬の暴れように動じなかったとみえる拷問者は作業を続け、授業の終わりに際して犬を殺した。

図版54　ブラウン・ドッグを記念する銅像。ジョゼフ・ホワイトヘッド制作。ロンドン、バタシー、1906年（National Anti-Vivisection Society 撮影）。

　茶色い犬の悲劇はしかし、他の人々の心をも掻き乱した。リデイ・エフ・ヘイグビーとシャータウが、観察記録を著書『科学の殺戮――二人の心理学受講生の日記より』にまとめて出版したところ、ベイリスは動物虐待罪に問われなかったものの、事件を取り上げたメディアの報道によって動物実験は衆人環視にさらされた。一九〇六年、バタシーの労働者階級居住区に犬を記念する小さなブロンズ像が建てられた。記念碑にはこう記された。

一九〇三年二月にユニバーシティ・カレッジの実験室で死に追いやられた茶色いテリア犬を追悼して。彼は二カ月以上におよぶ動物実験に耐え、一人の動物実験者から別の実験者へと渡された末、死によって解放された。また、一九〇二年に同じ場所で動物実験にかけられた二三二頭の犬たちを追悼して。イングランドの男女に問いたい――いつまでこのような所業が続くのか。

像は医学生らを怒らせた。その一行は一九〇七年一二月一〇日、ロンドン中心部のキャンパスからバタシーへと行進した。使命は何か。いまや記念を通して挑戦を突き付けるテリアの像を壊すことである。が、像に近づく暴徒らは婦人参政権活動家・労働組合員・社会主義者・その他の運動員による抵抗に遭う。抵抗した人々は、テリアの苦境に自身と重なるものを見出して共感を寄せ、反動物実験活動家に加勢したのだった。女性たちはみずからもまた医学生らの研究と実験に供される客体として扱われてきたことから、動物実験の図像に心を動かされた。(43) 怒りに燃える医学生の大群が犬の模型を手にブロンズ像へと迫る中、一人は「ブラウン・ドッグをつぶせ！」と叫んだ。(44) 暴徒はおよそ一〇〇〇人にまで膨れ上がり、数時間にわたって警察に追い散らされた。元の像は撤去されたが、一九八五年に新しい犬の像がバタシー公園に置かれ、これは現在まで残っている。

動物の抵抗者たちに連帯してその物語を伝える取り組みは、不正と、自明視された支配システムへの抵抗となりうる。動物たちの行動は社会正義に影響をおよぼす。そしてグローバル資本主義への抵抗は動物正義の闘争において中核をなす。屠殺場ほか、動物抑圧の場に置かれた者たちの歴史と抵抗は複雑にして互いに重なり合う。生きた政治の一環たる脱植民地化としての脱搾取は、種々の社会運動の結び付きを強めるエコロジカルな生活と調和する。ブラウン・ドッグから暴動犬、反抗する牛から脱走する鶏に至る諸々の事例において、人ならぬ動物たちは政治闘争の象徴だった。動物の抵抗者たちとともに動き、その物語を広めることで、かれらをめぐる人々の強力な反応を引き起こせば、私たちは動物たちをかれら自身の解放運動の中心に位置づけられる。

注

（1）Heather Saul, “Loukanikos Dead: News of Greek Riot Dog’s Death Prompts Outpouring of Tributes,” *Independent*, October 9, 2014, https://www.independent.co.uk.

（2）Menelaos Tzafalias, “Greece: Protesters Unleash the Dogs of War,” *Independent*, May 12, 2010,https://www.independent.co.uk.

（3）Yiannis Baboulias, “A Farewell to Paws,” *Aljazeera America*, October 12, 2014. 人間の争いに関わる人間以外の動物たちは、その場にいることを強いられている場合がほとんどであり、例は戦場の馬から爆弾探知犬にまでおよぶ。チップと名付けられた犬は兵士の命を何度も救ったが、その引退に当たり、高官らは犬が人間の兵士と同様に讃えられるには値しないという考えのもと、チップの地位や勲章を剝ぎ取った。高官らにとって彼は単なる「装備」もしくは「運搬機関」にすぎなかった。実際、多くの動物たち（犬、馬、イルカ、その他）は抵抗を鎮圧する国家暴力の兵器として利用される。そしてこうした動物たちの一部がその位置づけに抵抗することも疑えない。

（4）ジェニー・ブラウン（ウッドストック・ファーム・サンクチュアリ創設者）との対談より。二〇一三年三月。

（5）“Rescued Chickens Shed Light on Horrors of NYC’s Live Markets,” Enviroshop Editor, September 1, 2007, https://enviroshop.com.

（6）James Angelos, “When the Feathers Really Fly,” *New York Times*, February 15, 2009, CY6.

（7）屠殺場システムの歴史については Amy J. Fitzgerald, “A Social History of the Slaughterhouse: From Inception to Contemporary Implications,” *Human Ecology Review* 17, no. 1 (2010): 58–69 を参照。

（8）Upton Sinclair, *The Jungle* (New York: Penguin Books, 2006), 69.

（9）Nibert, *Animal Rights/Human Rights*, 110.

（10）Nibert, *Animal Oppression and Human Violence*.

（11）Lilia Trenkova, “Food Without Borders: Xenophobia and Global Corporatism in the U.S.-Mexico Agricultural Commerce,” in *Food Justice: A Primer*, ed. Saryta Rodriguez (Sanctuary Publishers, 2018), 155. トレンコヴァは畜産を混作農業エコロジーに置き換える脱中心化された水平な食のシステムを支持する。

（12）Sinclair, *The Jungle*, 37–38.

（13）Sinclair, *The Jungle*, 128.

（14）Pachirat, *Every Twelve Seconds*, 1–2.

（15）Pachirat, *Every Twelve Seconds*, 2.

（16）Pachirat, *Every Twelve Seconds*, 61.

（17）Hribal, “Animals Are Part of the Working Class,” 453.

（18）Kalof, *Looking at Animals in Human History*, 139.

(19) Pierre J. Proudhon, *Property Is Theft! A Pierre-Joseph Proudhon Anthology*, ed. Ian McKay (Oakland, CA: AK Press, 2011), 129.
(20) Nibert, *Animal Rights/Human Rights*, 242.
(21) Linda Alvarez, “Colonization, Food, and the Practice of Eating,” Food Empowerment Project, https://foodispower.org.
(22) Claudia Serrato, “Ecological Indigenous Foodways and the Healing of All Our Relations,” *Journal for Critical Animal Studies* 8, no. 3 (2010): 52–60.
(23) Margaret Robinson, “The Roots of My Indigenous Veganism,” in *Critical Animal Studies: Towards Trans-Species Social Justice*, ed. Atsuko Matsuoka and John Sorenson (London: Rowman &Littlefi eld, 2012), 319–32.
(24) “Grace Lee Boggs in Conversation with Angela Davis—Transcript, Web Extra Only,” Making Contact, February 20, 2012, https://www.radioproject.org.
(25) Dan Brook, “Cesar Chavez and Comprehensive Rights,” May 30, 2007, https://ufw.org/ZNETCesar-Ch-vez-and-Comprehensive-Rights/.
(26) 食料正義と食料主権の優れた議論としては Saryta Rodriguez, *Food Justice: A Primer* (Sanctuary Publishers, 2018) を参照。
(27) Steinfeld, “Livestock’s Long Shadow.”
(28) David Pimentel and Marcia Pimentel, “Sustainability of Meat-Based and Plant-Based Diets and the Environment,” *American Journal of Clinical Nutrition* 78, no. 3 (2003): 660–63.
(29) Monbiot, *Feral*.
(30) Monbiot, *Feral*, 8.
(31) Monbiot, *Feral*, 94.
(32) Monbiot, *Feral*, 208.
(33) Alissa Greenberg, “Elephant Seals Take Over Beach Left Vacant by US Shutdown,” *The Guardian*,February 2, 2019.
(34) Bekoff and Pierce, *Wild Justice*, 37.
(35) Jeffrey M. Masson, *Beasts: What Animals Can Teach Us about the Origins of Good and Evil* (New York: Bloomsbury, 2014), 87.
(36) Dan Kidby and Massimo Viggiani, “Vegfest UK London 2018 Series—Dan Kidby and Massimo Bailey and Roger Yates, ARZone Podcasts, October 20, 2018, http://arzonepodcasts.com/2018/10/arzone-vegfest-uk-london-2018-series_20.html.
(37) Loadenthal, “Operation Splash Back!,” 85–89.
(38) Loadenthal, “Operation Splash Back!,” 90.
(39) Bekoff and Pierce, *Wild Justice*.
(40) Lori Marino, “The Whale Sanctuary Project Will Change Our Relationship with Orcas,” Planet Experts, May 12, 2016, http://

planetexperts.com.

(41) Hribal, *Fear of the Animal Planet*, 59.

(42) Emilie Augusta Louise Lind-af-Hageby and Leisa Katherine Schartau, "Fun," in *In Nature's Name: An Anthology of Women's Writing and Illustration*, ed. Barbara T. Gates (Chicago:University of Chicago Press, 2002), 155.

(43) Kalof, *Looking at Animals in Human History*, 141.

(44) David Grimm, *Citizen Canine: Our Evolving Relationship with Cats and Dogs* (New York: PublicAffairs, 2014), 46–47.

結論

市街で、畜産場で、大農園で、鉱山で、さらには戦場で、動物たちは人間の支配と暴力を被りながら労働を担ってきた。かれらの皮膚・毛皮・鱗・肉・膂力《りょりょく》と体力は、流用され商品化されてきた。飼い馴らしと植民地化と資本主義は、身体破壊・遺伝子操作・監禁・拷問によって、数知れない動物たちを貶めてきた。今日、陸生・水生の動物たちに対する暴力は、かれらの財産・商品としての地位（および一般人の意図的無知）を後ろ盾に、着々と増大している。しかし、その乗り越えられそうにない抑圧と圧制を前にしてなお、動物たちはこの立ち位置に抵抗し、自由を求めて闘ってきた。

本書では動物たちの抵抗の背景・意味・影響を検証した。なぜ、いかにして、何（の始まり）を求めて、動物たちは抵抗するのか。これまでに吟味してきた諸事例は、報復・脱走・他の動物の解放・日常的不服従の行為を通した動物たちの抵抗の一端を示す。これらの物語に加え、動物の抵抗者たちに対する人々の反応を分析し、サンクチュアリ職員らの洞察を交えれば、動物の抵抗をめぐる一つの展望が得られるだろう。それは動物たちの生きた経験と、その境界破りが明かすグローバル資本主義社会の真実を踏まえた展望となるはずである。動物の支援者たちが人間以外の動物たちの訴えを傾聴し理解しようと努めるならば、その連帯において動物たちの声を増幅・拡大することができる。この抵抗する動物たちとの連帯は、集合的解放の主張を動かしがたいものとし、運動の橋渡しを助ける。すなわち、それは種々の社会運動の対話基盤を与えるものであり、くだんの対話は多種を含む社会正義の不可欠な一歩となる。

動物たちの行為者性はその抵抗において明瞭となる

動物の抵抗は権力の標準化作用を揺さぶる主体性と対抗言説を生む。動物事業は生ある者たちを統御し従属させるが、そこには反体制的な抵抗する力が存在する――権力は拘束するだけでなく、創出をもなすからである。ミシェル・フーコーが論じたように、権力は標準化によって新たな生の形態を生む。監獄システムが「囚人」を新たな生の形態として生むならば、規律と一望監視からつくられる新たな主体性は抵抗の余地を切り拓く。これと同じように、工場式畜産が標準化戦略によって新たな生の形態（すなわち工場式に飼育される動物、いわゆる生物学的機械、歩く「肉」）を生むならば、そのいわゆる「肉」が脱走し、当の動物の生きる意志が前景化した際には、対抗言説が形成されうる。動物たちの意図性を示す行動は、動物搾取システムを成り立たせる根底の関係に変化を引き起こす。例えばそれにより、消費者は食料品店で「肉」の生きた原型である者と鉢合わせるかもしれない。屠殺場の労働者は牛の銃殺に心動かされるかもしれない。他の動物たちは（故意もしくは偶然の）抵抗をそそのかされるかもしれない。そして人々は菜食や脱搾取への移行を決めるかもしれない。動物の反逆者たちは、人間だけが利益と行為者性を持つ動物であるという考えをも揺るがす。ある動物たちは反省的意図性を示してきた。タチアナ、タイク、モカ・ディック、オールド・ホワイティ、その他の者たちは、自分が再捕獲や懲罰、あるいは抵抗に対する死罪を被りかねないと理解しながら、それでもなお反逆を企てた。動物たちは正義を求める自身らの運動において積極的な参加者となり、多くの形で個人・社会・環境の変化を引き起こす。

図版 55　スー・コウ「自由の微光」。リノカット、2016 年。Copyright © Sue Coe. Courtesy Galerie St. Etienne, New York.

今日の監視文化では脱走が見世物となる

古代ローマの大衆見世物だった動物虐殺や中世ヨーロッパの動物裁判よろしく、シカゴでは一八六五年から二〇世紀まで、案内付きの屠殺場ツアーが大衆向けの人気娯楽だった。産業的な家畜置場《ストックヤード》や食肉処理場で、訪問客は死に送られる動物たちやその動物たちを囲い込もうと格闘する労働者たちの様子を恐れおののきながら見物した。フェア・オークス農場で実施されている今日の農業ツアーはシカゴの屠殺場ツアーに起源を持ち、工場式畜産場の訪問を「家族みんなの娯楽」と喧伝する。動物たちが生きるために脱走すると、それは（「場違い性」によっては）見世物と受け取られることもある。残念ながら一部の人々は脱走を面白いと感じるかもしれないが、サーカス・動物園・屠殺場・実験施設・その他の商品化空間で反逆する動物たちは、境界線を破ることでそこに潜む力関係を照らし出し、人々に気づきを与える。脱走によって平穏を乱す動物たちはみな、資本主義に対する集合的抵抗を広げ、人々の意識に影響をおよぼす。かれらは人々を啓発し、生産手段について考えること、ならびに思いやりと社会正義の価値観によりそぐう選択へ向かうことを促す。

動物の抵抗者たちは動物産業の遠隔化戦略を妨害する

抵抗する動物たちは自身に割り当てられた空間と役割の壁を越える。当然化された動物事業の営為がかれらによって照らし出されると、人々は（動物由来の）「ハンバーガー」や新しい「レザー」コート、あるいは動物テーマパークの訪問など、動物たちの生活侵害によって成り立つ事物を拒もうとの考えに至ることがある。公共圏と動物産業の隔たりを埋める橋渡しは、意識的変革の契機を生む。個に対する同情が集まれば、その個は応援に浴するが、人間は同じ思いやりを幽閉下の何十億という動物たちに広くおよぼすことが中々できない。反逆する動物たちの描かれ方は一九世紀以来、大衆言説の中で変わってきており、（サンクチュアリによる好影響と安全地帯の提供のおかげで）脱走して再捕獲された動物たちが生を全うする事例も増えているとはいえ、今日組織的に殺される動物の数は史上最大の域に達している。したがって、私たちと他種の関係は多くの点で過去一世紀のあいだに変化したにせよ、本書の中で取り上げた一九世紀から二一世紀までの諸事例を進歩の語りに収めることは難しい。動物たちに対する態度の変化は言説の推移に表れているものの、それは依然として、人間社会の資本主義機構に囚われた動物たちの大半に物質的変化をもたらすには至っていない。

動物の抵抗者たちは言説闘争の中心を占める

動物の抵抗者たちが公共圏に現れると、人々は時に不安や不快の感情を掻き立てられる。かれらが占拠した空間では、冗談・嘲笑・ジェンダー化・人種化・能力主義・その他の物質的・言説的手段を通して権力の再確認が行なわれる。野生と文明の分割線を破った動物たちは「野生的」「狂っている」、あるいは「混乱」を起こすなど、統制を正当化する言語で捉えられる。先に筆者が吟味したテクストの多くは、「野生的」な脱走者を追って駆り立てる「警官とカウボーイ」の言辞を用いていた。これらのテクストから分かるように、アメリカの帝国主義事業では、脱走動物たちの描かれ方は正常とされるもの、つまりは異常なよそ者と対比される「真の」アメリカ人像と結び付いている。貶められた人々に「人間以下」や「異常者」のレッテルを貼る手法は、植民地主義下での人間搾取を正当化するために用いられてきた。新植民地資本主義体制のもとでは、動物たちは往々にして「場違い」な存在や「侵略的」な存在と解され、移民や有色人種に害をおよぼす同じレトリックによって遠ざけられる。

よそ者言説は場違いとみられる者たちに暴力を投影し、暴力はかれらの身体の搾取ではなく、かれらの境界破りに起因するとの誤った想定を設ける。動物たちが拘束を逃れ、みずからの意志で世界を渡ろうとした際には、監視体制がかれらを水際にとどめ、政体が普段通りに回るよう計らう。

脱走した動物たちといまだ幽閉下の動物たちは等しく生きるに値する

動物産業は動物利用を当然化して擁護するために思想的プロパガンダを駆使する。産業は動物たちが公共空間に立ち入ることを完全には防ぎきれないので、その抵抗を軽んじる方法を考案する。主流メディアはしばしば動物たちの抵抗を矮小化する役目を果たし、脱走した動物たちはいまだ幽閉下の動物たちと違って唯一独特の何かを持っているという見方を強化する。脱走した動物たちを他の恵まれない動物たちと対比させ特別と讃えることは、他の例外主義言説にも共通する（例えば国際難民の言説では選ばれた少数者のみが受入国への立入りを認められる）。また、この言説は逃げおおせた動物たちが取り残された動物たち以上の価値を持つともほのめかす。選ばれた少数者が擁護される一方、他の無数の動物たちが被る苦しみは故意に無視され続ける。逆に農場サンクチュアリのスタッフや他の動物擁護者らはこの言説に対抗し、動物たちの物語を伝えつつ、今なお幽閉下の動物たちも可能ならばみな逃げるだろうと強調する。その生の一つ一つが、クイーニー、エミリー、サム、ピンク・フロイド、フランシス、メアリー、ティリクム、ほか大勢と同じく、意味を宿す。

動物の抵抗者たちとの連帯を示すことは動物解放の基盤をなす

明らかに、動物解放は人間が他の動物たちを擁護することだけにとどまらない。多くの動物たちはみずからを、また互いを解き放つ。抑圧される動物たちの支援者は、解放を求める仲間の生きものらを支えなければならない。この連帯は動物の抵抗者たちとともに、またかれらに代わって、《動員》を行なうことを含む。動物たちの抵抗と物語をめぐってキャンペーンや活動を立ち上げる試みは、かれらの闘争に対する人々の共感を生み育てる強力な手段となる。それは人間動物関係の《書き直し》、より公正な共存の再構想をも含む。最後に、それは私たちが分かち合う環境の《再野生化》を意味する。畜産農地を森林・サンクチュアリ・庭園・開放地へと置き換える急進的な有機ビーガンの再野生化は、新植民地主義の解体を象徴するだろう。加えて都市空間の再野生化は、都市を多様な種にとって望ましい場所にすると見込まれる。サンクチュアリは動物たちに自身の世界を整えて繁栄する有意義な機会を与え、その行為者性と抵抗を認知・応援する点で、思いやりのある公正な多種共同体への移行をめざす中、重要な役割を果たす。環境調和的な生活様式に支えられた、互助にもとづく社会を根本から再構想・再構築すれば、それは全ての生命を益するに違いない。

動物解放は抑圧的な境界線の払拭を求める

人の政治と消費者行動はいずれも自由な動物たちや飼育下の動物たちが暮らす空間を、根本的な次元から形づくる。グローバル資本主義は動物たちの生を妨害・抑圧する境界線を設けてきた。それらの境界線は、動物事業を守り人間例外主義の規範を支えるために、権力によって警備される。重要なのは、現実の境界線とその社会への影響を把握するとともに、それをまたぐ連帯の橋を築き、抑圧的な分割線を拭《ぬぐ》い去ることである。私たちは動物の抵抗者たちから学ぶことができる。かれらは「場相応／場違い」や「飼育下／野生」など、現代人間文明の根底にある（そして動物たちの幽閉を正当化するために用いられる）境界線に直接の異議を突き付ける。例えば野生界に脱走する動物たちは、飼い馴らされた牛には人間の介入が必要、鶏は木の上で快適に休めない、などの想定を揺るがす。

本書では、動物たちが人間の生活と技術に支配されゆく景観の中で、なぜ、いかにして抵抗するのか、その抵抗はいかなる反応と成果を生むのか、人間はどのように動物たちを後援する（できる）のか、を考えた。動物たちの抵抗譚はかれらの声と行為者性を増幅しかつ明示する。本書でみてきた動物たちは、人間の支配に抵抗した最初の者たちではなく、最後の者たちにもならない。今この瞬間にも、檻を逃れた鳥たちは森の大空を舞い、屠殺を脱した牛たちは新たなサンクチュアリの住まいで共謀を企て、檻を這い出たミンクたちは林床に散り、漁網や釣り針から逃れた鮭たちは自由に水の中を行く。動物たちの抵抗を讃え、その自由を求める企てを応援しながらも、私たちは自身の物語を私たちと共有できないあらゆる者たちのことを忘れてはならない。この星では目下何百億もの動物たちが逃れられない幽閉下に置かれているうえ、私たちが仲間の生きものに対する戦争を終わらせないかぎり、これからさらに無数の動物たちが同じ境遇をたどる。私たちは他の動物らとその闘いから目を背けるよう教えられてきたが、むしろ今こそ目を向ける時である。動物たちの各々が個にほかならない。動物たちの各々が、知られるべき物語を持っている。

訳者あとがき

幼い頃に観たテレビ番組で、ヒントをもとにこれから登場する人の職業を当てる、というコーナーがあった。登場したのは引き締まった男性で、ヒントの一つによれば「後ろに目がある」人なのだという。その人の正体は、猛獣使いの調教師だった。何頭もの大型ネコ科動物を操る調教師は、隙あらばいつ襲いかかられるかも分からないので、自分の背後にまで常に神経を張りめぐらせるのだという。当時の私はそれを聞いてただ「凄いなぁ」と感心するだけで、その意味するところを深く考えはしなかった。曲芸が大好きだった私はその後も足しげくサーカスに通い、猛獣ショーを鑑賞した。動物たちは時おり恐ろしい表情で声をあげたり、自分に振りかざされる鞭《むち》を前肢で払おうとしたりなどして、調教師に逆らう仕草をみせたが、私はその様子に緊張を覚えこそすれ、疑問を抱くことはついになかった。そして演目のフィナーレが訪れ、動物たちが一斉にぎこちない直立や倒立でポーズをとった際は、かれらを背に両手を広げて観客のほうを向いた調教師に惜しみない拍手を送った。

私に欠けていたのは、動物たちの身になって考える想像力だった。サーカスの動物芸は、無邪気な私が思い描いていたような調教師と動物の協働などではなかった。それは暴力の脅威を用いることで成り立つ人間の一方的な動物使役というほうが正しい。なぜ調教師は後ろに目がなければならないのか。なぜかれらは常に鞭を手放さないのか。動物たちは人の意に従わされることを嫌い、調教師に抵抗を企てるからである。豹《ひょう》やライオンは、まばゆい照明を浴びることも、群衆に囲まれることも、けたたましい喝采に包まれることも望まない。かれらが威嚇の声をあげ、調教師の鞭を振り払おうとするのは、絶えざる抑圧への抗議に違いなかった。猛獣ショーの「スリル」は、人間と動物の敵対関係、あるいは調教師が隙をみせればいつでも崩れうる危うい支配関係によって生まれる効果だった。人々がそれと意識することはなくとも、ショーの空間には動物たちの抵抗の力学が働いていた。

　動物たちが各々独自の意志を持つ存在であるという事実は、当然でありながらしばしば見落とされる。私たちはかれらを「家畜」「実験動物」「展示動物」あるいは「ペット」「猛獣」「資源」などのカテゴリーに収め、人間の目的に応じた種々の利用に供することを当然視する。動物は人間に利用されるために存在する、というイデオロギーは、言葉にされないまでも暗黙の前提として社会に広く共有されている。動物たちの思考や感情については多くの発見があり、それらは書籍やドキュメンタリーを通して人々に伝えられてきたが、そうした知識を背景に動物利用の是非がおおやけに問われることはほとんどなかった。多くの人々は、動物たちが豊かな精神世界に生きていると知りながらも、そんなかれらが人間の利用下にあって何を感じ、何を求めているかを真剣に考えることはない。それどころか人間に利用される動物たちは、安全な居場所と責任ある世話係に恵まれ、現状に満足している幸せな生きものだとさえ語られてきた。しかし私たちがいかに自分好みの動物像を描こうと、現実の動物たちは確かに抑圧者たる人間への抵抗を続けてきた。調教師に逆らう「猛獣」たち、動物園から逃げ出す「展示動物」たち、屠殺場に連れて行かれまいとする「家畜」たちは皆、その生きた証である。

　本書は人間社会に組み込まれた動物たちの抵抗行為を概観・分析し、現在活発化している動物倫理の議論に欠けていた視点を補う最新の研究書である。著者は脱搾取《ビーガニズム》や動物擁護を主題とする著書・共著・論文を発表してきた文筆家であり、動物の抵抗に関するその考察では一貫して批判的動物研究と国家横断的《トランスナショナル》・フェミニズムのアプローチを用いている。批判的動物研究は、動物解放の哲学を軸に社会正義の諸理論が融合して生まれた学際領域であり、世界に広がる種々の抑圧の連関を見据え、動物・人間・地球の全てを視野に入れた総合的解放のための探究活動を行なう。トランスナショナル・フェミニズムは、従来のフェミニズムが欧米的観点や国民国家中心の思考に囚われていたことへの反省を踏まえ、世界の南側に生きる女性たちの多様な経験を反映したポスト植民地主義的な連帯政治の理論と運動を形づくる。これらのアプローチをもとに、著者は動物の抵抗という現象を社会政治的な文脈で捉え、動物たちを正義闘争の当事者として位置づけることを試みる。伝統的な動物倫理の議論では、動物たちが「声を持たない」ということが自明視され、かれらの擁護に向けて私たち人間が声を上げなければならないとの主張が唱えられてきたが、本書はこの前提を覆し、動物たち自身の声にもとづく運動を構想する点で、社会正義としての動物倫理を育てるためになくてはならない貢献だったといえよう。

抵抗（resistance）という主題は、フェミニズムや脱植民地論を中心に多くの社会正義領域で論じられてきたが、人間以外の動物たちが企てる抵抗についても、わずかながら議論の蓄積はある。史家ジェイソン・フライバルが著した『動物惑星の恐怖――隠された動物たちの抵抗史』はその嚆矢《こうし》に当たる。(1) サーカスや動物園を舞台とする動物たちの抵抗事例を集めた同書は、動物利用の擁護に用いられる言説の批判を通し、その後の動物抵抗論を支える重要な分析を示した。人間以外の動物たちが脱走や人身傷害を企てると、動物産業は往々にしてそれらを偶発的な事故あるいは本能にもとづく行動と説明する。しかしフライバルによれば、動物たちの行動は偶発的でも本能的でもない。幽閉施設を脱する動物は時に何段階もの脱出戦略を練り、人間に襲いかかる動物は報復すべき相手を絞り込んでいる。そこにみられるのは特定の目的達成に向けた意図と計画性である。また、同じく看過しがたい点として、動物たちはいかなる振る舞いが自分を支配する人間を喜ばせ、いかなる振る舞いがその不興を買うかを理解している。サーカスで操られる「猛獣」を見れば分かるように、動物たちは人間に逆らえば鞭や棍棒で痛めつけられると分かっているからこそ、平生、従順なしもべを演じ続ける。そのかれらが、後に甚だしい罰を下されると知りながら、時に自己利益をなげうち人間に逆らうのは、快楽追求や自己保存へ向かう本能からの行動としては説明できない。動物たちの企ては一貫した論理に則るものであり、抑圧者たる人間への抵抗と解釈するのがふさわしい。

このような議論に対しては、動物を擬人化しているとの批判が向けられるが、フライバルは擬人化という概念が何の経験的裏付けも持たないと指摘する。「むしろ『擬人化』は誘導的な含みを持つ用語であり、政治的・経済的・社会的・文化的な意味付けがなされている」(2)。実際、動物たちはサーカス芸や動物園生活を楽しんでいると語られることが多いが、それを擬人的な見方と批判する声は聞かれない。かたや動物たちが人間の横暴に苦しみ逆らっているとの主張に対しては、方々から擬人化を指摘する声が寄せられる。現状肯定的な動物理解が擬人化のそしりを免れ、現状批判的なそれが擬人化のそしりを受けるとなれば、擬人化という概念は既成秩序の維持に使われる権力の装置とみるよりない。擬人化概念の批判もまた、動物の行為者性と抵抗を考えるうえで外せない争点となった。

政治哲学者のディネシュ・ジョセフ・ワディウェルは近年、ポスト人間主義《ヒューマニズム》の枠組みをもとに動物抵抗論を前進させた(3)。ポスト人間主義は人間を世界から独立した存在とみる既存の西洋思想の切り崩しを図る哲学潮流の一つであり、生命も非生命も含む世界の諸存在が互いと関係しつつ互いを変えていく相互形成作用に注目する。(4) ワディウェルは同様の関係論に則り、人間動物関係に埋め込まれた見えにくい抵抗に光を当てる。周知の通り、畜産・屠殺産業に代表される動物利用の現場では、暴力的な手法によって動物たちの自由がほぼ完全に封じられているため、抵抗が生じる余地はわずかな例外的場面を除いて皆無であるかに思える。しかしワディウェルによれば、その暴力的手法こそが動物たちの抵抗を物語っている。動物たちが無抵抗であるなら拘束装置や追い立て用の電気棒は必要とされない。それらは動物たちが絶えず人間の思惑に逆らう存在であるがゆえに開発され使用されてきた。言い換えれば、動物利用の形態は抵抗する動物たちとその抑え込みを図る人間たちの相互的なせめぎ合いによって決まるものとみることができる。檻や囲い、鞭や棒、罠や釣り針、それに動物たちの身体を傷つける万般の拷問具の全てに、動物たちの抵抗の歴史が刻まれている。

動物たちの苦痛や恐怖を和らげる動物福祉の施策もまた、新たな抵抗鎮圧としての側面を持つ。ワディウェルはマイケル・ハートとアントニオ・ネグリらの議論に即し、フレックスタイム制のような勤務体制の柔軟化が、見たところ労働者の福祉に配慮した改善のようでありながら、実際には労働者の抵抗をあらかじめ抑え込み、生産性の維持と向上をめざす資本の術策であることを指摘する。これと同じく、動物福祉に配慮した「人道的」な畜産場や屠殺場の設計も、動物たちの抵抗を見越して事前に摩擦の発生を防ぎ、生産の効率化と利益の最大化を狙う動物産業の手口とみるよりない。「摩擦が殺戮の工程を遅らせようとした時、すなわち動物の主体性が屠殺の工程に抵抗を示した時には、産業化した生産体制は形態を変えることで生産性をさらに上げ、同時に、動物たちがみずから死の手助けをしているという幻想をつくり出す」。(5) かくして抵抗は掻き消され、決して相いれない利益を持つ人間と動物の敵対関係は平和の装いに覆われる。ワディウェルの議論を踏まえるならば、私たちは一見友好的・互恵的に思える人間動物関係を前にしても、その水面下に働く力関係を確かめ、抑え込まれた抵抗がないかを考える必要がある。これは「人間以上」の世界を探究すると謳う人文学の諸研究が、その実、動物利用の暴力的側面から目を背け、人間と動物の「協働」をことさらに前景化する傾向を思えば、重要な着眼点となるに違いない。

このほか、特定種の動物に着目した抵抗論として、トレイシー・ワーケンティンによる鯨類の抵抗の研究(6)や、本書でも言及されるジョン・バイヤンの著書『虎――復讐と生存の実録』(7)などもある。また、アニエシュカ・コヴァルチクは伝統的なマルクス哲学の枠組みにおいて、男性労働者の抵抗のみが唯一の闘争的な抵抗形態とされることに異を唱え、ミシェル・フーコーとフェミニズムの議論をもとに、主体の複数性に応じた抵抗の複数性があると論じる。(8) これらの議論を支えるのは動物の行為者性に関する研究であり、例えば社会学者のローレン・コーマンは、人間の支配下に置かれた動物たちを「苦しむ犠牲者」という一面的イメージへと還元することに反省を促し、その苦しみを真剣に受け止めつつも、動物たちの多面的な主体性を顧みなければならないと説く。(9) 今日の動物抵抗論はこうして、動物の主体性や行為者性に関する従来の想定を、ひいては主体性概念や行為者性概念そのものを問い直すことで、見過ごされてきた当事者たちの包摂をめざす社会正義の枠組みに大きな問題提起をなしている。

本書の著者はフライバルらの議論を振り返りつつも、先述した批判的動物研究とトランスナショナル・フェミニズムの知見を踏まえ、より深みのある分析を行なっている。人間に対する動物たちの抵抗は、日常的な不服従に始まり、報復や脱走、さらには仲間の解放などにおよぶが、著者はそこに境界線（border）の攪乱《かくらん》という要素を見て取る。人間社会には、誰がどこに属し、いかに振る舞うべきかを定める無数の境界線が存在する。人間の場合、出身や人種のような属性に沿ってコミュニティを分かつ物理的・制度的・象徴的境界線を考えてみればよいだろう。アメリカの最富裕層と最貧困層の居住地を隔てるハーレム川などはその一例である。一部の者はその境を自由に行き来できる一方、他の者は容易に同じ境を通り越すことができない。動物の場合、かれらを財産や商品の地位に置く産業施設の境界線――その柵や壁や囲い――がこれに当たる。動物たちが境界線で仕切られたしかるべき場に収まり、おとなしく振る舞っているかぎり、その空間秩序が人々の意識にのぼることは滅多にない。例えば食用とされる牛が牧場や競売場にいたとしても、なぜその牛はそこにいるのか、牛が本来いるべき場所はほかにあるのではないか、といった疑問が呈されることは稀である。しかし、牛が牧場や競売場を脱し、公共圏に姿を現すと、その「場違い」な存在によって、人々が自明視する空間秩序は揺さぶられ、牛を私たちの視界から遠ざけてきた境界線の実体が浮き彫りになる。抵抗する動物たちは必ずしも文字通りの境界線を突破するとは限らないが、少なくともかれらが所有者への不服従や反撃を通し、その場にいることを拒めば、動物の帰属や地位に関する私たちの想定は乱される。

物質的な境界線を攪乱する動物たちは、したがって同時に概念的な境界線をも攪乱する。西洋の伝統的な世界観では人間と動物が二元論的な対立項をなし、前者は後者からの分離ないし差別化を通して定義されてきた。すなわち、人間は理性・思考・言語・主体性などを具える点で、「動物」とは別格の存在であるがゆえに尊厳を有するということが、歴史上の思想家によって繰り返し語られてきた。この思想はいまや狭義の西洋を超えて世界中に浸透しており、人権をめぐる議論において「私たちは動物じゃない、人間だ」といった主張が唱えられるのもその表れである。この意味で、人間の権利や尊厳、さらには人間自体の概念が、種差別を支えとしてきたと言っても過言ではない。のみならず、この文脈では昆虫から霊長類に至る多様な動物種が、ただ「人間ではない」という観点のみから均質な「動物」のカテゴリーに一括されている。「動物」概念に潜むこのような差異の抹消をいち早く指摘したのはフランスの思想家ジャック・デリダであるが、[10]同じような差異の抹消は人間集団の他者化にも伴う現象であり、脱植民地化論やトランスナショナル・フェミニズムの議論にのぼってきた。例えば本書でも言及されているチャンドラー・タルパデー・モーハンティーは、西洋発祥の伝統的なフェミニズムにおいて、「第三世界の女性」が抑圧者の男性に対置される依存的・客体的な犠牲者として均質な概念に落とし込まれていることを批判する。[11]著者はこれらの議論を踏まえ、被抑圧者の抵抗が二元論的カテゴリーの境界線を崩すことに注目する。人間の秩序に逆らった動物たちは、差異を消された一枚岩のカテゴリーを抜け出し、独自の意図と主体性を持つ唯一無二の個として私たちの前に現れる。

動物たちの抵抗は理由なく起こる事故ではない。それは抑圧的な境界線を何重にも敷き、かれらを人間の彼岸なる資源・財産・商品として囲い込む社会体制のもと、起こるべくして起こってきた出来事である。著者の見立てでは、飼い馴らしと呼ばれる馴致と飼育の制度、そして資本主義と植民地主義が動物たちの苦しみを生む主たる元凶であり、ゆえにかれらの抵抗は個々の抑圧者たる人間への蜂起を超えて、現行の社会体制に対する政治闘争を構成する。無論、その企ては今日、人間の圧倒的な武力と技術力によって即座に鎮圧されることが少なくないが、にもかかわらず動物たちは種々の境界線を破り、人々の意識に変化をもたらしてきた。ある人々は抵抗する動物を前にその手助けを試み、一時的であれ種差別の壁を乗り越える。ある人々は抵抗する一頭の陰に無数の同じような動物たちがいることを考え、動物利用の営為に疑問を抱いてビーガンになる。またある人々は動物たちが抵抗せざるを得ない現状を変えるべく、動物産業への抗議を起こす。それらは各人の決定であるが、その行動に真の動機を与えてきたのは動物たち自身であることを忘れてはならない。著者の主張はすなわちここに集約される――動物たちは社会政治闘争の当事者にして、歴史を形づくってきた主体なのである。

先にも触れたように、動物たちの精神生活に関する興味深い発見は増えている。鳥たちはダンスを踊って恋する相手の気を惹き、魚たちは岩を使って貝を砕き、象は死んだ仲間を悼《いた》み、豚はビデオゲームをこなし、チンパンジーは手話を使って人間と意思疎通する。このような科学的発見の数々が、動物を機械とみなすデカルト流の生命観を葬り、人々の動物理解をより奥行きのあるものにしてきたことは疑えない。しかしながら、動物たちが人間のもとで苦しみ、自由を求め、抑圧への抵抗を企てるといった側面については、決して多くが語られてきたとはいえない。人間社会に暮らす動物たちの友情・協調・相互理解に光を当てる研究は数あれど、かれらの不幸や反逆に迫る研究はあまりにも少ない。してみれば社会の主流をなす言説において、動物たちがただひたすら人間に友好的な存在と捉えられ、人間動物関係が明るいイメージに塗り固められているのも不思議ではないだろう。

動物解放運動はこのような見方に異を唱え、動物たちは人間のもとで苦しんでいると訴えてきたが、その訴えは世の動物理解に適合しないため、一笑に付される。人間に利用される動物は他の環境を知らないのだから自分の境遇を不幸と感じるはずがない、ということが言われてきた。動物たちは権利など知らず、解放闘争にも興味がない、という主張も再三にわたり唱えられてきた。(12) 他方、動物解放を訴える人々も、これらの点を直接には否定しない。代わりにその論者は、動物たちが自分の不幸を悟れないこと自体が一つの深刻な不幸であると述べてきた。また、動物たちが権利や解放の概念を持たず、それをみずから求めることができないからこそ、人間である私たちの道徳的責任は大きくなる、との議論もなされてきた。(13)

動物解放論者の主張には説得力があるが、動物たちの扱いをめぐる議論には、もう一つの観点が必要であるように思える。動物たちは主流言説で想定されているような人間の従順なる友でもなく、既存の動物解放論で想定されているような苦しむだけの声なき者でもない。かれらは確固たる意志と主体性を具え、その振る舞いによって抑圧に対し声を上げる存在である。私たちはかれらの代弁者ではなく連帯者として、その声に応えることをみずからの務めと考えなければならない。もちろんその応答は、目の前の抵抗する一頭一匹に対する同情に終始してはならないだろう。搾取施設から逃げ出した一匹、あるいは人間に逆らった一頭の声を受け止め、その生命と自由を尊重しなければならないと考えるのであれば、同様の境遇にある他の動物たちにも同じ尊重が向けられてしかるべきである。それだけではない。著者の議論に即し、動物たちの抵抗を社会的・政治的文脈に位置づけるとするなら、私たちはかれらをそのような行動へと駆り立てる抑圧的な社会構造を問い、その克服と刷新に着手する必要がある。従来、社会や政治は人間だけの領分と考えられ、諸々の事業や政策決定において動物たちの利害は一切考慮されてこなかった。私たちは目下、ある動物たちを電化製品のごとくデパートのガラスケースに並べ、ある動物たちを娯楽で弄び、ある動物たちを意義の疑わしい実験にかけ、ある動物たちを有害または不快であるとしてためらいもなく殺し、さらに毎年数えきれないほどの動物たちを貪《むさぼ》り喰らう。このような状況のままでよいはずはない。いまや人ならぬ者たちを政治共同体の一員と認め、その明瞭な求めと訴えに応じる反種差別的な非暴力社会を構想することが、他なる声を聞ける存在としての私たちに求められている。

＊　＊　＊

本書の訳出に当たっては、語学上・解釈上の疑問点に関しマイク・ミルワード先生の助けを請うこととなった。いつもながら、訳者ではどうしても分からない記述を明快に読みさばく先生の力にはただただ畏敬の念を覚える。先行する社会正義領域の抵抗研究に関しては、大阪樟蔭女子大学の佐藤静氏に多大なご教示を賜った。Wild Deer Initiative 代表の岡田雪音氏には、野生動物との共同生活について多くを教えていただいた。動物擁護活動家の四宮千絵氏には、熊本県南阿蘇のサンクチュアリ「オープンセサミ」について貴重なお話を伺った。これらの学びは、動物たちの声を尊重する未来構想を論じた本書の翻訳作業に取り組む中で、訳者に一つの参照軸を与えてくれたと感じている。青土社の加藤紫苑氏には、翻訳企画の快諾から緻密な編集作業に至るまで、多岐にわたってお世話になった。竹中尚史氏には、本書の完成度を高める素晴らしい表紙デザインを作成していただいた。皆さまにこの場を借りてお礼申し上げたい。最後に、世の中の多数派に流されず、おかしいと思うことに声を上げる不従順な反逆児へと息子を育ててくれた母に、心からの感謝を伝えたい。

二〇二二年一〇月

井上太一

注

(1) Jason Hribal (2010) *Fear of the Animal Planet: The Hidden History of Animal Resistance*, Petrolia, CA: CounterPunch.

(2) Hribal, 2010, p.26.

(3) ディネシュ・J・ワディウェル著／井上太一訳（二〇一九）『現代思想からの動物論——戦争・主権・生政治』（人文書院）を参照。また、Dinesh Wadiwel (2018) “Chicken Harvesting Machine: Animal Labour, Resistance, and the Time of Production.” *South Atlantic Quarterly* 117 (3): 527-49 および Dinesh Wadiwel (2020) “The Working Day: Animals, Capitalism and Surplus Time,” in Charlotte E. Blattner, Kendra Coulter and Will Kymlicka eds., *Animal Labour: Animal Labour: A New Frontier of Interspecies Justice?* Oxford: Oxford University Press, pp.181-206 も参照。

(4) ポスト人間主義についての詳細は井上太一（二〇二二）『動物倫理の最前線——批判的動物研究とは何か』（人文書院）の第四章を参照。

(5) ワディウェル、二〇一九、二九頁。

(6) Traci Warkentin (2009) “Whale agency: Affordances and Acts of Resistance in Captive Environments,” in Sarah E. McFarland and Ryan Hediger eds., *Animals and Agency: An Interdisciplinary Exploration,* Leiden: Brill, pp.23–44.

(7) John Vaillant (2011) *The Tiger: A True Story of Vengeance and Survival,* Toronto: Vintage Canada.

(8) Agnieszka Kowalczyk (2014) “Mapping Non-human Resistance in the Age of Biocapital”, in Nik Taylor & Richard Twine eds., *The Rise of Critical Animal Studies: From the Margins to the Centre,* London: Routledge, pp.183-200.

(9) Lauren Corman (2017) “Ideological Monkey Wrenching: Nonhuman Animal Politics beyond Suffering,” in David Nibert ed., *Animal Oppression and Capitalism Vol.2,* Denver: ABC-CLIO, pp.231-269.

(10) 代表作として Jacques Derrida (2008) *The Animal That Therefore I Am,* Marie-Louise Mallet ed., David Wills trans., New York: Fordham University Press（ジャック・デリダ著、マリ＝ルイーズ・マレ編／鵜飼哲訳［二〇一四］『動物を追う、ゆえに私は〈動物で〉ある』筑摩書房）を参照。

(11) Chandra Talpade Mohanty (1984) “Under Western Eyes: Feminist Scholarship and Colonial Discourses,” *Boundary* 2, 12(3): 333-358.

(12) 例えば多和田葉子の小説『雪の練習生』に登場するホッキョクグマも、うめざわしゅんの漫画『ダーウィン事変』に登場する主人公チャーリーも、動物解放に興味がなく、それを訴える人々に侮蔑を向ける動物当事者として造形されている。

(13) 例えば Tom Regan (1983) *The Case for Animal Rights,* Berkeley: The University of California Press を参照。

［著者］サラット・コリング（Sarat Colling）

執筆家。動物の抵抗を主題とした論文「国境なき動物たち――ニューヨークにおける被畜産動物の抵抗（Animals without Borders: Farmed Animal Resistance in New York）」で批判的社会学の修士号を取得した後、カナダ・ブリティッシュコロンビア州のホーンビーアイランド自然史センターでプログラム・ディレクターを務める。15年以上にわたり様々なビーガン団体のボランティア業務に携わるかたわら、批判的動物研究の論集に寄稿を行なう。本書のほかに、著書として *Chickpea Runs Away* および *Animali in Rivolta* がある。
ホームページ：https://www.saratcolling.net/

［訳者］井上太一（いのうえ　たいち）

翻訳家・執筆家。人間中心主義を超えた倫理の発展ならびにビーガニズムの普及をめざし、関連書籍の翻訳と執筆活動に携わる。著書に『動物倫理の最前線』（人文書院、2022年）、訳書にデビッド・A・ナイバート『動物・人間・暴虐史』（新評論、2016年）、ディネシュ・J・ワディウェル『現代思想からの動物論』（人文書院、2019年）、トム・レーガン『動物の権利・人間の不正』（緑風出版、2022年）などがある。
ホームページ：「ペンと非暴力」https://vegan-translator.themedia.jp/

動物名・人名索引

な行

は行

ま行

や行

ら行

わ行

出典

“Abattoir Driver Held for Cruelty: One of Two Men Accused of Mistreating Escaped Steer in Parking Lot Is Freed.” *New York Times*, March 24, 1954, 28.

AbdelRahim, Layla. *Children's Literature, Domestication, and Social Foundation: Narratives of Civilization and Wilderness*. New York: Routledge, 2014.

Abrell, Elan L. “Saving Animals: Everyday Practices of Care and Rescue in the US Animal Sanctuary Movement.” PhD diss., City University of New York, 2016.

“After a Runaway Steer: He Makes Things Lively about the Grand Central Station.” *New York Times*, November 2, 1895, 15.

Ahmed, Sara. *Living a Feminist Life*. Durham, NC: Duke University Press, 2017.（サラ・アーメッド著／飯田麻結訳『フェミニスト・キルジョイ――フェミニズムを生きるということ』人文書院、2022 年）

——. *Strange Encounters: Embodied Others in Post-Coloniality*. New York: Routledge, 2000.

Alvarez, Linda. “Colonization, Food, and the Practice of Eating.” Food Empowerment Project. https://foodispower.org.

Amanda. “Mata Hari.” In Lee, *Sanctuary: Portraits of Rescued Farm Animals*.

Anderson, Virginia. *Creatures of Empire: How Domestic Animals Transformed Early America*. New York: Oxford University Press, 2006.

Andrews, Caitlin. “After Running Loose in Gilford, Herd of Bison Safe at Home on the Range.” *Concord(NH) Monitor*, July 18, 2017.

Angelos, James. “When the Feathers Really Fly.” *New York Times*, February 15, 2009, CY6.

Animal Place. “How a Leap of Faith Saved a Pig . . . and Nine More Lives.” November 4, 2015. http://animalplace.org.

Argetsinger, Amy. “Revenge of the Chimp.” *Spokesman-Review* (Spokane, WA), May 29, 2005.

Armstrong, Philip. *What Animals Mean in the Fiction of Modernity*. Abingdon, UK: Routledge, 2008.

Baboulias, Yiannis. “A Farewell to Paws.” *Aljazeera America*. October 12, 2014. https://america.aljazeera.com.

Baer, Steven. “Introduction: Emily the Emissary of Compassion: She Was a Cow Before Her Time.” In Randa and Randa, *The Story of Emily the Cow: Bovine Bodhisattva*, 5–11.

Bain, Jennifer, and Amanda Woods. “Rogue Goat May Have Helped Dozens of Farm Animals Escape.” *New York Post*, August 9, 2018.

Baker, Al, and Ann Farmer. “Heifer Runs for Her Life, and It's Working So Far.” *New York Times*, May 6, 2009.

Baker, Frank. *The Birds*. Kansas City, MO: Valancourt Books, 2013.

Balcombe, Jonathan. *Pleasurable Kingdom: Animals and the Nature of Feeling Good*. New York: Macmillan, 2007.（ジョナサン・バルコム著／土屋晶子訳『動物たちの喜びの王国』合同出版、2007 年）

——. *What a Fish Knows: The Inner Lives of Our Underwater Cousins*. New York: Scientific American/Farrar, Straus and Giroux, 2016.（ジョナサン・バルコム著／桃井緑美子訳『魚

たちの愛すべき知的生活――何を感じ、何を考え、どう行動するか』白揚社、2018 年）
Barnard, Anne. "Meeting, Then Eating, the Goat." *New York Times*, May 24, 2009.
Baur, Gene, and Gene Stone. *Living the Farm Sanctuary Life: Th e Ultimate Guide to Eating Mindfully, Living Longer, and Feeling Better Every Day*. New York: Rodale, 2015.
Bekoff, Marc. *The Animal Manifesto: Six Reasons for Expanding Our Compassion Footprint*. Novato, CA: New World Library, 2010.
――. "Cognitive Ethology and the Explanation of Nonhuman Animal Behavior." In *Comparative Approaches to Cognitive Science*, ed. Jean-Arcady Meyer and H. L. Roitblat, 119–50. Cambridge, MA: MIT Press, 1995.
――. *The Emotional Lives of Animals: A Leading Scientist Explores Animal Joy, Sorrow, and Empathy—and Why They Matter*. Novato, CA: New World Library, 2007.（マーク・ベコフ著／高橋洋訳『動物たちの心の科学――仲間に尽くすイヌ、喪に服すゾウ、フェアプレイ精神を貫くコヨーテ』青土社、2014 年）
Bekoff, Marc, and Jessica Pierce. *Wild Justice: The Moral Lives of Animals*. Chicago: University of Chicago Press, 2009.
Bender, Kelli. "Baby Cow Escapes Slaughterhouse and Is Raised by Deer Family in Snowy Forest." *People. com*, June 26, 2018.
Best, Steve. "Animal Agency: Resistance, Rebellion, and the Struggle for Autonomy." January 25, 2011. https://drstevebest.wordpress.com/2011/01/25/animal-agency-resistance-rebellion-and-thestruggle-for-autonomy.
Bever, Lindsey. "A Woman Was Trying to Take a Selfie with a Jaguar When It Attacked Her, Authorities Say." *Washington Post*, March 10, 2019.
"Border Stories: A Mosaic Documentary, US–Mexico." http://borderstories.org.
"Bossy Holds Up Trains." *Abbeville Progress*, June 13, 1914. https://chroniclingamerica.loc.gov.
Bostock, Stephen. *Zoos and Animal Rights: The Ethics of Keeping Animals*. New York: Routledge, 1993.
Bradley, Carol. *Last Chain on Billie: How One Extraordinary Elephant Escaped the Big Top*. New York: St. Martin's Press, 2014.
Breen, Virginia, Mike Claffey, and Bill Egbert. "Raging Bull on Loose in Queens 10-Block Stampede Ends in Hail of Police Bullets." *New York Daily News*, June 21, 1999.
Breier, Davida G. "Sanctuary: A Day in Their Lives." In No Voice Unheard, *Ninety-Five: Meeting America's Farmed Animals in Stories and Photographs*, 123–26.
Brook, Dan. "Cesar Chavez and Comprehensive Rights." United Farm Workers, May 30, 2007. https://ufw.org/ZNET-Cesar-Ch-vez-and-Comprehensive-Rights/.
Brown, Jenny. *The Lucky Ones: My Passionate Fight for Farm Animals*. New York: Avery, 2012.
――. "Mickey and Jo." In Hart, *Sanctuary: Portraits of Rescued Farm Animals*.
Burrows, Edwin G., and Mike Wallace. *Gotham: A History of New York City to 1898*. New York: Oxford University Press, 1999.
"Calf at Large Raids Fifth Avenue Crowd: Bumps into a Policeman and Charges at the Waldorf and Neighboring Shops." *New York Times*, December 23, 1909, 9.
"Calves in Midtown Start Rodeo Chase: Three Break Loose in Grand Central Zone, but

Cowboy Police Corral Them." *New York Times*, September 4, 1935, 21.

Carlson, Laurie W. *Cattle: An Informal Social History.* Chicago: Ivan R. Dee, 2001.

Chang, Darren. "Organize and Resist with Farmed Animals: Prefiguring Anti-speciesist/Anti-Anthropocentric Cities." MA paper, Queen's University, 2017.

Chappell, Bill. "Yvonne, a Cow Wrapped in a Mystery inside a Forest." *NPR*, August 15, 2011.

Chaucer, Geoffrey. "The Manciple's Tale of the Crow." 1380. http://www.librarius.com/canttran/manctale/manctale163-174.htm.

Clemen, Rudolf A. *The American Livestock and Meat Industry*. New York: Ronald Press Co., 1923.

Coe, Sue. *Dead Meat*. Philadelphia: Running Press, 1996.

Colling, Sarat. "Animal Agency, Resistance, and Escape." In *Critical Animal Studies: Towards Trans-Species Social Justice*, ed. Atsuko Matsuoka and John Sorenson, 21–44. London: Rowman & Littlefield, 2018.

——. "Animals Without Borders: Farmed Animal Resistance in New York." MA thesis, Brock University, 2013.

Colvin, Christina M., Kristin Allen, and Lori Marino. "Thinking Cows: A Review of Cognition, Emotion, and the Social Lives of Domestic Cows." The Someone Project, 2017. https://www.farmsanctuary.org/wp-content/uploads/2017/10/TSP_COWS_WhitePaper_vF_web-v2.pdf.

Corman, Lauren. "The Ventriloquist's Burden: Animal Advocacy and the Problem of Speaking for Others." In *Animal Subjects 2.0.*, ed. Jodey Castricano and Lauren Corman, 473–512. Waterloo, ON: Wilfred Laurier University Press, 2016.

Coston, Susie. "Queenie." Farm Sanctuary, August 22, 2011. https://farmsanctuary.typepad.com.

——. "Sanctuary Tails." Farm Sanctuary, May 15, 2009. https://farmsanctuary.typepad.com.

——. "Working in a Winter Wonderland! From Snow Storm to Ice Storm: A Week in the Winter at Sanctuary." Farm Sanctuary, February 28, 2016. https://www.animalsoffarmsanctuary.com.

"Cow Escapes from Jamaica, Queens's Slaughterhouse, Runs down Liberty Avenue." Video. *Huff Post*, October 12, 2011. https://www.huff post.com.

Cowperthwaite, Gabriela. *Blackfish.* DVD. Magnolia Pictures, 2013.

Cresswell, Tim. *In Place/Out of Place: Geography, Ideology, and Transgression.* Minneapolis: University of Minnesota Press, 1996.

Crossland, David. "Inge the Chicken Back to Roost after Dodging Takeaway." *Sunday Times*, April 3, 2018. https://thetimes.co.uk.

Cummings, Terry. "Heidi." In Lee, *Sanctuary: Portraits of Rescued Farm Animals*.

Darwin, Charles. *The Descent of Man: And Selection in Relation to Sex*. London: J. Murray, 1871.（チャールズ・ダーウィン著／長谷川眞理子訳『人間の由来〈上・下〉』講談社学術文庫、2016 年）

Davis, Karin. "Thinking Like a Chicken: Farm Animals and the Feminine Connection." United Poultry Concerns, 1995. http://upc-online.org.

Day, Jared N. "Butchers, Tanners, and Tallow Chandlers: Th e Geography of Slaughtering in Early-Nineteenth-Century New York City." In Young, *Meat, Modernity, and the Rise of the*

Slaughterhouse, 178–97.
Deckha, Maneesha. "The Subhuman as a Cultural Agent of Violence." *Journal for Critical Animal Studies* 8, no. 3 (2010): 28–51.
Derrida, Jacques. *The Animal That Therefore I Am.* New York: Fordham University Press, 2008.（ジャック・デリダ著、マリ＝ルイーズ・マレ編／鵜飼哲訳『動物を追う、ゆえに私は〈動物で〉ある』筑摩書房、2014 年）
De Waal, Frans. *Are We Smart Enough to Know How Smart Animals Are?* New York: W.W. Norton & Co., 2016.（フランス・ドゥ・ヴァール著／松沢哲郎監訳、柴田裕之訳『動物の賢さがわかるほど人間は賢いのか』紀伊國屋書店、2017 年）
——. *Good Natured: The Origins of Right and Wrong in Humans and Other Animals.* Cambridge, MA: Harvard University Press, 1996.（フランス・ドゥ・ヴァール著／西田利貞、藤井留美訳『利己的なサル、他人を思いやるサル——モラルはなぜ生まれたのか』草思社、1998 年）
Dio, Cassius. *Roman History*. Book 39: 38. http://penelope.uchicago.edu/Thayer/E/Roman/Texts/Cassius_Dio/39*.html.
——. *Roman History*. Book 73: 18. http://penelope.uchicago.edu/Thayer/E/Roman/Texts/Cassius_Dio/73*.html.
Dobie, J. Frank. *The Longhorns.* New York: Grosset & Dunlap, 1941.
Dobnik, Verena. "Animals Given New Lives After Escaping Slaughter." *The Day*, August 24, 2013. https://www.theday.com/article/20130824/NWS13/308249969.
Donaldson, Sue, and Will Kymlicka. "Farmed Animal Sanctuaries: The Heart of the Movement? A Socio-Political Perspective." *Politics and Animals* 1, no. 1 (2015): 50–74.
Downtown Business Association. "Ghosts of Red Deer's Downtown." https://www.creativecity.ca/database/fi les/library/red_deer_ghosts.pdf.
Du Maurier, Daphne. "The Birds." In *The Apple Tree*, ed. Daphne du Maurier. London: Victor Gollancz, 1952.
Dunayer, Joan. *Animal Equality: Language and Liberation*. Derwood, MD: Ryce, 2001.
Durante, Dianne L. *Outdoor Monuments of Manhattan: A Historical Guide*. New York: New York University Press, 2007.
Dutkiewicz, Jan. "Transparency and the Factory Farm: Agritourism and Counter-Activism at Fair Oaks Farms." *Gastronomica: The Journal of Critical Food Studies* 18, no. 2 (2018): 19–32.
Dvorak, Petula. "The Ballad of Ollie the Bobcat: Back in Her Cage, Just Like the Rest of Us." *Washington Post*, February 2, 2017.
Editor's Table. *The Knickerbocker* 33 (1839).
Edwards, Catherine. "A Herd of 'Rebel Cows' Has Been Living Wildly in the Italian Mountains for Years." *The Local*, June 19, 2017. https://thelocal.it.
Eisenman, Stephen F. *The Cry of Nature: Art and the Making of Animal Rights*. London: Reaktion Books, 2013.
Eisnitz, Gail A. *Slaughterhouse: The Shocking Story of Greed, Neglect, and the Inhumane Treatment inside the U.S. Meat Industry*. Amherst, NY: Prometheus Books, 2007.
Elder, Glen, Jennifer Wolch, and Jody Emel. "Le Pratique Sauvage: Race, Place, and the Human-Animal Divide." In Wolch and Emel, *Animal Geographies: Place, Politics, and*

Identity in the Nature-Culture Borderlands, 72–90.
Ellis, Richard. *Encyclopedia of the Sea*. New York: Alfred A. Knopf, 2000.
Emel, Jody. "Are You Man Enough, Big and Bad Enough? Wolf Eradication in the US." In Wolch and Emel, *Animal Geographies: Place, Politics, and Identity in the Nature-Culture Borderlands*, 91–116.
Emily the Cow. "Mad Cow' Response Makes the Cow Mad." In Randa and Randa, *The Story of Emily the Cow: Bovine Bodhisattva*, 111–12.
Evans, Edmund P. *The Criminal Prosecution and Capital Punishment of Animals*. London: William Heinemann, 1906.（エドワード・ペイソン・エヴァンズ著／遠藤徹訳『殺人罪で死刑になった豚——動物裁判にみる中世史』青弓社、1995 年）
Farm Animal Rights Movement. "History of the Animal Rights Movement—Norm Phelps." YouTube video, 17:12. April 10, 2013. https://www.youtube.com.
Farm Sanctuary. "Queenie." https://www.farmsanctuary.org/the-sanctuaries/rescued-animals/featuredpast-rescues/queenie.
——. "Frank's Story." YouTube video. November 17, 2016. https://www.youtube.com.
——. "Maxine's Dash for Freedom." YouTube video, 4:18. October 18, 2012. https://www.youtube.com.
Farmer, Anne. "Dee Dee Donkey." In Hart, *Sanctuary: Portraits of Rescued Farm Animals*.
"The Fate of a Texas Steer: After Making Th ings Lively on the East Side He is Killed." *New York Times*, July 30, 1885, 2.
Federal Writer's Project. *New York City*. Vol. 1, *New York City Guide*. New York: Random House, 1939.
"The Fishing Industry: Fish Feel Pain." Animal Aid. https://animalaid.org.
Fishbein, Rebecca. "Cops Are Chasing a Runaway Cow on the Moove in Queens." *Gothamist*, February 21, 2017. https://gothamist.com.
Fitzgerald, Amy J. "A Social History of the Slaughterhouse: From Inception to Contemporary Implications." *Human Ecology Review* 17, no. 1 (2010): 58–69.
"Five Runaway Steers: A Great Wild West Show in New-York Streets." *New York Times*, August 17, 1892, 8.
Foer, Jonathan S. *We Are the Weather: Saving the Planet Begins at Breakfast*. New York: Farrar, Straus and Giroux, 2019.
"Francis the Pig." The City of Red Deer. https://www.reddeer.ca.
Fretz, Carolyn. "Emily the Cow Gives 'Hoofers' Hunger Pangs." In Randa and Randa, *The Story of Emily the Cow: Bovine Bodhisattva*, 51–53.
Fudge, Erica. "A Left-Handed Blow: Writing the History of Animals." In *Representing Animals*, ed. Nigel Rothfels, 3–18. Bloomington: Indiana University Press, 2002.
Gallagher, James. "GM Pigs Take Step to Being Organ Donors." *BBC News*, August 11, 2017.
Geyer, Marilee. "Gilly's Story." In No Voice Unheard, *Ninety-Five: Meeting America's Farmed Animals in Stories and Photographs*, 1–4.
Giaimo, Cara. "A 1902 Panther Escape Becomes Political." *Atlas Obscura*, February 9, 2017. https://www.atlasobscura.com.
"Giant Bull and Red Panda among Edinburgh Zoo Animals to Escape Enclosures." *(UK) Express & Star*, August 15, 2017. https://www.expressandstar.com.

Gillespie, Kathryn. "Joining the Resistance: Farmed Animals Making History." Paper presented at the 11th Annual North American Conference for Critical Animal Studies, "From Greece to Wall Street, Global Economic Revolutions and Critical Animal Studies," Buffalo, NY, March 2012.

——. "Nonhuman Animal Resistance and the Improprieties of Live Property." In *Animals, Biopolitics, Law: Lively Legalities*, ed. Irus Braverman, 116–32. New York: Routledge, 2016.

"Grace Lee Boggs in Conversation with Angela Davis—Transcript, Web Extra Only." Making Contact, February 20, 2012. https://www.radioproject.org.

Greenberg, Alissa. "Elephant Seals Take Over Beach Left Vacant by US Shutdown." *The Guardian*, February 2, 2019.

Greenpeace International. "Greenpeace Calls for Decrease in Meat and Dairy Production and Consumption for a Healthier Planet." March 5, 2018. https://greenpeace.org.

Griffiths, Huw, Ingrid Poulter, and David Sibley. "Feral Cats in the City." In Philo and Wilbert, *Animal Spaces, Beastly Places: New Geographies of Human-Animal Relations*, 59–72.

Grimm, David. *Citizen Canine: Our Evolving Relationship with Cats and Dogs*. New York: PublicAffairs, 2014.

Grundhauser, Eric. "A Brave Pig Briefly Escaped onto a Busy Washington Interstate." *Atlas Obscura*, August 8, 2017. https://www.atlasobscura.com/articles/pig-escape-truck-highway-waterpark.

Guidera, Mark. "Cows on the Loose Gunned Down." *Baltimore Sun*, December 9, 1993.

Hanson, Hilary. "Baboons Work Together to Escape from Biomedical Testing Facility." *Huff Post*, April 17, 2018. https://huff post.com.

Hanson, Hilary. "Pigs Who Escaped Pork Farms and Survived Florence Are Finally Living the Good Life." *Huff Post*, October 5, 2018. https://huff post.com.

"Happy Ever After for Butch and Sundance?," *BBC UK*, January 16, 1998.

Harper, Amy B. "Social Justice Beliefs and Addiction to Uncompassionate Consumption." In *Sistah Vegan: Black Female Vegans Speak on Food, Identity, Health and Society*, ed. Amy Breeze Harper, 20–41. Brooklyn, NY: Lantern Books, 2010.

Hart, Sharon Lee. *Sanctuary: Portraits of Rescued Farm Animals*. Milan: Edizioni Charta, 2012.

Hatkoff, Amy. The Inner World of Farm Animals: Their Amazing Social, Emotional, and Intellectual Capacities. New York: Stewart, Tabori & Chang, 2009.

Haus of Paws TV. "The Greatest Dog Shelter Escape of All Time!" YouTube video, 3:50. February 24, 2007. https://youtube.com.

Hodge, Randy. *The Day They Hung the Elephant*. Johnson City, TN: Overmountain Press, 1992.

Honan, Katie. "Cow Runs Loose in Queens." *NBC New York*, August 12, 2011. https://nbcnewyork.com.

Horowitz, Roger. "The Politics of Meat Shopping in Antebellum New York City." In Young, *Meat, Modernity, and the Rise of the Slaughterhouse*, 167–77.

Hoyt, Eric. "The World Orca Trade." In *The Performing Orca—Why the Show Must Stop*. Bath, UK: Whale and Dolphin Conservation Society, 1992. *Frontline*, PBS.org.

Hribal, Jason. “Animals Are Part of the Working Class: A Challenge to Labor History.” *Labor History* 44, no. 4 (2003): 435–53.

———. “Animals Are Part of the Working Class Reviewed.” *Borderlands* 11, no. 2 (2012): 1–37.

———. “Animals Are Part of the Working Class: Interview with Jason Hribal.” Interview by Lauren Corman, Animal Voices Radio, November 28, 2006. https://animalvoicesradio.wordpress.com/2006/11/28/animals-are-part-of-the-working-class-interview-with-jason-hribal.

———. “Animals, Agency, and Class: Writing the History of Animals from Below.” *Human Ecology Review* 14, no. 1 (2007): 101–13.

———. Fear of the Animal Planet: The Hidden History of Animal Resistance. Petrolia and Oakland, CA: CounterPunch and AK Press, 2010.

Innovative History. “The Great Emu War of Australia.” http://innovativehistory.com.

jones, pattrice. *The Oxen at the Intersection: A Collision*. Herndon, VA: Lantern Books, 2014.

———. “Free as a Bird: Natural Anarchism in Action.” In *Contemporary Anarchist Studies: An Introductory Anthology of Anarchy in the Academy*, ed. Randall Amster, Abraham DeLeon, Luis A. Fernandez, Anthony J. Nocella II, and Deric Shannon, 236–46. New York: Routledge, 2009.

———. “Stomping with the Elephants: Feminist Principles for Radical Solidarity.” In *Igniting a Revolution: Voices in Defense of the Earth*, ed. Steve Best and Anthony J. Nocella II, 319–34.

Oakland, CA: AK Press, 2006.

Kalof, Linda. *Looking at Animals in Human History*. London: Reaktion Books, 2007.

Kate. “The Great Emu War of 1932: A Unique Australian Conflict.” *Nomads*. https://nomadsworld.com.

Keefe, Kathy. “Saying Goodbye to Helen: The Price of Love.” All-Creatures.org, March 2015. https://all-creatures.org. Kennedy, George A. “A Hoot in the Dark: The Evolution of General Rhetoric.” *Philosophy & Rhetoric* 25, no. 1 (1992): 1–21.

Kidby, Dan, and Massimo Viggiani. “Vegfest UK London 2018 Series—Dan Kidby & Massimo Viggiani.” Interview by Carolyn Bailey and Roger Yates. ARZone Podcasts, October 20, 2018. http://arzonepodcasts.com/2018/10/arzone-vegfest-uk-london-2018-series_20.html.

Kim, Claire J. *Dangerous Crossings: Race, Species, and Nature in a Multicultural Age*. Cambridge: Cambridge University Press, 2015.

Kimberlin, Joanne. “Mysteriously Elusive, Sunny the Red Panda Becomes the Stuff of Legends.” *Virginian-Pilot*, July 25, 2018. https://pilotonline.com.

Kinder World. “Mother Cow Protects Baby Calf, Attacks Dairy Farmer.” YouTube video, 0:18. March 24, 2018. https://youtube.com.

Knight, John. *Waiting for Wolves in Japan: An Anthropological Study of People-Wildlife Relations*. Oxford: Oxford University Press, 2003.

Ko, Aph, and Syl Ko. *Aphro-ism: Essays on Pop Culture, Feminism, and Black Veganism from Two Sisters*. Brooklyn, NY: Lantern Books, 2017.

Ko, Syl. “By ‘Human,’ Everybody Just Means ‘White.’” In Ko and Ko, *Aphro-ism*.

——. “We’ve Reclaimed Blackness Now It’s Time to Reclaim ‘Th e Animal.’” In Ko and Ko *Aphro-ism*.
Kymlicka, Will, and Sue Donaldson. “Animal Rights, Multiculturalism, and the Left .” *Journal of Social Philosophy* 45, no. 1 (2014): 116–35.
Lahiri, Indra. “The Smile.” Stories from Indraloka Animal Sanctuary. January 8, 2017. https://indralokaanimalsanctuary.wordpress.com.
Laskow, Sarah. “Why Flamingos Succeed at Escaping the Zoo While All Other Animals Fail.” *Atlas Obscura*, June 15, 2015. https://www.atlasobscura.com.
Leigh, Diane. “Farrah & Damien: The Gift of Their Presence.” In No Voice Unheard, *Ninety-Five: Meeting America’s Farmed Animals in Stories and Photographs*, 119–20.
——. “Justice: . . . For They Shall Be Comforted.” In No Voice Unheard, *Ninety-Five: Meeting*
America’s Farmed Animals in Stories and Photographs, 53–54.
Leitsinger, Miranda. “Moo-dini: Steer’s Life Spared after Slaughterhouse Escape.” *NBC News*, April 11, 2012.
Lind-af-Hageby, Emilie Augusta Louise, and Leisa Katherine Schartau. “Fun.” In *In Nature’s Name: An Anthology of Women’s Writing and Illustration*, ed. Barbara T. Gates, 155–57. Chicago: University of Chicago Press, 2002.
Linden, Eugene. *The Parrot’s Lament: And Other True Tales of Animal Intrigue, Intelligence, and Ingenuity.* New York: Dutton, 1999.（ユージン・リンデン著／羽田節子訳『動物たちの不思議な事件簿』紀伊國屋書店、2001 年）
Lippit, Akira Mizuta. “The Death of an Animal.” *Film Quarterly* 56 (2002): 9–22.
Loadenthal, Michael. “Operation Splash Back! Queering Animal Liberation through the Contributions of Neo-Insurrectionist Queers.” *Journal for Critical Animal Studies* 10, no. 3 (2012): 81–109.
Long, John L. Introduced Mammals of the World: Their History, Distribution and Influence. Melbourne, Australia: Csiro Publishing, 2003.
Lucas, Joanna. “Lucas: Pig Love.” In No Voice Unheard, *Ninety-Five: Meeting America’s Farmed Animals in Stories and Photographs*, 31–33.
——. “Marcie: Portrait of a Beautiful Soul.” In No Voice Unheard, *Ninety-Five: Meeting America’s Farmed Animals in Stories and Photographs*, 98–100.
MacDonald, Philip. “Our Feathered Friends.” In *The Second Pan Book of Horror Stories*, ed. Herbert van Thal. London: Pan Books, 1960.
“Machine Guns Sent against Emu Pests.” *The Argus*, November 3, 1932, 2.
Magner, Dennis. *The Art of Taming and Educating the Horse.* Battle Creek, MI: Review and Herald Publishing House, 1884.
“Man Is Shot Dead in Chase for Steer: Frenzied Animal Tears Down Fifth Avenue, Police Shooting from Taxicabs.” *New York Times*, November 4, 1913, 18.
Marino, Lori. “The Whale Sanctuary Project Will Change Our Relationship with Orcas.” Planet Experts, May 12, 2016. http://planetexperts.com.
Mark, David A. *Hidden History of Maynard.* Charleston, SC: History Press, 2014.
Masson, Jeffrey M. *Beasts: What Animals Can Teach Us about the Origins of Good and Evil.* New York: Bloomsbury, 2014.

——. *The Pig Who Sang to the Moon: The Emotional World of Farm Animals*. New York: Ballantine Books, 2003.（ジェフリー・ムセイエフ・マッソン著／村田綾子訳『豚は月夜に歌う——家畜の感情世界』バジリコ、2005 年）

Mauro, Ellen. "Gatineau Police Defend Shooting Escaped Cows." *CTV Ottawa*, October 28, 2011. https://ottawa.ctvnews.ca.

McArthur, Jo-Anne. *We Animals*. Brooklyn, NY: Lantern Books, 2017.

Messenger, Stephen. "Duck Escaped from Slaughterhouse Will Live Out Her Days on Sanctuary." *The Dodo*, January 21, 2014. https://www.thedodo.com.

Milman, Oliver. "'The Stuff of Nightmares': US Primate Research Centers Investigated for Abuses." *The Guardian*, October 28, 2016.

"Moe the Chimp Escapes from Wildlife Facility." L.A. Unleashed, June 28, 2008. https://latimesblogs.latimes.com/unleashed.

Mogg, Ken. "The Day of the Claw: A Synoptic Account of Alfred Hitchcock's The Birds." *Senses of Cinema: Towards an Ecology of Cinema* 51 (2009).

Mohanty, Chandra T. *Feminism Without Borders: Decolonizing Theory, Practicing Solidarity*. Durham, NC: Duke University Press, 2003.（C.T. モーハンティー著／堀田碧監訳、菊地恵子、吉原令子、我妻もえ子訳『境界なきフェミニズム』法政大学出版局、2012 年）

——. "Under Western Eyes: Feminist Scholarship and Colonial Discourses." *Feminist Review* 30 (1998): 61–88.

Monbiot, George. *Feral: Rewilding the Land, the Sea and Human Life*. Toronto: Penguin Books, 2013.

Moncrief, Dawn. "Natural Resources and Food Sovereignty: Benefits of Plant-Based Diets." In Rodriguez, *Food Justice: A Primer*, 107–21.

Montaigne, Michel de. "Apologie de Raymond Sebond." Book 2. Translated by John Florio (1580).

Montgomery, Sy. *The Soul of an Octopus: A Surprising Exploration into the Wonder of Consciousness*. New York: Atria, 2015.（サイ・モンゴメリー著／小林由香利訳『愛しのオクトパス——海の賢者が誘う意識と生命の神秘の世界』亜紀書房、2017 年）

Mood, A., and P. Brooke. "Estimating the Number of Fish Caught in Global Fishing Each Year." 2010. http://fishcount.org.uk/published/std/fishcountstudy.pdf.

Morgan, Martin. "Cow Walks on Wild Side with Polish Bison." *BBC*, January 24, 2018.

Morgan, Tom. "Plucky Turkey Saved from the Christmas Chop Is Now a Farm Pet." *Express* (UK), December 19, 2014.

Morris, Steven. "A Crackling Good Yarn." *The Guardian*, March 4, 2004. https://www.theguardian.com/media/2004/mar/01/mondaymediasection1.

Nance, Susan. *Entertaining Elephants: Animal Agency and the Business of the American Circus*. Baltimore, MD: Johns Hopkins University Press, 2013.

Newman, Aline A. *Ape Escapes! And More True Stories of Animals Behaving Badly*. Washington, DC: National Geographic Children's Books, 2012.

Nibert, David. *Animal Oppression and Capitalism*. Santa Barbara, CA: Praeger, 2017.

——. *Animal Oppression and Human Violence: Domesecration, Capitalism, and Global Conflict*. New York: Columbia University Press, 2013.（デビッド・A・ナイバート著／井上太一訳『動物・人間・暴虐史——" 飼い貶し " の大罪、世界紛争と資本主義』

新評論、2016 年）
——. *Animal Rights/Human Rights: Entanglements of Oppression and Liberation*. Lanham, MD: Rowman & Littlefield, 2002.
Nocella, Anthony J., John Sorenson, Kim Socha, and Atsuko Matsuoka. *Defining Critical Animal Studies: An Intersectional Social Justice Approach for Liberation*. New York: Peter Lang, 2012.
Noske, Barbara. *Beyond Boundaries: Humans and Animals*. New York: Black Rose Books, 1997.
No Voice Unheard. *Ninety-Five: Meeting America's Farmed Animals in Stories and Photographs*. Santa Cruz, CA: No Voice Unheard, 2010.
"Old-Time Round-Up Staged in Times Square; Police Lasso Escaped Calves in Hour's Chase." *New York Times*, October 12, 1927, 29.
Oppian. *Cynegetica*. Book 4. http://penelope.uchicago.edu/Th ayer/E/Roman/Texts/Oppian/Cynegetica/4*.html.
Orwell, George. *Animal Farm: A Fairy Story*. London: Penguin Books, 1987.（ジョージ・オーウェル著／高畠文夫訳『動物農場』角川文庫クラシックス、1972 年）
Pachirat, Timothy. *Every Twelve Seconds: Industrialized Slaughter and the Politics of Sight*. New Haven, CT: Yale University Press, 2011.（ティモシー・パチラット著／小坂恵理訳『暴力のエスノグラフィー——産業化された屠殺と視界の政治』明石書店、2022 年）
Pacyga, Dominic A. "How Chicago's Slaughterhouse Spectacles Paved the Way for Big Meat." Interview by Ann Bramley. *NPR*, December 3, 2015.
Park, Katherine A. "Cruelty to Steer Protested." Letter to the editor. *New York Times*, February 17, 1954.
Patterson, Charles. *Eternal Treblinka: Our Treatment of Animals and the Holocaust*. Brooklyn, NY: Lantern Books, 2002.（チャールズ・パターソン著／戸田清訳『永遠の絶滅収容所——動物虐待とホロコースト』緑風出版、2007 年）
Philbrick, Nathaniel. *In the Heart of the Sea: The Tragedy of the Whaleship Essex*. New York: Penguin Books, 2001.（ナサニエル・フィルブリック著／相原真理子訳『復讐する海——捕鯨船エセックス号の悲劇』集英社、2003 年）
Philo, Chris. "Animals, Geography, and the City: Notes on Inclusions and Exclusions." *Environment and Planning D: Society and Space* 13 (1995): 655–81.
Philo, Chris, and Chris Wilbert, eds. *Animal Spaces, Beastly Places: New Geographies of Human-Animal Relations*, 59–72. New York: Routledge, 2000.
Pimentel, David, and Marcia Pimentel. "Sustainability of Meat-Based and Plant-Based Diets and the Environment." *American Journal of Clinical Nutrition* 78, no. 3 (2003): 660–63.
Pippus, Anna. "The Internet Is Freaking Out about a Dead Cow in a Supermarket." *Huff Post*, December 6, 2017. https://huff post.com.
Pleasance, Chris. "This Little Piggy's Not Going to Market: 'Babe' the Porker Escapes Slaughterhouse Van by Leaping 16ft to Freedom . . . and Avoids the Chop after Being Adopted." *Daily Mail*, June 3, 2014.
Plimsoll, Samuel. *Cattle Ships: Being the Fifth Chapter of Mr. Plimsoll's Second Appeal for Our Seamen*. Whitefish, MT: Kessinger Publishing, 2007.

Pliny the Elder. *Naturalis Historia.* Book 8.（プリニウス著／中野定雄・中野里美・中野美代訳『プリニウスの博物誌〈Ⅰ・Ⅱ・Ⅲ〉』雄山閣出版、1995 年）
"Police Race Steers in Brooklyn 'Rodeo': Use Trucks and Flivvers as Mounts to Chase 19 Animals Fleeing Slaughter House." *New York Times*, September 8, 1927, 10.
Pressler, Jessica. "Run, Bessie, Run!" *Intelligencer* (NY), May 6, 2009. http://nymag.com/intelligencer.
Propagandhi. "Potemkin City Limits." *Supporting Caste.* CD. Smallman Records, 2009.
Proudhon, Pierre J. *Property Is Theft! A Pierre-Joseph Proudhon Anthology*, ed. Ian McKay. Oakland, CA: AK Press, 2011.
Raab, A. K. "Revolt of the Bats." *Fifth Estate* 343 (1993).
Rahim, Zamira. "Pet Zebra Shot and Killed by Owner in Florida after Escaping." *Independent*, March 29, 2019. https://www.independent.co.uk.
Randa, Meg, and Lewis Randa. *The Story of Emily the Cow: Bovine Bodhisattva: A Journey from Slaughterhouse to Sanctuary as Told through Newspaper and Magazine Articles*. Bloomington, IN: AuthorHouse, 2007.
Regan, Tom. *Empty Cages: Facing the Challenge of Animal Rights*. Lanham, MD: Rowman & Littlefield, 2004.
"Rescued Chickens Shed Light on Horrors of NYC's Live Markets." Enviroshop Editor, September 1, 2007. https://enviroshop.com.
"Resistance." Lexico. https://www.lexico.com/en.
"Revenge Attack by Stone-throwing Baboons." Ananova, December 9, 2000. https://www.cs.cmu.edu/~mason/baboons09122000.pdf.
Reynolds, Jeremiah N. "Mocha Dick: or the White Whale of the Pacific: A Leaf from a Manuscript Journal." *The Knickerbocker* 13, no. 5 (1839): 377–92.
Robinson, Margaret. "The Roots of My Indigenous Veganism." In *Critical Animal Studies: Towards Trans-Species Social Justice*, ed. Atsuko Matsuoka and John Sorenson, 319–32. London: Rowman & Littlefield, 2012.
Rodriguez, Saryta. *Food Justice: A Primer.* Sanctuary Publishers, 2018.
"Runaway Cow Herd Takes Over Tredegar Street." *BBC*, June 28, 2011.
Salisbury, Kit. "Ariala & Rhosyln: Beating the Odds." In No Voice Unheard, *Ninety-Five: Meeting Animals in Stories and Photographs*, 73–74.
Sans. "Arundhati Roy: The 2004 Sydney Peace Prize Lecture." Real Voice, November 8, 2014. https://realvoice.blogspot.com.
Saul, Heather. "Loukanikos Dead: News of Greek Riot Dog's Death Prompts Outpouring of Tributes." *Independent*, October 9, 2014. https://www.independent.co.uk.
Schaffner, Joan E. *An Introduction to Animals and the Law.* New York: Palgrave Macmillan, 2011.
Schelling, Ameena. "Dolphin Escapes from Infamous Hunt—But Refuses to Leave His Family." *The Dodo*, January 24, 2017. https://www.thedodo.com.
Schweig, Sarah V. "Cow and Her Baby Break Free and Run Away to Animal Sanctuary." *The Dodo*, April 11, 2018. https://www.thedodo.com.
——. "Terrified Bull at NYC Slaughterhouse Decides to Run for His Life." *The Dodo*, February 21, 2017. https://www.thedodo.com.

Seneca, Lucius Annaeus. *De brevitate vitae ad Paulinum*. Book 13.（セネカ著／大西英文訳『生の短さについて――他二篇』岩波文庫、2012 年）

Serrato, Claudia. "Ecological Indigenous Foodways and the Healing of All Our Relations." *Journal for Critical Animal Studies* 8, no. 3 (2010): 52–60.

"Sheep Bound for Slaughter Escapes, Careens into Collision Shop." Video. *Huff Post*, December 6, 2017. https://www.huffpost.com.

Shevelow, Kathryn. *For the Love of Animals: The Rise of the Animal Protection Movement*. New York: Henry Holt and Co., 2008.

"Show #5—The Annie Dodge Rescue." Vegan Radio, December 21, 2005. http://veganradio.com.

Shukin, Nicole. *Animal Capital: Rendering Life in Biopolitical Times*. Minneapolis: University of Minnesota Press, 2009.

Simon, Scott. "Inky the Octopus's Great Escape." *NPR*, April 16, 2016.

Sinclair, Upton. *The Jungle*. New York: Penguin Books, 2006.（アプトン・シンクレア著／大井浩二訳『ジャングル』松柏社、2009 年）

Solnit, Rebecca. "Call Climate Change What It Is: Violence." *The Guardian*, April 7, 2014.

Spiegel, Marjorie. *The Dreaded Comparison: Human and Animal Slavery*. New York: Mirror Books, 1996.

St. Clair, Jeffrey. "Let Us Now Praise Infamous Animals." In Hribal, *Fear of the Animal Planet: The Hidden History of Animal Resistance*, 1–20.

"Steer on a Rampage Tosses Two in Street: Crowds in Turmoil on West Side—Police Lasso Animal after Pursuit in Taxis." *New York Times*, February 17, 1928, 55.

"A Steer on the Rampage: Escaped from East Side Slaughterhouse." *New York Times*, April 25, 1883, 2.

"Steer Runs Wild in Broadway and Herald Sq.; Fells Pedestrians, Enters Tailor Shop, Is Shot." *New York Times*, May 7, 1930, 29.

Steinfeld, Henning. "Livestock's Long Shadow: Environmental Issues and Options." Rome: Food and Agriculture Organization of the United Nations, 2016.

Stradanus, Johannes. *Tiger Killed by Emperor Commodus in Amphitheater*. Drawing, sketchbook page (ca. 1590). E//collection.cooperhewitt.org/objects/18109667.

Than, Ker. "Gorilla Youngsters Seen Dismantling Poachers' Traps—A First." *National Geographic*, July 18, 2012.

"They Had the Right of Way: Wild Steers from the West Amuck in Jersey City." *New York Times*, September 20, 1894, 8.

Thierman, Stephen. "Apparatuses of Animality: Foucault Goes to a Slaughterhouse." *Foucault Studies* 9 (2010): 89–110.

"Tokyo Keepers Catch Fugitive Penguin 337." *BBC*, May 25, 2012.

Tomasik, Brian. "How Many Wild Animals Are There?" Essays on Reducing Suffering, 2009. https://reducing-suff ering.org.

Trenkova, Lilia. "Food Without Borders: Xenophobia and Global Corporatism in the U.S.-Mexico Agricultural Commerce." In Rodriguez, *Food Justice: A Primer*, 153–73.

Tuck, Eve, and K. Wayne Yang. "Decolonization Is Not a Metaphor." *Decolonization: Indigeneity, Education & Society* 1, no. 1 (2012): 1–40.

Tzafalias, Menelaos. "Greece: Protesters Unleash the Dogs of War." *Independent*, May 12, 2010. https://www.independent.co.uk.

USGS. "How Much Water Is There on Earth?" https://usgs.gov.

"Utah's Wild Chilean Flamingo: Pink Floyd." Utah Birds. http://utahbirds.org.

Vaillant, John. *The Tiger: A True Story of Vengeance and Survival.* Toronto: Vintage Canada, 2011.

Van Kleek, Justin. "The Sanctuary in Your Backyard: A New Model for Rescuing Farmed Animals." Our Hen House, June 24, 2014. https://www.ourhenhouse.org.

Vindett, Logan. "Aintcho." In Hart, *Sanctuary: Portraits of Rescued Farm Animals*.

Voltaire. "Beasts." In *The Philosophical Dictionary, for the Pocket.* Catskill, NY: T & M Croswel, J. Fellows, and E. Duyckinck, 1796.（ヴォルテール著／高橋安光訳『哲学辞典』法政大学出版局、1988 年）

Wadiwel, Dinesh J. "Fish and Pain: The Politics of Doubt." *Animal Sentience* 3, no. 31 (2016).

Wallace, David F. "Consider the Lobster." *Gourmet*, August 2014, 50–64.

"Watusi Steer Brings In Crowds." *Farm Show Magazine* 41, no. 6, 2017.

Westermarck, Edward. *The Origin and Development of Moral Ideas.* London: Macmillan and Co, 1912.

White, K. D. *Roman Farming*. Ithaca, NY: Cornell University Press, 1970.

Wilbert, Chris. "Anti-This—Against-That: Resistances along a Human–Non-human Axis." In *Entanglements of Power: Geographies of Domination/Resistance*, ed. Joanne P. Sharp, Paul Routledge, Chris Philo, and Ronan Paddison, 238–55. New York: Routledge, 2000.

"A Wild Steer at Large: Pranks through the Streets of Jersey City—Two Persons Injured." *New York Times*, August 4, 1881, 8.

"A Wild Steer Running Loose." *The Sun*, August 31, 1869.

"A Wild Steer's Long Race: Exciting Pursuit by the Police." *New York Times*, August 17, 1878, 8.

Wills, Christopher. *The Darwinian Tourist: Viewing the World Through Evolutionary Eyes*. Oxford: Oxford University Press, 2010.

Wolch, Jennifer. "Zoopolis." In Wolch and Emel, *Animal Geographies: Place, Politics, and Identity in the Nature-Culture Borderlands*, 119–38.

Wolch, Jennifer, and Jody Emel. *Animal Geographies: Place, Politics, and Identity in the Nature-Culture Borderlands*. New York: Verso, 1998.

Woodburn H., Walter. "The Prosecution and Punishment of Animals and Lifeless Things in the Middle Ages and Modern Times." *University of Pennsylvania Law Review and American Law Register* 64, no. 7 (May 1916): 696–730.

Woodstock Farm Sanctuary. "'Mike Jr.' the Escaped Calf Arrives at WFS!" April 11, 2012. https://woodstocksanctuary.org/breaking-news-mike-the-escaped-cow-arrives-at-wfas/.

Young, Paula, ed. *Meat, Modernity, and the Rise of the Slaughterhouse*. Lebanon, NH: University Press of New England, 2008.

抵抗する動物たち
グローバル資本主義時代の種を超えた連帯

2023 年 2 月 14 日　第 1 刷印刷
2023 年 3 月 1 日　第 1 刷発行

著者——サラット・コリング
訳者——井上太一

発行者——清水一人
発行所——青土社

〒 101-0051　東京都千代田区神田神保町 1-29　市瀬ビル
［電話］03-3291-9831（編集）03-3294-7829（営業）
［振替］00190-7-192955

組版——フレックスアート
印刷・製本——双文社印刷

装幀——竹中尚史

ISBN978-4-7917-7535-4
Printed in Japan